果树高质高效栽培技术

GUOSHU GAOZHI GAOXIAO ZAIPEI JISHU

杨焕昱　主编

甘肃科学技术出版社

图书在版编目（CIP）数据

果树高质高效栽培技术 / 杨焕昱主编 . -- 兰州：
甘肃科学技术出版社, 2022.9
　ISBN 978-7-5424-2959-9

　Ⅰ . ①果… Ⅱ . ①杨… Ⅲ. ①果树园艺 Ⅳ.①S66

　中国版本图书馆CIP数据核字(2022)第149661号

果树高质高效栽培技术

杨焕昱　主编

责任编辑　刘　钊
封面设计　孙顺利

出　版　甘肃科学技术出版社
社　址　兰州市城关区曹家巷1号　　730030
网　址　www.gskejipress.com
电　话　0931-2131572(编辑部)　　0931-8773237(发行部)

发　行　甘肃科学技术出版社　　　印　刷　甘肃新华印刷厂
开　本　889毫米×1194毫米　1/16　　印　张　18.5　插　页　6　字　数　380千
版　次　2022年9月第1版
印　次　2022年9月第1次印刷
印　数　1~3500
书　号　ISBN 978-7-5424-2959-9　　定　价　89.00元

编　委　会

主　编：杨焕昱

副主编：裴具田　谢俊贤　曹金石　李中祥

编　委：(按姓氏笔画排名)

王耀辉　李帼英　李　媚　李毅斌　任宏涛

刘兴辉　刘海全　刘　瑾　杨瑞斌　杨映红

杨光明　宋克林　张守江　张志恩　周晓康

赵永强　赵向东　赵　娜　赵燕燕　顾　军

徐小强　黄亚萍　常德昌　程　亮　樊　霞

花椒-彩图3-2　大红袍

花椒-彩图3-3　秦安一号

花椒-彩图3-4　油椒

花椒-彩图3-5　豆椒

花椒-彩图3-6　武都无刺大红袍

花椒-彩图3-7　汉源无刺花椒

花椒-彩图3-8　韩城黄盖无刺大红袍

花椒-彩图3-17　花椒虎天牛

花椒-彩图3-18　花椒窄吉丁虫(成虫)

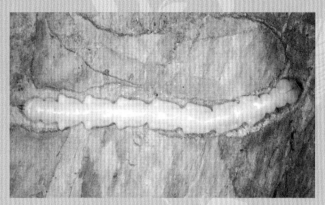

花椒-彩图3-19　花椒窄吉丁虫(幼虫)

花椒-彩图3-20　花椒蚜虫为害叶片

花椒-彩图3-21　花椒蚜虫为害果实

花椒-彩图3-22　花椒凤蝶(幼虫)

花椒-彩图3-23　花椒凤蝶(蛹)

花椒-彩图3-24　花椒锈病

花椒-彩图3-25　花椒炭疽病

花椒-彩图3-26　花椒流胶病

花椒-彩图3-27　花椒煤污病

前　言

　　果品产业是中国继粮食、蔬菜之后的第三大农业种植产业,总面积和总产量稳居世界第一。果品产业在全面推进乡村振兴、加快农业现代化进程中发挥着重要作用。随着人们生活水平的提高、膳食结构的改善和消费观念的改变,对果品品质的要求越来越高,迫切需要果树生产者适应市场需求,生产高质量的果品。果农是果品生产的基础,其栽培技术水平的高低,直接关系到果品产业发展。如何提高果农素质,生产高品质水果,促进果品产业高质量发展,是摆在各级果树科研及技术推广机构面前的一项重大课题和重要使命。天水市果树研究所作为市级果树科研与技术推广单位,围绕苹果、大樱桃、桃、葡萄、核桃等当地主栽果树,积极开展新品种引进试验和高质高效栽培技术攻关,加快科技成果转化,广泛开展果农实用技术培训,为天水乃至陇东南地区果品产业发展提供了强有力的科技支撑。

　　为了进一步加强果农技术培训,推动果品产业高质量发展,天水市果树研究所立足于多年果树科研与技术推广,结合当前果树栽培实践中存在的突出问题,组织有关专家,历时一年时间编写了《果树高质高效栽培技术》一书,内容涵盖苹果、大樱桃、核桃、花椒、桃、葡萄、梨等7个北方主栽树种,集成当前天水乃至陇东南地区最适宜发展果树新品种、国内外最先进栽培模式及高效栽培技术,注重先进性、实用性、可操作性,以期为基层果树工作者和广大果农提供技术指导。

　　本书编写过程中,天水市农业农村局、天水市科技局、天水市果业产业化办公室和天水市各县区果业服务中心给予了大力支持,在此表示衷心感谢! 由于编者水平有限,错误和疏漏之处,敬请各位领导和专家同行批评指正!

编者

2022年8月18日

目　　录

第一篇

苹果高质高效栽培技术

第一章　适合天水发展的苹果品种和砧木

一、优良品种

苹果是世界上四大果树树种之一,中国是世界上第一大苹果生产国,其产量占世界产量的1/3以上,有着较为悠久的栽培历史。天水市地处西北黄土高原丘陵沟壑区,属暖温带半湿润半干旱地区,气候温和,四季分明,冬无严寒,夏无酷暑,降水适中,热量充足,昼夜温差大,良好的自然环境和气候条件特别适宜苹果种植,是"花牛"苹果的故乡。截至2020年底,全市苹果总面积124万亩,结果面积101万亩,总产量203万吨,实现产值61亿元,苹果产业已成为全市发展农村经济、增加农民收入的主要来源。苹果产量的高低和经济效益的大小,在很大程度上仍然取决于品种的优劣。下面介绍适合天水市发展的苹果品种。

(一)早熟品种

1.K-12

果实扁圆形,果个大,平均单果重224.3克,最大单果重402.5克,果形指数0.78,果面底色黄绿,表面为浓红色,色相条红,着色面积85%以上,有蜡质光泽,表面光滑。果点中大、中密、圆点状、灰白色、分布均匀;萼片绿色、直立、闭合,萼洼中深、中广,梗洼深、中广,果梗绿黄色、较短、较粗,平均长1.88厘米、粗0.31厘米。果心中大、心室闭,种子红褐色、较饱满,去皮果肉硬度7.2千克/厘米^2,可溶性固形物含量15.1%,可滴定酸0.25%,果肉绿白色、细、松脆,汁液多,风味酸甜可口,香气浓,品质上,果实7月下旬成熟。在室温下可贮藏12天左右。

K-12生长旺盛,树姿较直立。五年生树的平均树高3.25米,干周24.5厘米,冠径3.3米×3.8米;一年生枝平均长51.5厘米、粗0.85厘米,新梢粗壮、生长量大。以中果枝、短果枝结果为主,花序坐果率81.65%,花朵坐果率19.12%,果台平均坐果1.12个,易生果台副梢,多数生长两个副梢;第三年开花结果,四年生树平均株产24.6千克,折合亩产量1377.6千克,五年生树平均株产30.5千克,折合亩产量1708千克,早果丰产性强,无大小年结果现象,采前落果轻。

该品种抗寒,较抗旱,未发现特殊的病虫危害;适应性广,在苹果适宜区的山川地均可栽植。

2.珊夏

又称莎莎、桑萨、赞作,是日本与新西兰合作,用嘎拉和茜杂交培育的早熟品种。果实中大,平均单果重183克,最大单果重230克,果形扁圆形或圆锥形,果实底色绿黄色,表面鲜红色,色相片红,富有光泽,与乔纳金苹果外观相似。果肉乳白色,肉质细脆、致密,汁液多,风味酸甜可口,香气浓,品质上等,可溶性固形物含量13.6%,在室温下可贮藏20天。果实7月下旬成熟。

幼树生长较旺,树姿半开张,结果后树势中庸,萌芽率和成枝力均中等,以短果枝结果为主,苗木定植后第三年平均株产3千克。有轻微的采前落果现象。

该品种的缺点是:不抗旱,大量结果后,树势易衰弱。应加强肥水,严格疏花疏果,预防早期落叶病,干旱时及时灌水。

(二)中熟品种

1.意大利早红

果实短圆锥形,平均单果重206.8克,果形指数0.88,成熟时果面底色为黄绿色,表面鲜红色,着色面积80%以上,有深红色条纹,果面光滑,富有光泽,果粉少,果点小、稀、圆点状、灰褐色,萼洼中深、中广,梗洼深、中广,萼片绿色、开裂、翻卷,果柄平均长2.21厘米、平均粗0.26厘米。去皮果肉硬度7.9千克/厘米^2,可溶性固形物含量12.9%,可滴定酸0.27%,果心中大,心室开,果肉乳白色、松脆,汁液中多,香气淡,风味酸甜可口,品质上。无采前落果。室温下可贮放15天左右。8月24日前后成熟。

该品种树势中庸,树姿较开张,萌芽率和成枝力均强,早果丰产性能好,各类果枝均能结果,以短果枝结果为主。栽后第三年开花结果,四年生树平均单株产量11.2千克,折合亩产量1127千克。

该品种抗寒,较抗旱,未发现特殊病虫危害;在天水的山川地均可栽植。

2.天汪一号

红星品种的短枝浓红型芽变,短枝性状稳定、色调浓红、色相片红、品质优良,2003年国家林业局林木品种审定委员会审定定名。

果实圆锥形,平均单果重250克,最大可达500克以上。果顶五棱突起明显,果形指数0.90~0.98(新红星0.90~0.96)。果面底色黄绿色,表面浓红色,果面光滑,富有光泽,鲜艳美观。果皮中厚。果肉初采收时为青白色,贮藏后为黄白色,肉细汁多,质地致密,风味香甜,品质上等。含可溶性固形物11.9%~14.1%(新红星10.7%~13.0%),可滴定酸0.21%。去皮果肉硬度为7.1千克/厘米^2。果实在普通半地下式窖内,贮至翌年4月初,果肉硬度可保持在6.2千克/厘米^2,含可溶性固形物13.8%,可滴定酸0.18%。

天汪一号树体生长健壮,短枝性状明显,始果早而丰产。三年生幼树,干周可达15.4厘米,树高2.87米,冠径(东西×南北)2.36米×2.04米,新梢长56.6厘米,三年生始花株率可达83.9%,亩产量可达118.7千克,无论幼龄树还是成年树,均以短果枝结果为主,果实于8月15~22日达满红,9月中旬成熟。

天汪一号适应性广、抗逆性强,在山、川地均可栽植。

3.俄矮2号

美国品种,为俄矮红之芽变,元帅系第五代品种。1992年引入天水,是天水果区主栽品种之一。

果实着色较早。8月20~25日达满色,可以提早上市。果实圆锥形,果形指数0.91~0.95,平均单果重180~200克,最大400克,果面光滑,富有光泽,全面着鲜红或浓红色,色相条红,鲜艳美观。4月下旬初花,9月上旬成熟。发育期145~150天。果肉黄白色,肉质细,汁多,味香甜,含可溶性固形物12%~14%,品质上等。

树体半矮化,长势均匀,易栽培管理,结果早而丰产。由于果实着色期早,市场前景好。缺点是有着色退化现象。

4.阿斯矮生

美国发现的俄矮红芽变品种。1980年开始发展,为元帅系第五代的代表品种。生长势强,新梢强于新红星,短枝多,树冠半开张。果个大,果形端正,果顶五棱明显,着色全面,浓红色或紫红色,色相片红,果肉乳白色,松脆多汁,风味香甜,涩味极轻。早果性和丰产性强,栽后第七年亩产量2469千克,适应性强,可在苹果适宜区大面积发展。

5.瓦里短枝

华盛顿州发现的康拜尔首红芽变品种,1984年引入中国。果实圆锥形,端正高桩,果顶五棱突起,果个较大而整齐,平均单果重200~250克,全面浓红或紫红,色泽艳丽。肉质细脆,味甜多汁,含可溶性固形物12.8%,含酸0.25%,品质上等。9月上、中旬成熟,发育期145~150天。树体健壮,树姿较开张,以短枝结果。

6.首红

美国华盛顿州发现的新红星枝变品种。1976年正式发表,在20世纪80年代初引入中国,经过试栽,现大量栽培。有康拜尔首红和摩西首红两种。生产上多为康拜尔首红,该品种果实圆锥形,大小整齐,果顶五棱明显,平均单果重190克左右,最大果重435克,果面底色为绿黄,全面浓红,有隐约条纹,着色浓时,条纹不明显。果面光洁无锈,蜡质层厚,有光泽,外观极好。果点较小,白色,有淡红晕圈,果粉薄,果皮厚韧,果肉乳白色,细脆多汁,风味甜或酸甜,香气浓,无涩味,品质上等。可溶性固形物含量11.5%~12.8%,9月20日左右成熟。

该品种短枝性状明显,株型矮化紧凑,树姿直立,长势中庸,萌芽率高,平均为67.2%,成枝力弱,剪口下一般只发1条长枝,新梢较短,平均节间长1.9厘米,多发生短枝,短枝率达96.3%。苗木栽后三年可结果,全部以短果枝结果,成花极易,坐果率高,平均每果台坐1.5个果,丰产性强。

(三)晚熟品种

1.天富1号

天水市果树研究所1996年从日本引进的富士品种中选育的果个大、色满、形正的优良红富士新品种。2007年甘肃省林木良种审定委员会审定定名。

果形短圆锥形,最大果重533.5克,果实底色为黄绿色,成熟时全面鲜红色,色相片红。果肉乳白色,肉质细脆、致密,汁液多,风味酸甜适口,去皮果肉硬度7.6千克/厘米^2,含可溶性固形物

15.0%，可滴定酸0.5%，品质上。果实10月下旬到11月初成熟，成熟期一致，生育期195天，在半地下式土窑洞中可贮至翌年的4月。

该品种树势强，树姿半开张，四年生树干周29.30厘米，冠幅东西×南北为3.48米×3.66米，树高3.28米，萌芽率为73.6%，成枝数3个。栽后第三年开花结果，以长果枝和腋花芽结果为主，第四年以短果枝和腋花芽结果为主，第五年以长果枝和短果枝结果为主，花序和花朵坐果率分别为98.65%和51.65%，果台平均坐果1.74个。五年生树平均株产32千克。

该品种适应性较强，耐寒，抗黄化病和白粉病，较抗斑点落叶病。早果丰产性强，果个大，着色片红，全红果率达90%以上，其综合性状在富士品种中表现突出，果个和着色都超过2001富士和乐乐富士。因此可以大面积发展。

2.惠民富士

由山东省惠民县果树站从胶南市引进的红富士中选出，果实圆形或扁圆形，平均单果重270克，最大果重455克，果实大小较整齐，果点稀、中大，着色后不明显，果粉少，果面底色为黄绿色，成熟果全面着浓红色，色相片红，洁净美观，色泽艳丽。果肉黄白色，肉质细脆、致密，汁液多，有香气，甜中带酸，含可溶性固形物15.8%，品质上，10月下旬果实成熟，在半地下式土窑洞中可贮藏至翌年4月。

幼树生长旺盛，树姿直立，干性明显，分枝角度较小，萌芽率和成枝率均中等，进入盛果期后，树势减弱，短枝性状明显，短果枝连续结果能力强，花序和花朵坐果率均高，无生理落果和采前落果现象，成花容易。四年生树最高株产25千克，平均13千克，折合亩产量828千克。

3.宫崎富士

系日本从红富士中选出的短枝型优良品种，天水市果树研究所于1992年引入，表现出早果丰产，果个大，平均单果重245.6克，最大果重420克，果形指数0.83，果形扁圆形，果实底色为绿黄色，成熟时全面着鲜红色，有不明显的断续条纹，色相片红。果肉黄白色，肉质细脆、致密，汁液多，风味酸甜可口，有香气，去皮果肉硬度7.2千克/厘米^2，可溶性固形物含量13.8%，可滴定酸0.34%，品质上。果实10月下旬成熟，成熟期一致，生育期186天，在半地下式土窑洞中可贮至翌年4月。

幼树生长较旺盛，树姿半开张，干性中强，分枝角度中大，层性较明显。萌芽率92.7%，平均成枝数2.4个。以短果枝结果为主，花序和花朵坐果率分别为95.4%和36.55%，果台平均坐果1.72个，无采前落果现象。五年生树平均株产22.1千克。

该品种抗白粉病和斑点落叶病，抗黄化病，耐寒，较耐旱。树势中庸，短枝性状特别明显，果实着色全面，果个大。可在肥水充足的密植果园中大面积发展。

（四）加工品种

1.瑞星

法国品种，天水市果树研究所于2003年春从山东农业大学引入，果实长圆锥形，果形指数0.97，平均单果重164.9克，果面底色为绿黄色，有蜡质光泽，果点小、圆点状、灰白色、中密，果梗细、长。去皮果肉硬度5.5千克/厘米^2,含可溶性固形物12.3%,可滴定酸0.62%,果肉乳黄色,肉质细、松脆,有香气,风味甜酸可口,品质上。新梢平均长73厘米、粗0.54厘米,萌芽率高,成枝力中等。花序坐果率95%,花朵坐果率27.2%,早果丰产性强,无大小年结果现象。8月下旬成熟,属优良的中熟高酸苹果品种。

2. 澳洲青苹

又名"史密斯",澳大利亚品种,天水市果树研究所于1987年从辽宁省锦州市果树农场引入。果实圆形或长圆形,端正,果形指数0.89,平均单果重183.5克。果面光滑无锈,翠绿色,有光泽,果点大而明显、褐色,部分果阳面有少许红晕。4月下旬初花,10月上中旬成熟,发育期170~175天。果肉绿白色,肉质中粗、致密、硬脆、汁多,风味甜酸或酸,微香。含可溶性固形物11.3%,可滴定酸0.7%,生食品质中等。果实较耐贮藏,在普通果窖内贮至翌年4月上旬,去皮果肉硬度仍可保持4.9~6.1千克/厘米^2,酸味减轻,风味转佳。

在天水适应性强,树体生长健壮,树姿直立,叶片翠绿而窄长。高接树三年开花结果,五年丰产,以短果枝结果为主,有腋花芽结果习性,花序和花朵坐果率分别为84.4%和20.4%,果台平均坐果1.1个。

二、苹果优良砧木

(一)乔化砧木

1. 山定子

天水俗称石枣子,天水市分布较广,有几十年,甚至上百年的大树,资源比较丰富。抗寒、抗旱、耐瘠薄,适应性极强;树冠高大,枝叶光滑、干净,叶卵圆形或长圆形;抗病虫能力强,花量大,坐果率高。根系发达,主根深,须根较多;嫁接苹果亲和力良好,生长健壮,产量高,在水浇地易出现黄化病。采籽率为2.7%,每千克种子8万~10万粒,沙藏时间30~50天,发芽率可达80%~85%。

2. 八棱海棠

原产河北省怀来县,天水应用较多。一年生枝深褐色、有绒毛,随着生长,绒毛密度逐渐减少;二年生枝深褐色或褐绿色;叶椭圆形至长圆形;根系比较发达,一年生苗木主根长30~40厘米,根基部须根密集,长5~27厘米,为黄色或褐黄色;在黄绵土、沙壤土中育苗,出苗整齐,幼苗生长良好,与花牛苹果品种嫁接亲和力强;较抗旱,抗寒,较耐瘠薄。采籽率为1.8%,每千克种子6万粒左右,沙藏时间50~60天,发芽率可达80%~90%。

3. 新疆野苹果

从新疆伊犁引进,近几年生产上应用较为广泛。一年生枝棕绿色或绿色;二年生枝暗灰或灰绿色,无毛;叶片椭圆形或宽披针形;根系发达,为褐色或黄褐色,一年生苗木主根长50~60厘米,须根长10~30厘米,比八棱海棠长;嫁接花牛苹果品种亲和力强;适宜于黄绵土、褐土等土壤。抗旱,抗寒,耐瘠薄,抗黄化病,易染苹果锈病。采籽率为0.5%~1.0%,每千克种子1.8万~2.4万粒左右,沙藏时间60~80天,发芽率可达80%~85%。

(二)矮化砧木

1.M_{26}

是英国东茂林试验站选育。压条生根好,繁殖率高,抗白粉病;与富士苹果品种嫁接亲和力强,有"大脚"现象,产量高、果个大、品质好;与红星、乔纳金嫁接处肿大明显,树势易衰,且幼树根系浅,停长和萌芽物候期较其他品种迟;树干上易生气根瘤,腐烂病发生较重。M_{26}作为自根砧苗木栽培后表现树体高大,枝条生长量较大,成花结果较晚。

2.T_{337}

它是无病毒M_9的优系。荷兰木本植物苗圃检测服务中心选育,比M_9矮化程度大20%,易压条繁殖。2015年,天水市果树研究所引进栽植,成活率达100%,经调查研究,结果表明:3年后砧木粗度在5厘米以上,砧木上10厘米处干径4.5厘米以上,冠径1.31米以上,枝干比均小于1/2。栽后第2年开花株率95%左右,第3年开花株率100%,目前国内推广的矮化自根砧苗木主要用T_{337}。

繁殖除了压条易繁殖外,还能在春季利用硬枝进行扦插生根,苗木生长整齐。生长量中等,叶片略小,易萌发二次枝。T_{337}存在"大脚"现象,更明显,树体生长矮小,成花比较容易,结果早,丰产性好,采用带分枝的大苗建园、成形快、结果早,通常第2~3年即可进入高产,但T_{337}根系分布较浅,栽植后一定要加立柱栽培。

第二章　苹果苗木繁育技术

苹果苗木质量的好坏,直接影响建园成败、栽植成活率、早果性、丰产性以及果园早期经济效益。

一、苗圃地的选择

苗圃地选择背风向阳、地势平坦、土层深厚、肥力高、透水透气良好的沙壤土或中壤土。有灌溉条件、交通便利地块更优。

二、实生苗繁殖

(一)种子采集处理

1.种子收集

采种时应选品种纯正、类型一致、生长健壮、无病虫害的植株,果实充分成熟。果实经过堆沤、淘洗取出种子,阴干,精选贮存。

2.种子消毒

为了防止种子在层积处理期间和播种后受病虫危害。处理前对种子应进行药剂处理。方法有:1%硫酸铜,浸种4~6小时,或0.5%高锰酸钾浸种2小时,捞出后密闭0.5小时,然后用清水冲洗。

3.种子层积处理

用洗净的细湿沙做介质,沙量是种子体积的3~5倍,沙子以手握成团而不滴水为宜,种子和细沙混匀,上层和底层只用10厘米厚的细沙。层积时间根据具体种子的沙藏和播种时间而定。贮放场所选背阴不积水处,用瓦花盆或木箱层积。缺水时适当洒水。

(二)播种技术

(1)播种时间:土壤解冻后就可以播种。

(2)播种方法:宽窄行条播法,宽行40厘米、窄行20厘米。开沟深度4~6厘米,覆土厚度1~2厘米。

(三)播后管理

播种后根据需要可进行膜覆盖、间苗移栽、施肥浇水、叶面喷肥、防治病虫、松土除草等一系列管理。

三、嫁接繁殖

(一)接穗的准备

采集接穗的母株应选品种纯正、生长健壮、结果良好的果树。

春季枝接用的接穗,可在休眠期,结合冬季修剪,选组织充实、芽体饱满的一年生枝。埋于干净细湿沙中保存。

秋季芽接用接穗,采集当年新梢,采后立即保留1厘米左右长叶柄剪除叶片。随采随用。

(二)嫁接时期与方法

主要采用芽接、枝接两种嫁接方式。

1.芽接

用一个芽片做接穗的方法叫芽接。芽接时间主要在生长季的8~9月。一般要求砧木的嫁接部位达到一定的粗度(0.4厘米以上)并离皮,且接穗充实饱满。根据砧、穗不同的削法,芽接有"T"字形芽接、带木质芽接等。

2.枝接

把带有数芽或单芽的枝条接到砧木上叫枝接。目前主要采用单芽切接法,时间上,2月下旬到3月中旬为好。

(三)嫁接苗的管理

1.检查成活

芽接后10~15天检查成活情况,凡接芽新鲜、叶柄一触即落的为成活。枝接后接穗萌芽后有一定生长量的为成活。未成活的应及时补接。

2.剪砧及补接

翌春砧木发芽前及时从接芽以上剪去砧木,以促进接芽萌发。剪砧部位应在接芽以上0.5~1厘米处,剪口稍向芽背面倾斜,有利于剪口愈合。越冬后未成活植株可用枝接法补接。

3.除萌、立支柱

及时清除砧木上的萌蘗,需多次除萌。以防大风吹折或吹歪幼苗,可在砧木旁立一支柱,引缚新梢。

4.其他管理

幼苗春季易遭各种金龟子危害,夏季易发生蚜虫类和各种枝叶病害,应注意防治,加强肥水管理、中耕除草等工作。

四、苗木出圃

(一)起苗

起苗时间多在秋季:即苗木落叶期到土壤冻结前起苗。春季应在芽萌发前起苗。

起苗前应核对苗木的品种、砧木类型、苗龄等。土壤干燥时应灌水一次,操作中应尽量减少根系损伤。苗木出土后应立即清点、分级、埋湿土,避免失水过多。

(二)苗木假植

苗木出土后如不马上栽植或运走,可临时假植。即选一适宜地块,挖深、宽均为30~40厘米的沟,把苗木单排成捆,按45°角放入后,埋湿土踏实。

苗木需要越冬假植时,选一适宜地块,与主风方向垂直挖深60~80厘米,宽50厘米深沟,苗木拆捆后,按顺风方向约45°角,成排放入沟中。先用湿润细土把根系埋住,然后从另一边加大沟宽取土,把苗木埋住。假植时,为了苗木安全越冬,应该注意土壤湿度控制。湿度过大、透气不良易造成苗木霉烂;土壤湿度过低,则易造成苗木失水多,降低栽植成活率(表1-1)。

表1-1 苹果苗木等级规格指标(GB 9847—2003《苹果苗木》)

项 目		1级	2级	3级
基本要求		品种和砧木类型纯正,无检疫对象和严重病虫害,无冻害和明显的机械损伤,侧根分布均匀舒展、须根多,接合部和砧桩剪口愈合良好,根和茎无干缩皱皮		
$D{\geqslant}0.3$厘米、$L{\geqslant}20$厘米的侧根a(条)		≥5	≥4	≥3
$D{\geqslant}0.2$厘米、$L{\geqslant}20$厘米的侧根b(条)		≥10		
根砧长度(厘米)	乔化砧苹果苗	≤5		
	矮化中间砧苹果苗	≤5		
	矮化自根砧苹果苗	15~20,但同一批苹果苗木变幅不得超过5		
中间砧长度(厘米)		20~30,但同一批苹果苗木变幅不得超过5		
苗木高度(厘米)		>120	>100~120	>80~100
苗木粗度(厘米)	乔化砧苹果苗	≥1.2	≥1.0	≥0.8
	矮化中间砧苹果苗	≥1.2	≥1.0	≥0.8
	矮化自根砧苹果苗	≥1.0	≥0.8	≥0.8
倾斜度(°)		≤15		
整形带内饱满芽数(个)		≥10	≥8	≥6

注:D指粗度;L指长度。

a包括乔化砧苹果苗和矮化中间砧苹果苗。

b指矮化自根砧苹果苗。

第三章　标准果园的建立

标准果园的建立,应从生态优良、可持续发展角度出发,因地制宜、着眼长远,能够满足苹果商品化、产业化、现代化生产的需要。选用优良品种和优质苗木,实施保肥、保土、保水措施,开大穴、多施肥水、栽大苗。见表1-2。

一、品种选择与搭配

适地适栽是品种选择的重要原则之一。根据未来苹果产业发展趋势,选择品种必须以区域化、良种化为基础,以市场需求为导向(即市场上缺什么品种就发展什么品种),立足当前,着眼未来,长短结合,选用市场欢迎和有潜力的优良品种,配置品种要因地制宜。同一果园内,最好选择成熟期相同的品种或成熟期相衔接的品种,以便同时或先后采收,管理较方便。绝大部分苹果品种自花不实,需要配置授粉树。

授粉树具备的条件:须选配与主栽品种同时开花、花粉量多、授粉亲和力强、果实品质优的品种。同时进入结果期且寿命长短相近,最好是与主栽品种能相互授粉而果实成熟期相同的品种。一个果园中一般主栽品种占70%~80%,授粉品种占20%~30%,授粉效果好的可减为10%。实践证明:授粉品种与主栽品种间的距离不应超过30米。

二、园址选择

选择光照充足、背风向阳、地势平坦、土层深厚、通气和排水良好、疏松肥沃的沙壤土和壤土,有机质含量≥1.5%,pH值6.5~8,地下水位在2米以下,有水源条件或修建雨水集流节灌工程,交通便利,基地应远离工矿区和公路铁路干线、无污染的地方,规模建园要求水、电、路、网"四通"。

三、栽前准备、栽植密度与方式

(一)栽前准备

建造果园之前,必须对土壤进行严格处理,一是清除前茬作物的残枝败叶、树桩残根等,对土地进行翻耕、晾晒、灌水,促进有机残体的腐烂分解。二是增施有机肥,使土壤的活土层深60厘米以上,有机质含量超过1%。三是开挖定植穴,定植穴为1米×1米×1米,土层深厚地块,定植穴可减至0.8米,瘠薄地应增大至1.2米,提倡夏季规划整地,并辅助配套的穴管措施,方法是栽植前按以上规格开挖好定植穴,回填混合物(植物秸秆+有机肥),厚40~50厘米,混合物上再回填30厘米的熟化土壤,定植穴须留20厘米空间,这样能充分集积自然降雨和定植穴周围的养分,改变苗木生长的微环境,对栽植成活率、树体生长发育有较好的促进作用。

(二)栽植密度

栽植过稀,光能利用率低,单位面积果品产量低,果实受光条件好,质量高,也便于机械化管理;栽植过密,早期产量上升快,但后期果园郁闭,管理不便,果实产量和品质会迅速下降。标准果园要求合理密植,既要有利于提高早期产量,又要有利于持续高产优质;既要充分利用土地和光能,又要便于管理。栽植密度要根据品种特性、地势、土壤、气候条件及管理水平等因素确定,土壤瘠薄的山地、荒滩或使用矮化砧木的苗木可适当密植,平地、肥沃土壤可稀植。根据实践经验,乔化品种乔砧果园一般密度为(4~5)米×(5~6)米;短枝型乔砧或乔化品种半矮化砧苗木,川地3米×(4~5)米,山地(2.5~3)米×(4~5)米;矮化品种矮化砧(1~2)米×(3~4)米。

(三)授粉树配置

在选择好主栽品种的同时,还要慎重地选择授粉品种,二者按4~5:1比例成行栽植,授粉品种选择元帅系、金冠系和富士系互相授粉。

(四)栽植方式

1. 长方形栽植

当前生产上广泛应用,特点是行距大于株距,通风透光,便于机械化作业和采收。

2. 正方形栽植

株距和行距相等,相邻四株相连成正方形。其优点是通风透光良好,管理方便。但若用于密植,树冠易于郁闭,通风透光条件较差,且不利于间作。

3. 等高栽植

一般适用于地形复杂的山地,树株沿等高线定植,以便于管理。

四、栽植及栽后管理

(一)栽植时间

1. 秋栽

即苗木从落叶后到土壤封冻前栽植,这时由于土壤温度和墒情较好,栽后根系伤口愈合快,栽植成活率高,缓苗期短,萌芽早,生长快。

2. 春栽

在土壤解冻后到萌芽前进行,与秋栽苗相比,缓苗期长,萌芽迟,生长慢。但苗木要春季出圃或秋季出圃进行假植。

(二)栽植

栽前苗木根系要浸泡,让根系充分吸水,然后对根系进行适当修剪,剪掉死根、烂根和受伤的部分,尽量让每条根系都露出"新茬"。栽植时,先将表土填入坑内,培成丘状,将修剪好的苗木根系理直、理顺,使根系均匀分布在坑底的土丘上,同时进行前后、左右对直,校正位置。然后将表土填入坑内,每填一层土都要踏实,并随时将苗木稍稍上下提动,使根系与土壤密接,以防苗木"吊死"。苗木嫁接口要朝迎风方向,以防风折,栽植深度以根茎部与地面相平为宜。嫁接部位较低的苗木,特别是芽接苗一定要使接芽露出地面5厘米以上,矮化中间砧苗木栽植深度可以达到矮化砧中部。成苗的嫁接口要高出地面,栽植过深,影响树体生长;栽植太浅,根系外露,影响成活。填土完成后,将苗木四周培筑起1米²树盘。栽后立即灌水,并要求灌足灌透。水下渗后要求根茎与地面相齐,然后封土保墒。

(三)栽后管理

苗木定植后,要及时定干。苹果的定干高度要求达到100~110厘米。定干后,在伤口处涂上果树伤口愈合剂。也可用地膜做成宽10厘米、长50厘米的塑料套,将苗木自上而下套住,下部用绳系牢,这样除防止抽条外,还可使苗木提早萌芽,使萌芽整齐,防止春季象鼻虫等啃食幼芽。芽长到3~5厘米时,把绳解开放风。清早或傍晚除袋,除袋过晚易烧伤新梢。秋季栽植的,栽后将苗干压倒埋土或用塑料纸桶包裹,防止抽条和野兔啃皮,有利于提高成活率。

如果定植的是芽接苗,栽后即可剪除接芽以上的砧木,剪口位置在接芽上方0.5厘米左右,留桩过高,影响愈合,形成死桩,过低会使接芽风干枯死。芽接苗栽后要及时立支柱绑缚,以防折断。还要及时除掉萌蘖。

五、建立循环型生态果园(果→草→畜→沼→窖)

近年来甘肃省农村沼气发展很快,而沼气所产生的沼渣、沼液施入果园,可有效改良土壤,增加土壤有机质,增强树势,显著提高果实着色和品质,叶面喷施沼液还对部分病虫害有一定预防效果。把发展沼气与果园生草、养畜、果品生产紧密结合起来,采用"果园→行间生草→畜牧养殖→沼气(沼渣、沼液)→集雨水窖"这一良性循环模式,走循环型生态果园优质高效生产之路。

六、老果园重建技术

老苹果园因为树体老化,品种落后,不易于操作,树冠残缺不全,病虫害发生严重,生产能力和经济效益低下,造成土地资源浪费,所以必须进行重建。

(一)苹果树再植障碍及发生的原因

1.苹果树再植障碍

在同一果园中,苹果树挖除后又重新栽植同类或同种果树,会产生被抑制生长,或发生严重的病害,此种现象称为苹果树再植障碍。其具体特征是:幼树生长衰弱、根系发育不良、植株矮小、枝条节间缩短、抽条困难、叶片失绿、缩小,严重时整株死亡。

2.发生苹果树再植障碍的原因

一是重茬果园老树根系分泌有毒物质,这些物质能抑制新栽果树根系的生长、分布和呼吸。二是重茬果园根际病原菌长期积累,增大了病原菌基数,加大了防治难度。三是老果园长期使用高残留农药和大量化肥,造成了土壤有害物质的积累,土壤污染严重。四是重茬果园造成土壤营养减少和营养元素失衡。一般情况下,苹果树生产周期比较长,对土壤养分消耗较大,中量元素均有不同程度的减少或某些元素积累过多,出现养分之间的不平衡。

(二)重建技术要求

(1)清除残体:彻底清除上茬果树的残体,如根系、残枝、落叶。

(2)园地平整:坡地改宽梯田,窄小梯田拓展成大平台,宜于水土保持,便于耕作管理。

(3)挖沟施肥:确定行向、株行距,预留作业道,开挖丰产沟或定植穴(80厘米×80厘米);经春挖、夏晒、冬冻,施入农家肥、作物秸秆等,浇透水踏实。有条件的可更换土壤。

(4)优良品种:选择适宜本地栽植、经济效益高的品种。

(5)优质苗木:选择根系完整、健壮无病虫害的苗木;定植前苗木要进行浸根消毒。

(三)培育大苗

在建园前2~3年,选择土壤肥沃、水肥条件好的地块,将优质苗木按1米×1米的株行距进行栽植。按树形要求整形修剪,并加强土肥水管理和病虫害防治,培养成大苗。

第四章　土、肥、水管理

一、土壤管理

土壤管理通常指土壤改良、土壤耕作等技术措施,目的是通过增施农家肥、绿肥等有机肥提高土壤肥力,保证果园的丰产优质与可持续生产能力。天水果园多分布在山地和川台地,土壤瘠薄,有机质含量低,养分不均衡,透气性差和保水、保肥能力低等不利因素,加强果园土壤管理,任务十分迫切。

(一)果园清耕

果园深翻改土能够加深耕作层、改善土壤结构、增加通透性,有利于根系的扩展延伸。表层肥土与犁底层土壤进行置换,使肥土养分接近根系,有利于吸收。犁底层土壤翻上地表,通过曝晒、冻融交替,人为耕作使其熟化,增加养分。

1.全园深翻

全园深翻可用3~5年逐步扩穴完成,翻土深度从树干向外逐渐加深,树冠下部以20厘米左右为宜,树冠外围应加深至30~50厘米。

2.局部深翻

在定植点到树冠外围的中部开始向外深翻,深度在30~40厘米。深翻时遇到主根和粗大侧根,勿强行深翻,对挖断的较粗根系可剪平断根,促进根系大量抽发。

(二)果园生草

果园生草有增加土壤有机质、改善土壤理化性状和团粒结构、熟化土壤的作用;果园种草还能减少土壤表面水分蒸发,提高保水能力,避免土壤板结;种草保护了果园生态,充分发挥了天敌控制害虫的能力,有利于生物防治;果园生草可有效减少地表径流和水土流失。

在天水应选择有灌溉条件的果园,行间种草,树带覆草、覆膜或清耕,不宜全园种草。生草方法有两种方式。

(1)自然生草:利用果园行间的禾本科等自然杂草,1年多次刈割。

(2)人工生草:天水果园秋季播种白菜型油菜籽,春季播种箭舌豌豆。每亩播种箭舌豌豆10~15千克、油菜籽2~1.5千克,花期刈割翻压。

（三）果园覆盖

1.果园覆草

天水市山区果园土壤肥力低、干旱缺水,覆草后增加了土壤的蓄水能力、减少了地面径流和水分蒸发、提高了自然降水利用率、增加了土壤有机质含量、抑制了杂草生长,节省了除草用工。

春季覆麦秆、玉米秆,全园覆盖每亩可用干草2000~3000千克,树带覆草,每亩可用干草1000~1500千克,覆草厚度一般为15~25厘米,若覆草厚度不够,造成地面裸露,覆盖物干枯而不腐,起不到保水和培肥土壤的作用。果园覆草隔年加盖一次,厚度保持在15~25厘米。

2.果园覆膜

能够减少土壤水分蒸发、汇集雨水、提高地温、抑制杂草生长。黑色地膜比白色地膜抑制杂草效果更好,还能有效防止和隔绝食心虫、金龟子、大灰象甲等害虫入土越冬或出土,减少病虫害发生。可减少除草,灌水等用工。

地膜要求膜厚0.12毫米以上,质地均匀,膜面光亮,柔韧性好的黑色地膜,宽度以树龄大小而定,幼树单幅1米或0.75米双幅,大树1~1.2米双幅覆膜。在10月下旬或11月上旬进行覆膜,要求把地膜绷紧拉直、无皱折、紧贴垄面,覆双幅地膜中间要衔接好,地膜两侧用湿土压严压实,以防大风刮起。

幼树不起垄,覆平膜,中间略低,便于集流雨水,使雨水在苗木栽植处渗入根部。

盛果期果园,顺树行起垄,垄高10~15厘米,中间高两边低,利水集雨,离主干15~20厘米不起垄,以保证根茎的正常活动。在地膜边缘,开挖宽、深各约20厘米的沟,并在沟里覆草,以便集雨水、施肥。

黑色的园艺地布,柔软耐踩踏,不易风化,可连续用3~4年,或更长时间,也可减少用工。使用方法与黑地膜一样。地膜和园艺地布,在临近风化时,移出果园,防止污染土壤。

3.果园覆沙

有条件的果园可推广应用。覆沙厚度15厘米左右,有增温、保墒、灭草、减轻病虫危害等作用。

（四）幼龄果园合理间作

幼龄果园可间作生育期短、矮秆需肥水少的作物。间作物以树冠外围为界,以豆类、薯类、瓜类为主,留足1~2米的树行营养带。

二、果园施肥

天水市果园土壤总体呈现有机质含量低、氮较缺、磷缺乏、钾较丰和偏碱的低肥力水平状况。果园施肥要根据叶片营养诊断分析和测土配方施肥技术,确定施肥配方、施肥量、施肥技术。

（一）先进施肥技术

1.苹果园水肥一体化技术

又称"施肥灌溉"或"肥水灌溉"技术,这种技术是根据果树的需水需肥特点,在压力作用下将肥料溶液注入灌溉输水管道而实现的,使肥料和水分准确均匀地滴入果树根区,适时、适量地供给果树,实现了水肥同步管理和高效利用的一种节水灌溉施肥技术,可以确保苹果树高效、速效、精准吸收养分水分。具有显著的节水、节肥、省工的效果。

水肥一体化适合有稳定的水源、滴灌或微喷灌的灌溉管道系统、高位蓄水池、加压泵等设施。适合所有苹果园,根系浅的矮化自根砧苹果园特别需要稳定的水肥供应。

2.追肥枪注射施肥技术

追肥枪注射施肥技术是利用果园喷药的机械装置,通过改造,将药泵动力改为三轮车动力带动,原喷枪换成追肥枪追施水溶肥的一种供水施肥方式。追肥时先要将施入的肥料溶于水,药泵加压后用追肥枪注入苹果树根系集中分布层。

（1）适用区域条件。适宜于用水较困难的干旱区域,或水费贵、果园面积小而地势不平、落差较大的区域。适合小规模果园使用。对肥料的要求较低,可以选用溶解性较好的普通复合肥,可不需要用昂贵的专用水溶肥。水源主要为自来水、水窖或沟底池塘中蓄积的雨水。

（2）需要设备。三轮车、喷雾机、贮肥水罐（最好可存1000千克水）、软管、追肥枪。在原有打药设备基础上,追肥枪仅一次性投资100元。采用农用三轮车机械拉水进行。

（3）使用方法。在配肥时,采用2次稀释法进行。首先用小桶将复合肥等水溶性无机、有机肥化开,然后再依次加入贮肥罐,加入大罐时要用60~100目纱网进行粗过滤,对于少量不溶物,不要加入大罐,最后再加入微量元素、氨基酸等冲施肥进行充分搅拌。注射施肥的区域是沿果树树冠垂直投影外围附近的根系集中分布区,45°斜向下打眼,用施肥枪将水溶肥注入土壤中。施肥深度为20~30厘米,根据果树大小、密度,每棵树打4~12个追肥孔,每个孔施肥10~15s,注入肥液1~1.5千克,2个注肥孔之间的距离不小于50厘米。

（二）传统施肥

1.秋施基肥

基肥以农家肥为主,一般幼树株施腐熟农家肥25~50千克,成年树株施50~100千克。农家肥不足时可选用商品有机肥,如腐殖酸生物有机肥、生物菌肥与氮、磷、钾复合肥,按推荐用量混合施用。再按土壤肥力状况、上年度施肥种类、树势,适当增减数量,调换种类;开挖深、宽均为30~40厘米的施肥沟施入。

花牛苹果在9月中、下旬施入,富士苹果10月上、中旬施入。施肥如果影响树上的果实,可在果实采收后立即施用。此时施肥有利于伤根愈合和促发新根。并且可提高树体营养水平,有利越冬和来年苹果树萌芽开花、新梢早期生长。

2.追肥

（1）花前追肥。萌芽开花需要消耗大量营养，但早春温度低，树体吸收能力较弱，主要消耗树体贮存的养分。此期追施应视上年施基肥情况和树体长势而定，上年（秋季）基肥充足，树体长势强，可不施或推迟到花后施。对于弱树、老树和结果过多的树应重视这次追肥，以促进萌芽开花整齐，提高坐果率。一般每株施高浓度复合肥（2:1:1型）1~1.5千克，若上年（秋季）未施基肥或施基肥数量不足，宜有机肥与复合肥配合施用。

（2）花后追肥。在落花后坐果期施肥。此时，幼果和新梢生长加速，需要较多营养物质补充，一般施用高浓度高氮高钾复合肥（2:1:2型），每株1~1.5千克。这次肥与花前肥可以互补，如花前施肥充足，树势强，也可少施或不施。

（3）果实膨大和花芽分化期追肥。此期部分新梢停止生长，新的花芽开始分化，这次追肥有利果实膨大和花芽分化，既可保证当年优质、高产，又为来年结果打下基础，对克服大小年也有作用。此期需要较多的钾素养分供应，宜选用高钾低磷复合肥，每株施2千克左右。

（4）果实生长后期追肥。这次肥主要解决果实发育与花芽分化两者需肥的矛盾。这次肥对于晚熟品种尤为重要。据研究，果实内钾和碳水化合物含量高，则果实着色好，因此，此期追肥也应重视增施钾肥，每株施用高钾复合肥1千克左右。

采用"穴施"或"浅放射沟施"，沟深15~20厘米。

（三）叶面喷肥

结合病虫害防治，在苹果补钙临界期（落花后20~40天），间隔10天连喷2次氨基酸钙或腐殖酸钙肥600倍液；在采果前30天用磷酸二氢钾或硫酸钾200倍液喷施2次。防止苹果痘斑病和苦痘病等生理病害的发生。

三、水分管理

（一）有灌水条件的果园

一般情况下应在萌芽期适量灌水；果实膨大期灌水，6~8月是果实迅速膨大期，视土壤墒情及时灌水；落叶至土冻前尽可能灌足水，使土壤积蓄水分，供第二年春季利用，灌水量要以浸透根系分布层（40~60厘米）为准，田间持水量达到60%~70%。灌水方法尽量采用滴灌、沟灌、穴灌等节水灌溉措施。

（二）无灌水条件的果园

在果园管护房附近，修建蓄水池，利用降雨，把屋面和院子的雨水集流于蓄水池，用于喷农药和穴贮肥水。穴贮肥水技术，在树冠投影边缘向内30厘米处，挖3~4个直径30~40厘米、深40~50厘米的圆坑，坑内填入杂草、麦草或玉米秸等，踩实后坑口用农用塑料薄膜覆盖，中间留一小孔，用瓦片盖住，周围修成浅盘状，集纳雨水，按需要揭膜施肥，适时灌水。

第五章 整形修剪

一、整形修剪的意义

(一)概念

1.整形

根据果树生长发育的自然规律和它的生物学特性,结合当地自然条件和立地环境,按照人们的意志,通过剪枝,把果树改造培养成一定的树形。为大量结果打下牢固的骨架基础及合理的树体结构,此过程叫整形。

2.修剪

在整形的基础上进行,目的是为了调节营养生长和生殖生长的关系,充分利用空间,合理配备结果枝组,而对果树进行的"外科手术"。

3.整形与修剪的关系

整形与修剪是两个互相关联的操作技术,二者具有相辅相成的关系。修剪是在整形的基础上进行的,而整形必须通过修剪来完成。

(二)作用

(1)促进早果、丰产,维持稳产。

(2)提高果品质量。

(3)降低生产成本,提高工作效率。

(4)增强抗御自然灾害的能力。

(三)基本原则

(1)因树修剪,随枝做形。

(2)立足长远,照顾当前。

(3)均衡树势,主从分明。

(4)轻剪为主,轻重结合。

(四)依据

(1)根据品种的生长结果习性。

(2)根据不同的年龄时期。

(3)根据不同的生长势。

(4)根据不同环境条件和栽培管理技术。

二、修剪时期

苹果树修剪分休眠期修剪和生长期修剪。休眠期修剪,即自然落叶后到下一年芽萌动前期间的修剪。生长期修剪,即苹果发芽后到秋季落叶前的修剪。

三、修剪方法

修剪的基本方法有短截、疏枝、回缩、缓放、除萌、摘心、拿枝软化、开角、拉技、弯枝、刻芽等。

(1)短截:短截是指将一年生枝剪去一部分,按剪截量或剪留量区分,一般有轻短截、中短截、重短截和极重短截四种方法。

(2)疏枝:将枝条从基部剪去叫疏枝。一般用于疏除病虫枝、干枯枝、无用的徒长枝、过密的交叉枝和重叠枝,以及外围搭接的发育枝和过密的辅养枝等。

(3)回缩:短截多年生枝的措施叫回缩修剪,简称回缩或缩剪。

(4)缓放:缓放是相对于短截而言的,不短截即称为缓放。

(5)开角:为了缓和树势,调节营养生长和结果。对幼树和初结果树,开张骨干枝角度。角度开张树冠大,枝条生长势缓和,树冠内膛通风好,有利成花结果。

开张角度的方法有以下几种:

①拉枝:用塑料绳、麻绳、地锚等把树枝拉成所需角度。拉枝既能改变上下角度,也能改变方位角。

②拿枝:把健壮直立营养枝或新梢从基部轻轻捋(揉)几遍,使木质受伤,不要伤叶子,使枝呈水平状态。

③坠枝:在枝条上绑挂悬垂物,使枝条角度开张。

④背后枝换头:采用背后角度好的枝条当头,剪除直立的原头。

⑤里芽外蹬:剪口下第一芽留背上内芽,第二芽留外芽;剪口下一、二枝都较直立时,可选第三芽萌发的枝作为延长枝,将其上两个直立枝剪掉,这叫双芽外蹬。

⑥连三锯:对前期管理粗放的大树,在骨干枝(包括大辅养枝)基部一定距离处,角度变化大的地方的外侧,连拉三个锯口,其深度不能超过木质部的1/3,锯口间距3~5厘米,还可多拉几锯(亦叫连多锯),锯口一定要互相平行。直径达10厘米左右的大枝上才可用。

(6)摘心:摘心是在新梢旺长期,摘除新梢嫩尖部分。摘心可以削除顶端优势,促进其他枝梢生长;经控制,还能使摘心的梢发生副梢,以削弱枝梢的生长势,增加中、短枝数量。此外幼树可以通过摘心来培养结果枝组。

(7)刻芽:在芽的上方刻一刀,深达木质部,将皮层割断。有利于刀口以上部位的营养积累、抑制生长、促进花芽分化、提高坐果率、刺激刀口以下芽的萌发和促生分枝。

四、树体结构与整形过程

(一)主要丰产树形

1.自由纺锤形

适合乔砧短枝型品种或矮砧普通型品种,此种树形适合行距4~5米、株距3~4米栽培。树干高80~90厘米,树高3~3.5米,全树留10~15个小主枝,向四周伸展,无明显层次。小主枝角度90°,下层小主枝长1.5米左右,从下而上逐渐减小。在小主枝上配置中小枝组,不留侧枝,单轴延伸。树形下大上小,呈阔圆锥形。

2.细长纺锤形

适合每亩栽树56~67株(行距4.0米,株距2.5~3米)的较密栽培。树高3~3.5米,冠径1.5~2.0米,树形特点是在中央领导干上,均匀着生实力相近、水平、细长的15~20个小主枝,要求小主枝不要长得过长,且不留侧枝,下部的长1米,中部的长70~80厘米,上部的长50~60厘米为宜。小主枝单轴延伸,一般可不加短截。全树细长,树冠下大上小,呈细长纺锤形。

细长纺锤形树形,在各级枝条的粗度比例上,有严格的要求,中心干:小主枝:小主枝上的小枝组基部粗度比为9:3:1。小主枝和枝组直径分别以3~4厘米和1~2厘米为宜。接近或超过适宜粗度,即需要培养预备枝更新,以细小枝代之。小主枝8~9年、结果枝组4~5年更新一次。

3.主干形

适合4米×2米、4米×1.5米、3.5米×1.5米、3米×1米等的行株距栽植。同纺锤形一样,它有一个强健的中央领导干,其上直接着生3~5厘米粗、1米左右长、大小不等的40~50个横向枝。这些枝的粗度都同中干远远拉开,结果后多自然呈下垂状。一般干高80厘米,树冠直径小于1.5米,树高根据行距灵活而定,一般可略高于行距。整成形后行间能过三轮车。它同细长纺锤形很相似,只是比细长纺锤形上的横向枝多,且细,重要的是横向枝都不长,即所谓的单轴而不延伸。主干形的果实围绕中干结果,受光均匀,果个大。它的树形建造快、修剪量小、浪费较少,花芽质量高,横向枝更新容易。

(二)整形过程

1.自由纺锤形

第一年树的修剪。

定干:定植后,距地面100~120厘米处定干。

生长季节修剪:及时抹除树干上距地面80厘米以内的萌芽;在上部选一粗壮、直立的壮梢培养为中央领导干;对竞争梢用疏除方法进行控制,其他新梢在8月下旬拿枝软化,使之角度为90°。

休眠期修剪:抽生长枝多的树休眠期修剪时疏除主干上距地面80厘米以内的枝条及上部的过密枝;选留5~8个长势均衡、方位较好的枝条缓放,不短截;中央领导干延长枝选饱满芽轻短截,长势弱的换头,用下部竞争枝代替。抽生长枝少的树中央领导干延长枝在饱满芽处中短截,疏除竞争枝,其他枝留基部瘪芽极重短截。

第二年树的修剪。

生长季节修剪:对上年留有主枝的树,发芽前后在中央领导干上选方位适宜的饱满芽刻伤,6月对主枝上的直立梢进行拿枝软化,过密梢疏除;9月拉枝,使选留的主枝处于水平状态;对中央领导干上发出的新梢拿枝软化,使之平生。

休眠期修剪:主枝继续缓放,其上的直立枝、过密枝适当疏除,两侧生长过旺的1年生枝疏除或极重短截;中央领导干延长枝留饱满芽短截。

第三年树的修剪。

生长季节修剪:生长季节的管理参见第二年树的修剪的相关内容。

休眠期修剪:在中央领导干上继续选留3~5个主枝。注意平衡树势,疏除过粗枝和竞争枝;此期树高已达3米,中央领导干延长枝不再短截。

第四年树的修剪。

生长季节修剪:发芽前后在中央领导干延长枝上选方位、位置适宜的饱满芽目伤,培养上部主枝,5~6月控制直立枝、过密枝、竞争枝的生长;9月上旬对当年选留主枝拉枝开角。

休眠期修剪:与第三年树的修剪基本相同,注意调整过密的主枝,对主枝上的中庸枝甩放,培养小型结果枝组。

第五年树及盛果期的修剪。

生长季节修剪:生长季节修剪参见第三、四年树的修剪的管理。

休眠期修剪:注意调整个体结构和群体结构;株间交叉控制在10%以内;控制枝叶量,在夏季中午树冠投影范围内的地面上有均匀的光斑,树冠透光率达30%;调节生长和结果的矛盾,发育枝与结果枝比例保持在(3~5)∶1;注意长放枝组的回缩更新,衰弱枝组应回缩到壮枝、壮芽处,促发新枝后去弱留壮。

2.细长纺锤形

苗木栽植后,在距地面100~120厘米处定干,并于80厘米以上的整形带部位选3~4个不同方向的分枝。当年9~10月将所发分枝拉平。第一年冬剪时,中心延长枝于春梢饱满芽处短截。疏除低于80厘米处的分枝。

第二年中心干上抽生的分枝,第一芽枝继续延伸,其余侧生枝一律拉平,长放不剪,一般同侧主枝相距40~50厘米。另外,对小主枝的背上枝可采用夏季拿枝软化的方法控制,使其转化成结果枝。疏除竞争枝和枝干比大于1/3的分枝。

第三年冬剪时中心干留30~40厘米短截。小主枝上的直立枝疏除。4~5年生的要尽量利用夏管方法对拉平的主枝促其结果。主枝仍可不截、长放延伸。

6~7年生的,对水平状态小主枝优先促其结果,对于结过果的下边大龄主枝视其强弱给以回缩。使整个树冠成为上小下大的纺锤形。

3. 主干形

定干和第一年修剪。如果采用2年生的苗木,定植后于萌芽前在饱满芽处定干,然后用竹竿扶正苗木使其顺直生长;当侧枝长度在25~30厘米时拉开夹角,与中央干的夹角为90°~110°。

如果采用3年生的苗木,定植时不定干或轻打头,去除主干上长度超过50厘米的枝条;同样要用竹竿扶正苗木使其顺直生长。

苗干从地面到80厘米之间萌枝疏除,以上保留。同侧上下间距小于25厘米的枝条疏除。

冬剪时疏除中央干上所发出的强壮新梢,疏除时留1厘米的短桩,使轮痕芽促发弱枝;保留长度30厘米以内的弱枝。

第二年修剪。第2年春天,在中心干分枝不足处进行刻芽或涂抹药剂(抽枝宝或发枝素)促发分枝,在展叶初期,剪除保留枝条的顶芽,缓和枝条生长势。

苗干从地面到80厘米之间再次发出的萌枝要疏除,同侧上下间距小于25厘米的新枝条疏除。枝条角度按树冠不同部位的要求进行拉枝。

冬季修剪时,疏除中央干上当年发出的强壮新梢,疏除时留1厘米的短桩,使轮痕芽促发弱枝;保留中干上50厘米以内的弱枝。

第三年修剪。第三年春季和夏季修剪与第二年相同,要强调拉枝角度,枝条角度按树冠不同部位的要求进行拉枝。

冬季修剪时,疏除主干上当年发出的强壮新梢,疏除时留1厘米的短桩,保留中心干上当年发出的长度在50厘米以内的小主枝;同侧位小主枝上下保持25厘米的间距。

第四年修剪。第四年春季和夏季的修剪与第三年相同,但春季开花株要进行疏花和疏果,亩产控制在500~1000千克。

冬季修剪时,保留中心干发出的小主枝,同侧位小主枝上下保持25厘米的间距。

成形后更新修剪。随着树龄增长,去除中央干着生的过长的大枝(其中粗度超过3厘米的一定要及时疏除),对树冠下部的小主枝长度超过1.2米的也要疏除。对与中央干的夹角不在100°~110°的要进行拉枝调整;对树冠中部的小主枝长度超过1.0米也要疏除,对与中央干的夹角不在110°~120°的要进行拉枝调整;对树冠上部的小主枝长度超过0.8米也要疏除,对与中央干的夹角不在120°~130°的要进行拉枝调整。

使得5~6年生的小主枝逐年轮换,及时疏除中央干上过多的枝条,并回缩主枝上生长下垂的结果枝,更新复壮结果枝,使得结果枝4~5年轮换1次;为了保证枝条更新,去除中央干中下部大枝时应留1厘米小桩,促发预备枝条。但去除上部枝不要留桩,防止发出过旺枝。

五、乔化密植园修剪技术

一园两种管理。确定一行永久树,一行临时树。对于临时树,先去疏除下部3~5个大枝,然后刻伤出枝,对上部枝条拉大到130°,可采取断木截流的办法,拉大角度,结果2~3年再疏除。树上发出的一年生枝,采用多道环割、拧枝定梢、扳除定芽、拉枝等方法,缓和枝势,促进结果。

　　永久树按常规管理。永久树采取以疏为主,适当拉枝,极少短截,适时回缩,培养细长、下垂、松散的结果枝组,达到优质丰产。

第六章　主要病虫害防治

病虫害防治是果树管理中的保障措施,直接关系着果品产量的高低、质量的优劣、经济年限和树体寿命的长短。

一、病虫害防治的方针、目的和方法

(一)防治方针
预防为主、综合防治。

(二)防治的目的
保果、保叶、保花、保干、保根,使树体健康。技术要求是产品安全,环境友好。

(三)防治方法
植物检疫、农业防治、生物防治、物理防治、化学防治。

(1)农业防治:搞好果园卫生,清扫果园枯枝、落叶、杂草等,集中深埋。

(2)生物防治:悬挂昆虫性诱剂、杀虫灯、诱虫板,树干绑诱虫带等。

(3)物理防治:人工振动捕杀、清除病皮、病枝、残桩等。

(4)化学防治:选用高效、低毒、低残留的农药防治方法。

二、天水苹果主要的病害及防治

天水苹果主要的病虫害有:腐烂病、早期落叶病、锈病、黑星病、霉心病、黑点病、套袋苹果黑点病等。

(一)苹果树腐烂病

1.腐烂病特性

苹果树腐烂病是危害性最大的苹果枝干病害,在老果园普遍严重发生,近年来一些幼树,甚至苗木也出现了腐烂病,常常造成死枝、死树,甚至毁园,给果树生产带来了很大的经济损失。

苹果树腐烂病主要危害主枝和枝干,形成溃疡型和枝枯型病斑。溃疡型发病初期,病部呈红褐色、水渍状、略隆起。盛期病组织松软腐烂,常流出黄褐色汁液,有酒糟味,易剥离。后期病部干缩,下陷,病部有明显的小黑点,潮湿时,从小黑点中涌出一条橘黄色卷须状物。枝枯型多发生在小枝、果台、干桩等部位,病部不呈水渍状,迅速失水干枯造成全枝枯死,上生黑色小粒点。

苹果树腐烂病病菌为弱寄生菌,主要从伤口侵入,具有潜伏浸染特性,当树体或其局部组织衰弱时,便会扩展蔓延。一般3~5月为发病高峰期,晚春后抗病力增强,发病锐减。该病的发生与树势、伤口数目、愈伤能力、管理水平、冻害等密切相关。

2.腐烂防治方法

苹果树腐烂病的防治贯彻"预防为主、综合防治"的防治策略,以培养树势中心、及时保护伤口、减少树体带菌为主要预防措施,以病斑刮除药剂涂布为辅助手段综合防治。具体措施有:

(1)加强土肥水管理。果园增施腐熟的农家肥和生物有机肥,配合使用三元复合肥,适当调减氮磷化肥用量,增加钾肥用量,并注意钙、镁、硼、锌等微量元素的配合使用。果园干旱时及时灌水。

(2)科学修剪,慎用环剥、环割技术,防止创伤过多过重。生长季节多用拉枝揉枝技术,促进树体成形成花,减轻冬剪量,减轻树体感病概率。对因修剪等造成的伤口以及上年没有愈合的剪锯口,在修剪完成后要及时涂抹伤口愈合剂等加以保护。

(3)严格疏花疏果,因树定产,合理留果,避免出现大小年,防止因超负荷挂果引起营养消耗过度而导致树体衰弱,以免来年春季腐烂病大发生。

(4)搞好果树防寒,减少冻伤。树干涂白防冻,在冬季土壤封冻前(11月中下旬),应用涂白剂(水10份,生石灰3份,硫黄粉0.5份,食盐0.5份,动物油0.05份)涂干防冻。要求将下部各主枝基部和中心干中部以下全部涂白。

(5)要有效防治早期落叶病和叶螨等各种食叶害虫,避免因叶片受损而造成养分不足,引起树体衰弱。

(6)在修剪和病疤刮治过程中,注意对刀、剪等工具消毒;及时清除病皮、枯枝、病枝、残桩等,并集中烧毁。

(7)定期检查,及时刮治。全年检查腐烂病发病情况,特别是早春和秋季腐烂病重要发病时期,发现腐烂病斑及时刮治。对已发病至木质部的病斑,刮成椭圆形、立茬,根据茎的粗度,要求刮面超出病斑病健交界处,横向刮1厘米,纵向刮3厘米;对发病仅在韧皮部的病斑,刮除变色的韧皮组织即可。刮除后及时涂药。涂抹的药剂可选择噻霉酮、拂蓝克、菌毒清等涂抹剂。药剂需要连续涂抹2~3次,间隔10~15天,以防止病斑重犯。

(8)树干涂药。在3月、6月、9月三个月每月的中下旬,腐烂病菌集中侵染和发病时期,对苹果树的主干、主枝涂刷药剂进行保护。所用药剂有噻霉酮、丙环唑、氟硅唑、戊唑醇、苯醚甲环唑、辛菌胺等。涂刷浓度以叶面喷施药液的10倍为宜。

(9)桥接。对主干上病斑多且有较大病疤的果树,要充分利用病疤下部萌蘗枝进行桥接。无萌蘗枝的可采用单枝或多枝桥接,以利于辅助输导养分,促进树势恢复。

(二)早期落叶病

1.苹果早期落叶病特性

凡造成苹果树叶片提早落叶的病害统称为"苹果早期落叶病"。苹果早期落叶病包括褐斑病、斑点落叶病、圆斑病、灰斑病、轮斑病等,此类病害发生危害,会造成早期落叶,削弱树势,对苹果产量、质量影响很大。在天水市,以褐斑病、斑点落叶病危害最重。

以上各种病害在苹果树生长季节随气流、风雨传播,直接侵入或从伤口、皮孔侵入进行侵染,田间有多次侵染现象。高温、多雨有利于病原菌的繁殖、侵染和传播。果园密植、郁闭,通风透光不良的果园发病较重。防治方法基本相似。

2.防治方法

(1)加强土肥水管理,增施有机肥,配合使用三元复合肥,避免偏施氮肥。增强树势,提高树体抗病能力。

(2)苹果落叶后及时清扫落叶,烧毁或深埋,减少越冬菌源。

(3)合理修剪,多采取夏季修剪措施,以改善果园及树冠的通风透光条件,恶化果园病菌滋生环境。

(4)药剂防治。从6月上旬开始,依据果园实际和降雨情况,隔15~20天,全园喷施一次杀菌剂。所选药剂有:代森锰锌、丙森锌、朴海因、多抗霉素、戊唑醇、氟硅唑、苯醚甲环唑、丙环唑等。各种药剂可轮换使用。

(三)苹果锈病

1.苹果锈病特性

苹果锈病又名苹果赤星病,是一种转主寄生菌,转主寄主有桧柏、塔柏等,在有桧柏等转主寄主存在的地区往往有该病发生。20世纪80年代,该病在天水市苹果园只是零星发生。但近年来由于绿化树种(柏树)的大量栽植,苹果锈病的危害也逐年加重。

苹果锈病主要危害苹果叶片,也危害果实、叶柄、嫩梢。发病严重时,常造成早期落叶,削弱树势,影响苹果产量和质量。

叶片染病:发病初期在叶片正面产生油亮的橘红色小圆点,直径1~2毫米,之后可逐渐扩大到5~10毫米。病斑中部颜色较深,外围较淡,边缘常呈红色,中央部分形成许多橙黄色小粒点,即性孢子器。在天气潮湿时,从中分泌出淡黄色黏液,黏液干燥后,性孢子器逐渐变为黑色。此后,叶面病部凹陷,叶肉肥厚变硬,叶背病部隆起,约在7月中旬,长出丛生的黄褐色毛状物,为锈孢子器,内含大量锈孢子。叶片病斑较多时,常常引起早期落叶。

果实染病:病斑黄色,近圆形,出现于7月底到8月初,多发生于靠近萼洼部位,以后在病斑上产生丛生的黄褐色毛状物,为锈孢子器,病果生长停滞,多呈畸形。

嫩枝染病:病斑梭形,橙黄色,后期病部凹陷龟裂,并长出丛生的黄褐色毛状物。叶柄病状与嫩枝病状相似。

苹果锈病有转主寄主的特性,必须在转主寄主桧柏等树木上越冬才能完成侵染循环,若果园周围没有转主寄主,则锈病不可能发生。在苹果园一定范围内有桧柏类树木存在的情况下,如桧柏上越冬菌源量多,有充足的初次侵染来源,病害发生就重,否则发生较轻。春季在苹果展叶后,如阴雨绵绵、降雨在50毫米以上时,有利于病菌的传播和侵染,锈病发生就严重,相反,这段时间若天气干旱、雨水少,则锈病发生较轻。

2.防治方法

(1)加强果园肥水管理,肥料以磷钾肥为主,配合其他微量元素,以增强树势,提高叶片和果实的抗病能力。

(2)采取夏季修剪措施,改善果园通风透光条件,创造有利于树体生长的环境,恶化病菌滋生环境。

(3)从5月初到7月上旬,苹果园隔15天左右喷施一次杀菌剂,兼治其他病。药剂可选择腈菌唑、氟硅唑、戊唑醇、氟环唑、苯醚甲环唑等三唑类药剂。喷药间隔期根据果园树体生长状况和降雨情况确定。果园通风条件好、树体健壮、生长良好的果园可适当延长喷药间隔期,反之则缩短喷药间隔期;降雨少的季节延长喷药间隔期,雨水多的季节缩短喷药间隔期。各种药剂要求轮换使用。

(四)黑星病

1.黑星病特性

苹果黑星病又称疮痂病,1987年首次在天水市果园发现,此后每年均有零星发生,局部果园发生危害严重,苹果黑星病可危害苹果的叶片、果实、叶柄、果柄、花、芽、花器及新梢,但以危害叶片和果实为主。

叶片染病:病斑绝大多数先从叶正面产生,有少量从叶背面先发生。病斑初为淡黄绿色,呈圆形或放射状,后变为褐色至黑色。病斑直径3~6毫米或更大,病斑周围有明显的边缘,老叶上更为明显。病斑上着生分生孢子梗及分生孢子。发病后期,许多病斑连在一起,致使叶片扭曲变畸,并出现大量落叶。

叶柄染病:病斑呈褐色长条形,多发生在叶柄正面或侧面靠近叶片一端。

果实染病:从幼果至成熟果都可受侵害。病斑多发生在肩部或胴部,初为淡黄绿色斑点,圆形或椭圆形,渐变褐色至黑色,表面产生黑色绒状霉层。随果实生长,病斑逐渐凹陷、硬化,常发生星状开裂。

幼果染病:因发育受阻而多形成畸形果。

枝条染病:多发生在嫩枝前端,病斑小,枝条长粗后病斑消失。

苹果黑星病,病菌主要在病叶中越冬,病组织上产生的分生孢子可以不断引起再侵染,子囊孢子和分生孢子都是在有雨水的条件下随气流传播扩散。一年中,苹果黑星病发病早晚和轻重程度与降雨量有密切关系,早春多雨,发病较早;夏季阴雨连绵,病害流行快。降雨较晚、降雨量少的年份发病轻。

2.黑星病防治方法

可参照苹果锈病防治方法。

（五）霉腐病

1.霉腐病特性

苹果霉腐病主要危害果实,是当前苹果生产的主要果实病害,在天水果区均有发生。尤以元帅系品种受害严重。其症状表现有两种。①霉心型。在心室内产生灰绿、灰白、灰黑等颜色的霉状物,该霉状物仅局限于心室。②心腐型。果心区果肉从心室向外层腐烂,严重时可使果肉烂透,直到果实表面。腐烂果肉味苦,感病严重的幼果,会早期脱落;轻病果可正常成熟,但在成熟期至采收后果实心室仍可发病。

霉腐病病菌随着花朵开放,首先在柱头上定殖,落花后,病菌从花柱开始向萼心间组织扩展,然后进入心室,导致果实发病腐烂,果心霉烂发展严重时,果实胴部可见水渍状、褐色、形状不规则的湿腐斑块,斑块可彼此相连成片,最后全果腐烂,果肉味苦。发病果在树上果面表现发黄、未成熟失绿、果形不正或着色较早,但一般症状不明显,不易发现。此外,发病果常常大量脱落,导致减产。有的霉心果实因外观无症状而被带入贮藏库内,遇适宜条件将继续霉烂。

2.霉腐病防治方法

（1）加强栽培管理,提高果实抗病能力,注意氮、磷、钾肥及微量元素的配合使用;采收后清除果园内的病果、病叶、病枝和杂草,刮除病皮。合理修剪,保持园内通风透光;增施有机肥料,合理灌水,及时排涝,防止地面长期潮湿。幼果形成期套袋。

（2）花期用药。于落花期连续喷施2~3次杀菌剂,其中盛花期是关键,落花后喷药几乎无效。可选用的药剂有代森锰锌、多抗霉素、朴海因、腈菌唑等。

（3）果实采收后及时分级装箱,尽快在冷库中贮藏,可明显减轻霉心病的发生。

（六）黑点病

1.黑点病特性

苹果黑点病是20世纪90年代初开始出现的又一重要病害。此病主要危害果实,症状表现复杂多样,常因品种、发生时期及发生部位不同而表现不同的症状特征。病斑最早出现于果实的萼洼附近,出现绿色或黑色细小斑点。发病严重时,在整个果面散生许多大小、形状、色泽不一的病斑。病斑以果点为中心向外扩展,中央呈绿色或褐色,上散生有针芒型小黑点。多数病斑周围有红色晕圈。病斑直径为1~6毫米,深1~3毫米。部分病斑中央稍凹陷,皮下果肉木栓化,且味苦。病斑一般局限于果实表皮,贮藏期病斑不再扩大,极少有腐烂现象出现。

苹果黑点病的发生,其轻重与气候条件有关,特别是6月中下旬的降雨。降雨多的年份发病重。另外,树冠郁闭、通风透光不良的果园发病重,落叶病发生严重的果园该病发生重。

2.黑点病防治方法

可参照苹果早期落叶病防治方法。

(七)套袋苹果黑点病

1.套袋苹果黑点病特性

套袋苹果黑点病是因果实套袋而发生的一种新病害,该病仅发生于套袋苹果上,未套袋果不发生。该病在天水市套袋苹果产区每年均有不同程度发生,有的年份发生很重。

果实感病后,在果面散生大小、形态不一的病斑。病斑绝大多数发生于果实的萼洼处,有少部分发生于梗洼处,有时果实胴部也有发生,发病严重时这三个部位都有发生,但病斑主要在萼洼处。发病初期,果实萼洼处皮孔褐变,出现针尖状小黑点,后黑点逐渐扩大。病斑直径一般1~3毫米,严重的可达到5~6毫米。部分病斑中央凹陷,深1~2毫米,果面略显畸形,在潮湿或机械创伤的情况下,常有果胶溢出,果胶风干后沉积形成白色粉末。该病病斑一般局限在果实表皮,不深入果肉,口尝无苦味,不引起果肉溃烂,生长后期和贮藏期也不扩大蔓延,对内在品质没有影响,但对外观品质和售价却影响很大。

套袋苹果黑点病菌,通过气流和雨水传播对花器进行侵染,谢花后病菌腐生在苹果花器上进行繁殖。苹果套袋后,病菌在湿度大、透气差、温度高的袋内继续繁殖和蔓延,侵染萼洼的皮孔坏死组织而致病;同时空气中流动的病菌也会通过果袋透气孔或从未扎紧的袋口随雨水顺果柄进入侵染果面。因此,苹果萼洼和梗洼是病斑发生最多的部位。而且越是连阴天气、地势低洼、高温高湿、树势偏旺、树冠郁闭的果园越容易发病。

2.套袋苹果黑点病防治方法

(1)加强果园肥水管理。增施有机肥和磷钾肥,配合其他微量元素,控制氮肥施用量,防止徒长冒条,促使树势健壮,提高树体抗病能力,确保树体和果实正常生长。雨后和浇水后,及时中耕松土。

(2)改善树体和果园通风透光条件。从6~8月开始,做好疏枝、抹芽、摘心、拉枝等夏季修剪工作,改善树体通风透光条件,创造有利于树体生长的环境,恶化病菌滋生环境。

(3)选择优质育果袋。选购育果袋时,应选用正规厂家生产的纸袋,外袋纸张要求通气性良好、耐雨水冲刷和日光曝晒、不易风化,且袋底部具有良好通气排水孔,内袋蜡纸要求涂蜡均匀光滑。

(4)规范套袋操作技术。严格按照苹果套袋技术规范进行科学套袋,做到上紧、中宽(撑圆)、下透气的技术要求。套袋时须将果袋撑起,使果实位于袋中央,不与果袋相贴,以免发生日灼。另外注意打开通风排水孔,以利于袋内外空气畅通,防止果袋内温、湿度上升。

(5)雨后检查果袋。雨季来临之后,随时抽查套袋果实黑点病的发生情况,如发现黑点,应将排水孔充分打开,或将果袋底角剪大,使其长度在0.8~1厘米,并在袋底中央剪一边长为0.5厘米的倒三角形孔口,以利透气散湿。但不能摘除果袋,以免天晴发生日灼。

(6)药剂防治。落花后(4月底)全园喷施保护性杀菌剂大生(或丙森锌)一次,套袋前(5月下旬至6月上旬)全园喷施内吸杀菌剂如腈菌唑、氟硅唑、丙环唑、甲基托布津、噻霉酮等。套袋后至脱袋前,依据果园光照、空气湿度等实际情况,一般在15天左右喷药一次。所选药剂参考套袋前药剂。

三、天水苹果主要的虫害及防治

天水苹果主要的虫害有:叶螨、桃小食心虫和蚜虫。

(一)叶螨

叶螨是各种果树的重要害虫,危害严重时致使叶片干枯,生长停滞,严重影响果树生长。在天水市危害苹果的叶螨主要有苹果全爪螨和二斑叶螨。

1.苹果全爪螨

别名苹果红蜘蛛,若螨和成螨均可危害植物的叶片和芽,被害叶片初期出现失绿灰白色斑点,失去光合作用,严重时叶片呈现苍灰色,背面暗褐色,但不落叶。芽受害后不能正常萌发,严重时枯死。

苹果全爪螨以卵密布在短果枝、果台基部、芽周围和二三年生枝条的交接处越冬,危害严重时在主枝和主干上集中连片越冬。翌年春当日平均气温达10℃时(约4月中旬),越冬卵开始孵化。5月上旬为第一代成螨发生盛期,此后,随着气温升高,各虫期发育加速,产卵量增大,出现世代重叠,危害随之加重。在一般情况下,从10月上旬开始,陆续出现越冬卵。

2.苹果全爪螨防治方法

(1)早春防治:在越冬卵数量较大的果园,苹果发芽前用3~5波美度石硫合剂或95%机油乳剂80倍液、或20%四螨嗪200倍喷雾,杀灭越冬卵。

(2)生长期防治:要抓住越冬卵孵化期和第二代若螨期喷药防治。可选药剂有四螨嗪、尼索朗、阿维哒螨灵、炔螨特、浏阳霉素等。

喷药防治时,要根据螨口密度大小决定是否喷药。一般在6月以前,平均每叶有活动态螨3~4头时喷药;7月以后,平均每叶有活动态螨7~8头时喷药,在此指标以下可不喷药。

3.二斑叶螨

又名二点叶螨、苹果白蜘蛛,属世界性害螨,是20世纪80年代中期从国外传入中国的新害螨,主要危害樱桃、桃、李、杏、苹果等多种果树和农作物,寄主十分广泛。

二斑叶螨主要以成螨和若螨刺吸嫩芽、叶片汁液,喜群集叶背主叶脉附近,并吐丝结网于网下为害,被害叶片出现失绿斑点,严重时叶片灰黄脱落。

二斑叶螨以雌成螨在树干翘皮下、粗皮缝内、杂草、落叶以及土缝中越冬。当春季日平均气温达到10℃左右时,越冬雌成螨开始出蛰,3月下旬至4月上旬大量出蛰,出蛰雌成螨先在杂草或树冠内膛叶片取食为害,产卵繁殖,以后逐渐向树冠外围扩散。6月下旬扩散至整个树冠,为害加重,7月中旬至9月中旬是为害盛期。二斑叶螨有吐丝拉网的习性,成螨常在丝网上爬行,有时在丝上产卵,高温、低湿适于其发生。从10月上旬开始,陆续出现越冬型雌成螨。

4.二斑叶螨防治方法

(1)早春防治:早春越冬螨出蛰前,刮除树干上的翘皮、老皮,清除果园里的枯枝落叶和杂草,集中深埋或烧毁,消灭越冬雌成螨;春季及时中耕除草,特别要清除阔叶杂草,及时剪除根蘖,消灭其上的二斑叶螨。

(2)生物防治:主要是保护和利用自然天敌,或释放捕食螨。

(3)药剂防治:在越冬雌成螨出蛰期,树上喷施杀螨剂进行防治。所选药剂参考苹果全爪螨防治、用药。

各种杀螨剂应轮换使用,为提高防治效果,可在喷施药液中加入农药增效剂害立平1000倍。

(二)桃小食心虫

1.桃小食心虫特性

桃小食心虫简称桃小,俗名猴头、豆沙馅。此虫分布广泛,是天水市苹果等果树的重要蛀果害虫,曾给本地区苹果生产造成了重大损失。近几年虽已得到有效控制,但在管理粗放的果园依然发生严重。

桃小食心虫仅危害果实,初孵幼虫从萼洼附近或果实胴部蛀入果内,被害果果面有针尖大小蛀入孔,孔外溢出泪珠状汁液,干后呈白色絮状物。幼虫在果内窜食,虫道纵横弯曲,并留有大量虫粪,呈"豆沙馅"状。果实受害多呈畸形,俗称"猴头果"。幼虫老熟后,在果面咬一直径2~3毫米的圆形脱果孔。虫果容易脱落。

桃小在天水市一年发生一代,以老熟幼虫在土中结冬茧越冬,一般在距树干1米的范围内较多。幼虫于5月下旬破茧出土,幼虫出土后在土面上结夏茧化蛹。6月20日左右成虫开始在田间出现,至9月下旬结束。成虫出现当天晚上便交尾,次日傍晚上树产卵,卵主要产在果实萼洼里,有时也产在果面粗糙处。最早在6月底卵孵化,初孵化幼虫即在果面上寻找适宜的地方,多数集中于果面和果顶,24小时完全蛀入果内。幼虫在果内发育成老熟幼虫后开始脱果,8月中旬以前脱果的幼虫多在土表做夏茧化蛹,连续发生下一代,8月中下旬脱果的幼虫钻入土中做茧越冬,还有部分仍在果中为害的幼虫,至采收后,运到果场或果窖中陆续脱果。

2.防治方法

(1)秋冬果园深翻:深翻树盘将茧埋到深处窒息致死,或翻上地表干死,或被天敌消灭。

(2)药剂处理土壤:在越冬幼虫出土盛期(5月底或6月上中旬),地面施用辛硫磷微胶囊剂,或高效氯氰菊酯300~500倍液,均匀喷施于树盘内。

(3)诱杀成虫:在果园内设置桃小性诱剂诱捕器,诱杀桃小成虫,以减少成虫数量,减轻幼虫为害。

(4)树上喷药防治:当性诱剂诱捕器连续诱到成虫,树上卵果率0.5%~1%时,开始进行树上喷药。所选药剂有：桃小灵、甲维盐·灭幼脲等。

(5)人工摘除虫果：在果园内经常检查，发现树上虫果，及时摘除，随同地面落果，加以深埋处理。

(三)苹果蚜虫

在苹果产区广泛发生，给农户造成了极大的损失。天水苹果产区发生较多，以成蚜和若蚜聚集于苹果树新梢、嫩芽与叶片背面，吸取汁液，导致叶片向下弯曲或横卷，严重时影响新梢生长，引起早期落叶，减弱树势，降低了果品的质量与产量。危害苹果树的蚜虫主要有苹果黄蚜(绣线菊蚜)、苹果瘤蚜和苹果绵蚜3种。

1.苹果蚜虫种类

(1)苹果黄蚜：主要危害新梢、嫩芽和叶片。被害梢端部叶片开始周缘下卷，以后则向背面横卷，严重时会引起早期落叶，皱缩成团。

(2)苹果瘤蚜：主要危害新芽、嫩叶及幼果。叶片被害后，由边缘向后纵卷，叶片常出现红斑，随后变为黑褐色，干枯死亡。幼果被害后出现许多略有凹陷、不规则的红斑。被害严重的树，新梢、嫩叶全部扭卷皱缩，发黄干枯。

(3)苹果绵蚜：群集在寄主的枝条、枝干伤口、腐烂病病疤边缘以及根部等处，吸食汁液。被害部膨大成瘤，肿瘤破裂后，造成水分、养分输导受阻，从而削弱树势，影响结果。还能危害果实的萼洼及梗洼部分。

2.苹果蚜虫防治

(1)加强植物检疫

严禁从发生苹果蚜虫疫区调进苗木、接穗，加强果品市场的检疫监督，严把产地检疫及调运检疫关。

(2)合理修剪

剪除病虫枝、刮除虫疤、增施有机肥、复壮树势，增强其抗病虫能力。

(3)人工防治

休眠期的冬季和早春，用刀刮或刷子刷，以消灭越冬的1~2龄若虫。

(4)根部施药

用40%氧化乐果1000倍液或50%抗蚜威3000倍液灌根(灌根量视果树大小而定，一般以水渗透到根系部位为佳)，亦可根施10%吡虫啉可湿性粉剂2000倍液(5~6月和9~10月蚜虫发生高峰期施)或5%涕灭威颗粒剂200~250克/株(4月中旬或10月上中旬施药)，可有效杀死寄生在根部的蚜虫，灌前先将根部周围的泥土刨开，灌后覆土。

(5)枝干涂药

在主干或主枝上，用刀具浅刮6厘米宽的皮环，用毛刷涂抹10%吡虫啉(一遍净、蚜虱净)30~50倍液，每株树涂药液5毫升，涂药后用塑料布包好，或用脱脂棉蘸药液60毫升均匀铺在刮皮部，然后在药棉外围包扎塑料布。4月中旬在树干上环状涂10%吡虫啉50~100倍液或40%蚜灭多5倍液。

（6）树上喷药

在苹果蚜虫发生季节，及时往树上喷药。常用药剂有10%吡虫啉2000倍液、2.5%扑虱蚜可湿性粉剂1000倍液、5%啶虫脒可湿性粉剂2000倍液、22%吡·毒乳油2000倍液。喷药时期应在苹果蚜虫发生高峰前。施药时特别注意喷药质量，喷洒周到细致，压力要大些，喷头直接对准虫体，将其身上的白色蜡质毛冲掉，使药液触及虫体，以提高防治效果。

（7）注意保护利用自然天敌

已知苹果蚜虫的天敌有蚜小蜂、七星瓢虫、龟纹瓢虫、异色瓢虫、各类草蛉和食蚜虻等，其中蚜小蜂发生期长、繁殖快、控制能力强，如在9月中旬寄生率可高达65%。为保护利用这些天敌，喷药时要尽量选择毒性小的药剂如10%吡虫啉或20%果虫净等，在其天敌灭虫时少喷药。

第七章　花果管理

一、花期管理

(一)花前复剪

在芽萌动后能辨清花芽、叶芽时及早复剪。疏除多余的弱枝、弱花并对细弱串花枝适当回缩，调整树体花芽、叶芽比例为1∶(3~4)。

(二)疏花疏果

疏花疏果是克服大小年结果和提高果品品质的有效措施。按照清苔、疏蕾、疏花、疏果、定果的顺序进行。从节约养分的角度考虑，清苔优于疏蕾，疏蕾优于疏花，疏花优于疏果。一般可按15~25厘米留1个果。花序分离期每花序上留一个中心花蕾和一朵健壮边花蕾，其余疏除；落花后20天开始疏果，树冠外部适当少留果，中下部多留果，顶部少留果；弱枝少留果，壮枝多留果；疏除受伤、偏斜、畸形果、朝天果。通过疏果，确保果树合理负载，依据产量标准，按树龄、树势等情况，确定单株留果个数。

(三)确定合理留果量

适宜的留果量(负载量)是保证苹果树连年丰产稳产优质的负载量。它要求果、枝、叶达到一定比例。苹果品种不同要求果、枝、叶达到的比例也不相同。常用的方法有以下几种：

1.目标产量法

可采用以产定果，如花牛苹果的亩产量计划达到2500千克，按单果重平均达到200克以上，增加10%~20%的保险系数，按实际留果量计算，则亩栽植株数为56株树的单株平均留果量为：(2500÷56×5)+[2500÷56×5×(10%~20%)]=245~268(个)。

2.干周法

干周法是确定单株留果量的简易方法之一。该法适宜于树体完整、管理正常的果园。经验公式为：苹果留果量：$Y=0.2C^2$，(式中 Y 为单株留果数，C 为树干离地10厘米处干周，单位为"厘米")。旺树和弱树应增减总留果量的10%~20%，作为调节值。

3.主干截面积法

计算公式为：单株留果量(千克)＝主干截面积(厘米²树干离地10厘米处)×单位截面积的适宜留果量(千克/厘米²)，如：成龄苹果树主干截面积留果指标为：健壮树0.4~0.5千克/厘米²，中庸树0.25~0.4千克/厘米²，弱势树0.2千克/厘米²。

4.枝果比法

以富士为代表的大型果,4~5个新梢留一个果为宜,以元帅为代表的中型果,枝果比为3~4个新梢留一个果为宜。

5.叶果比法

苹果乔化品种50~60片叶留一个果;矮化品种30~40片叶留一个果。

6.间距法

在确定适宜留果量的基础上,利用距离进行调整,使果实均匀、合理地分布于全树各个部位。富士苹果以25厘米左右留1个果,元帅系品种以20厘米左右留一个果较适宜。实际操作中,要因树势、枝势、果台副梢长度等因素确定。

7.枝组粗度法

枝组基部直径为1.5厘米的枝留5~6个果,3.0厘米粗的枝留10~12个果,4.5厘米粗的枝留20~24个果。

（四）人工辅助授粉

人工辅助授粉是克服苹果花期异常天气,补充授粉树数量不足或配置不当,提高坐果率的重要措施。授粉树应选择花期一致、花粉量充足、栽培管理基本一致的品种。授粉时花粉盛在玻璃瓶中,用铅笔的橡皮头蘸花粉,点授在当天刚开的花朵上,以中心花为好。

（五）花期放蜂,提高坐果率

通过蜜蜂授粉既可节约人工,又能明显提高坐果率。蜜蜂有就近采蜜的习性,采蜜的半径距离在200米左右,一般100亩左右设1个放蜂组,每组放置4~6箱蜂。

（六）保花保果

花期喷布营养液保花保果,营养液宜用0.3%硼砂+0.1%尿素+1%白糖+适量花粉。疏花疏果时如预报有冻害,应及时停止或推迟疏花疏果,并于晚上0时后在果园内熏烟防冻。另外,霜冻前果园灌水和喷水、树干涂白都能有效预防霜冻。采前落果严重的品种,用茶乙酸20%~40%(20~40毫克/千克)浓度的溶液,在采收前30~40天和20天喷布1~2次,可有效地减少落果。

（七）元帅系苹果喷施果形剂

在盛花期逐花喷施350倍宝丰灵,隔2天喷一次,连续喷两次。喷施时对准单花花朵,喷到花朵中心,喷雾要均匀,不要有液珠,以防止畸形果产生。喷施时间以上午8~11时,下午3~6时为宜,应避开早晨露水未干,中午高温和傍晚返潮三个阶段,且雨天、雾天不宜喷施果形剂。

二、果实管理

（一）果实套袋

1.套袋优点

着色艳丽,套袋可明显提高果实着色,可达全红果,果面光洁美观,无果锈,外观好。防病虫,套袋后,果实与外界隔离,病菌、害虫不能入侵,可有效防治煤污病、痘斑病、桃小食心虫、梨春蟓等病虫的危害。有利于生产绿色食品,套袋后,果实不直接接触农药,同时可减少打药次数,可以有效地减少农药的残留量。还可减轻冰雹危害。经济效益高,套袋可使果园商品率提高到90%左右,同时果面细嫩光洁,着色艳丽,外观极佳、易销售、售价高。

2.果袋的种类与规格

目前中国生产应用的果袋有进口袋和国产袋两大类,分单层和双层两种。不同品种用不同袋子,一般红色品种用双层袋,黄色品种用单层袋,现在生产上主要给价值较高的红富士套袋,所以应以双层袋为主,纸袋规格以大小而定,一般内袋为155~135毫米(直径86毫米),外袋180~140毫米,外袋口粘有40毫米的扎口丝,纸袋下部两角有5毫米的通气孔。

3.套袋的时期和方法

套袋时期:在苹果花后30天,选择果形端正、光滑、无损伤的健壮果套袋,套袋时间以上午8~12时,下午3~5时为宜,应避开早晨露水未干,中午高温和傍晚返潮三个阶段,且雨天、雾天不宜套袋。套袋顺序先树冠上部,后树冠下部,先树冠内膛,后树冠外围。套袋方法:将袋子下部两角横向捏扁向袋内吹气,撑开袋子,袋口扎丝置于左手,纵向开口朝下,果柄置于纵向开口基部,将果子悬于袋中(不要让果子和袋子摩擦,勿将枝叶套入袋内),再将袋口横向折叠,最后用袋口处的扎丝夹住折叠袋口即可。

(二)采前摘叶

采前摘叶通常在果实快速着色期进行,摘叶过早,全树叶片减少,必然导致果实有机物质含量下降,摘叶之后整个果面着色缓慢。相反,如果摘叶过晚,遮阴的绿斑从接受光照到果皮内花青苷的形成周期过短,果面绿斑处着色淡。天水市,元帅系苹果8月中旬摘叶,富士苹果9月下旬摘叶。套袋果实除外袋时进行摘叶。树冠中下部内膛宜早摘叶3~4天。摘叶的方法有全叶摘除、半叶剪除等,生产中多用全叶摘除法。将叶柄掐断即可,不要从叶柄基部扳下叶片,以免损伤母枝的芽体。摘叶时尽量先摘薄叶、黄叶、小叶、病叶、秋梢叶等光合功能低的叶片。摘叶分2次进行,第1次为轻度摘叶,只摘除贴于果面上的叶片。5~10天后进行第2次摘叶,强度可适当加大,摘除果实周围5~10厘米范围内影响果实着色的叶片。一般来说,采前摘叶量愈大,果实着色愈好,但对树体有机营养的积累减少也愈大。因此,采前摘叶量要合理。最适摘叶量占全树总量的15%~20%为宜。

(三)采前转果

果实生长位置和太阳照射方向是一定的,这就形成果实着色阳面浓、阴面淡。通过转果,可以改变苹果阴阳面的位置,使果实着色均匀,提高全红果率。对套袋果园,当摘除内袋和摘除叶片后,隔5天左右再进行转果。未套袋果园,摘叶后隔5~10天左右,再进行转果。转果的方法是用手托住果实,轻轻将阴面转向阳面,不易转动的果实可用透明胶带牵引固定,防止果实再返回原位。转果宜在阴天或晴天傍晚进行,应避开晴天中午,以防发生日灼。

采前转果时期与摘叶相似,通常分为单向转果、双向转果、连续转果等方法。应该注意的是,采前转果应在阴天或下午3、4时之后进行,以避免强光造成果面日灼伤。

(四)铺反光膜

果园铺反光膜可增强树冠内部光照强度,特别是树冠中、下部的光照强度。促进树冠下部及内膛果实着色、增加果实含糖量,减少土壤水分蒸发、提高地温。铺反光膜的时间为果实着色期(采收前20~30天),此期果实着色快,效果好;套袋果园在除袋后立即进行。铺膜方法是将反光膜顺树行平铺于树冠的地面,范围以树冠整个投影面为主,边缘与树冠外缘相齐。密植园,于树行两侧各铺一长条反光膜;成龄果园,沿树行两边各铺1幅1米宽的反光膜;稀植园,在树盘内和树冠投影的外缘铺大块反光膜。铺反光膜不能拉得太紧,以免因气温降低反光膜冷缩而造成撕裂,影响反光膜的效果和使用寿命。采果前将反光膜收起,洗净后翌年可再用。

(五)果实采收

根据苹果固有成熟特性和市场用途,适期采收,提前采收果实可溶性固形物含量低,果实品质不佳;过晚采收易出现果实水心病,影响果实的贮藏性。确定采收期的主要方法:一是根据果实的生育天数,元帅系145天左右,富士系175天左右。二是根据果实外观性状,果皮底色由绿转变为黄绿色,表面着色面积达到90%以上。三是根据内在指标,果实去皮硬度、可溶性固形物含量、含酸量、肉质、风味、香气与种子颜色等达到本品种固有的成熟特性。四是淀粉指数法。这是判断花牛苹果采收成熟度的稳定可靠指标,且易于果农操作和推广。在淀粉指数为3(即横切的果实在碘-碘化钾溶液中染色后,横切面上果芯全部不着色,果肉全部着蓝色),且果实硬度大于等于6.1千克/厘米^2,可溶性固形物含量大于等于11.0%时采收的花牛苹果,较好地兼顾了果实品质和耐贮运性,是花牛苹果适宜采收的成熟度指标。把上述方法结合起来,可以确定采收期。

第八章　苹果采后处理

苹果采后处理应满足卫生、整洁、均匀、美观的基本要求,最大限度地保持果品的营养成分(预冷降耗),保持新鲜程度,延长贮藏期、货架期,提升产品档次,获得最大的经济效益。

从果园运回的苹果,暂存放冷库原料间。温度最好是0℃±0.5℃。人工挑拣剔除伤病虫果。

一、分级、清洗

(一)分级

根据果实大小、色泽及缺陷进行分级。按大小分级,是最原始的方法,逐步被淘汰。重量分级,国内普遍使用的方法,分级精度高,速度快,生产线投资较小。色泽和重量双重分级,在国外发达国家和国内大型果业企业普遍采用,但设备投资较大。色泽、重量、糖度、缺陷等智能化分级,国外已经应用。

(二)清洗

清洗是清除果品表面污物,减少病菌和农药残留,使之清洁、卫生,符合食品和商品的基本卫生要求的过程。应用较多的浸泡式洗涤:果箱沉浸在水中,苹果自然浮起,非常柔和,几乎没有碰压伤。

二、包装

(一)包装分类

应分为贮藏包装、运输包装、销售包装。

贮藏包装:木条箱、铁框箱、塑料箱、防潮纸箱,箱体内壁应光滑。冷藏库贮藏箱内衬塑料薄膜袋,其厚度为0.03毫米±0.005毫米。薄膜袋扎口多少,要根据不同品种对二氧化碳的敏感程度而定。气调库贮藏箱不需要内衬。

运输包装:纸箱、塑料箱。

销售包装:纸箱。

(二)包装箱

东欧国家标准:600毫米×400毫米或500毫米×300毫米,箱高以给定的容量标准来确定。易伤果实的容量不超过14千克,仁果类不超过20千克。美国红星苹果的纸箱规格为500毫米×302

毫米×322毫米。中国出口的苹果,逐个包纸后装入纸箱,每箱定量80个、96个、120个、140个和160个,净重18千克。

根据美国的研究,标准体格的人最适合的搬起重量是18.5千克。规格:富士65厘米×65厘米(5千克),元帅80厘米×80厘米(20千克)、85厘米×100厘米(35千克),国光80厘米×80厘米(20千克)、85厘米×100厘米(35千克)。

三、预冷

预冷是果品保鲜中的关键一环。苹果采收正值高温季节,尤其是花牛苹果,气温在25℃左右,果实不仅有自身释放的呼吸热,还持有大量的田间热,采后应及时降温,这样可以降低呼吸代谢,减少营养损失,延长贮藏期和货架期。若不进行预冷或预冷不彻底,一方面会增加结露造成腐烂,另一方面由于果温高、果实呼吸旺盛,很容易产生无氧呼吸。预冷温度0℃~1℃,预冷时间以苹果果温降至0℃为准,一般为18~20小时。最好设专门的预冷库,如果没有预冷库,一次入库量控制在库容量的15%以内。

有条件的,可配置预冷库。多库分散预冷,集中贮藏;单库预冷,控制进货量。方式确定后,冷却速度、效果同包装种类、码垛方式等关系相关。

另外,还有采用水预冷、减压预冷和通风预冷。预冷对中晚熟的元帅系苹果尤为重要。花牛苹果,若不及时预冷,在田间堆放7~10天就会发绵。冷库贮藏,若一次进库过多,预冷不彻底,也会发绵。

四、加放保鲜剂

保鲜剂的使用要和保鲜膜配合,使保鲜剂在一个密闭的环境中缓慢释放。现在多数使用1-MCP缓释片、保鲜袋。

1-MCP(主要成分为1-甲基环丙烯)在苹果贮藏上的应用:

①1-MCP是一种小环烯烃,分子式C_4H_6,分子量为54,性质活泼,极不稳定,沸点约为10℃。其粉剂稳定性好,利于保存。

②1-MCP是一种固体熏蒸剂,遇湿可释放出1-甲基环丙烯,熏蒸处理水果。通过阻断乙烯与受体的结合,减少乙烯的产生,降低呼吸强度,可明显保持苹果的硬度,抑制虎皮病的发生。

③1-MCP是一种乙烯受体抑制剂。1-MCP与乙烯分子结构相似,可以与乙烯受体结合。在植物内源乙烯释放出来之前,施用1-MCP,它会抢先与相关受体结合,封阻了乙烯与受体的结合和随后产生的乙烯生理效应,延迟了成熟过程,达到保鲜的效果。1-MCP处理后的果实可以正常成熟,是由于随着果实的进一步成熟,不断合成新的受体或是随着时间的延长,1-MCP从结合的乙烯受体位点解离出来,使受体重新获得对乙烯的敏感所致。

影响1-MCP保鲜技术成功的因素:决定于品种和采收后至处理之间的间隔时间。采收后和

1-MCP处理之间的间隔时间(富士:采收至处理的最大间隔时间12天。元帅系、嘎拉:采收至处理的最大间隔时间7天)。

使用方法:在贮藏箱(塑料箱或木条箱)内衬0.03毫米PE(或PVC)保鲜袋,装入规定数量的挑选好的苹果,入冷库敞口预冷,待果温降至0℃时,按规定数量将保鲜剂摆放在苹果的中层或上层,然后扎口封箱。

五、打蜡

苹果专用果蜡,是一种可食性果蜡。以天然、绿色和功能化为研究目标,选用紫胶、天然植物脂肪酸,与多孔纳米硅基氧化物(SiOx)材料共同复合精制而成。

打蜡后苹果表面形成一层光亮透明的蜡膜,保护果面,减少水分蒸发,防止微生物侵染,增加色泽、亮度,改善外观;控制呼吸,延缓衰老;提高苹果档次及市场竞争力。

六、贮藏

贮藏方式:有简易贮藏、冷藏、气调贮藏。

合理码垛:地面摆放托盘,垛与墙之间,垛与垛之间留出10~15厘米的通风空间,顶部留出60~80厘米以利于冷空气循环。切忌塞的太满,因小失大。

温度管理:苹果贮藏中温度、湿度、气体成分三要素缺一不可。而温度因素占70%,所以,维持稳定的温度是苹果贮藏成功的关键。温度波动会造成袋内结露或湿度过大,导致腐烂发生。

总之,苹果贮藏是一项综合性的技术,每个环节都把握好了,才能取得良好的效果和效益。在综合配套技术及管理下,国光、富士苹果可贮8个月,元帅系苹果贮6个月以上,损耗率小于5%。简易贮藏场所中(入库初期温度<10℃),采用元帅系苹果、金帅苹果专用袋,也有很好效果。

第九章　苹果园防灾减灾技术

天水苹果园近年来灾害较多,晚霜冻害、冰雹、干旱,鼢鼠啃咬树根,鸟和野鸡危害果实,野兔、野猪危害果实和树皮等。

一、晚霜冻害的预防

随着全球气候变暖,天水市春季升温早,气温不稳定,发生倒春寒、晚霜冻危害风险的概率较大。苹果树开花期注意防霜冻,可按照下列措施预防。

(一)及时掌握当地天气预报信息

果园经营主体及时查看手机短信天气预报、当地电视台报播天气预报、当地气象台发布的寒流降温预报,最好是掌握一周内、一旬内的天气变化情况,提早做好预防应对措施。

(二)霜冻来临前的防控技术措施

1.延迟萌芽开花,避开霜冻

(1)树盘覆草:选用麦草、玉米秆等覆盖,厚度10~20厘米,可有效防止地温升温过快,延迟开花。

(2)果园灌水:有灌溉条件的果园,果树萌芽到开花前灌水2~3次,可延迟开花2~3天。

(3)树体涂白:早春树干、主枝涂白或全树喷白,以反射阳光,减缓树体温度上升,可推迟花芽萌动和开花。

2.喷施营养液,增强树体抗性。

强冷空气来临前,对果园喷布芸苔素481、天达2116,可以调解细胞膜透性,预防霜冻。

(三)霜冻来临时的防控技术措施

1.果园熏烟增温,预防霜冻

(1)智能烟雾发生器防霜。应用智能烟雾发生器,夜间自动点火,发烟防霜。

(2)土坑式防霜窑熏烟防霜。在果园的上风口,每亩设置5个防霜窑。挖长宽2米×1米、深1.2米的坑,并在坑底挖一个0.3米宽的通风道。在坑的一边底层垫一层厚10厘米的易燃秸秆,上面垫一层厚20厘米较细的果树枝条,再利用粗一点的果树枝条或木棒将剩余的空间填满踏实。防霜时点燃,短时间内可形成大量的烟雾。

2.防霜机防霜

安装了防霜机的果园,可配合地面点火,搅动果园滞留冷空气,达到防霜效果。

3.防霜棚防霜

可结合防鸟搭建"多功能棚"防霜。

(四)花期霜冻后的应急管理措施

1.停止疏花,延迟定果

发生霜冻灾害的果园,应立即停止疏花,以免造成坐果量不足;定果时间推迟到幼果坐定以后进行。

2.人工授粉,提高坐果率

采用人工点授、器械喷粉、花粉悬浮液喷雾等多种方法进行人工授粉,可以解决冻害以后由于花器畸形、授粉昆虫减少、花粉和雌蕊生活力下降引起的授粉困难和授粉不足的问题。授粉时间以冻后剩余的有效花50%~80%开放时进行,重复进行2~3次。

3.灌水补肥,增强抗性

冻害发生较重果园,应尽力采取各种方法灌溉,缓解树体冻害对树体造成的不利影响,提高生理机能、增强抗性和恢复能力;采取叶面喷施0.3%~0.5%尿素、0.2%~0.3%硼砂或其他叶面肥料,以补充树体营养,促进花器发育和机能恢复,促进授粉受精和开花坐果。

4.保障坐果,精细定果

对于冻害严重、有效花量不足的苹果园,果园应充分利用晚花、边花、弱花和腋花芽花坐果,保障坐果量。幼果坐定以后,根据整个果园坐果量、坐果分布等情况进行一次性定果。定果时力求精细准确,要充分选留优质边花果和腋花果,必要时每花序可保留2~3个果实,以弥补产量不足,确保有良好的产量和经济效益。

5.病虫防控,降低损失

主要是及时防止金龟子、蚜虫、花腐病、霉心病、黑点病、腐烂病等危害果实和花朵的病虫害,以免进一步影响产量。有条件的果园一定要春季灌水,结合灌水增施有机肥和化肥,提高树体营养水平,使部分受冻害较轻的花果得到恢复。

二、防雹灾措施

天水市近年冰雹灾害发生频繁,苹果树受灾较为严重,造成果品质量下降、减产或绝收,也有苹果树叶片全部打落、树皮打烂等现象。

(一)雹灾预防

1.防雹网建设

在冰雹常发易发区域,建造防雹网是比较有效的避灾措施。

2.参加农业保险

参加农业保险有利于减少灾害带来的损失,减少收入的波动。

3.空中打炮

根据冰雹预测预报,提前申请,准时开炮,防止或减轻冰雹灾害。

(二)雹灾后采取的补救管理措施

1.地面管理

(1)及时排涝。对于果园内地势较低的区域,及时在果园旁边挖排水沟,排出积水,避免涝灾的发生。

(2)清理果园。及时清理果园内的残枝落叶及落果等,带出园外深埋,减少病源。

(3)疏松土壤。雹灾后,由于受到冰雹的打击和雨水的冲刷,造成土壤板结,地温下降,引起根系缺氧。灾后在不伤及根系的前提下,待土壤稍干不泥泞时,连续中耕松土2~3次,既可以散发土壤中过多的水分,改善土壤的通透性,提高地温,还可恢复和促进根系的生理活性,从而达到护根壮树的目的。

(4)树下追肥。地下尽快施一次水冲肥,受灾严重的树,待新芽萌发、枝叶生长后进行。

2.树体管理

(1)修剪枝条。雹灾过后,及时清剪被折断的枝条,对于雹伤面积大、受伤严重的枝条要从基部或完好处剪掉,以达到节省养分,尽快恢复树势的目的,尽量保留雹伤面积小、受伤较轻的枝条。

(2)保护伤口。对于果树主干、主枝和一些较大侧枝的皮层,被冰雹打伤后,及时剪除翘起的烂皮,涂抹喜嘉旺、膜泰或自制甲基硫菌灵糊状杀菌药剂等伤口愈合剂;对一些较大的主枝,雹伤面积在1厘米²以上的疤痕,在涂抹药剂的同时,用塑料膜包扎伤口,以加速伤口的愈合,防止腐烂病、干腐病发生。苹果树伤口涂抹杀菌剂时可加氨基酸微肥,提高愈合效果。

(3)树体喷药。每周喷一次杀菌剂,需连续喷5次以上,待树叶恢复生长后,适量使用杀虫剂和营养剂,每次交替使用农药。杀菌剂采用内吸渗透性强的70%甲基硫菌灵800倍液、25%吡唑醚菌酯1500倍液等。除喷施杀菌剂,还可适量加喷植物生长调节剂如云苔素、碧护等。

(4)受灾较轻的苹果树不能把果实全部疏掉,要适当留部分果实,以果压冠,以防旺长。

三、干旱预防措施

天水干旱年份时有发生,多在春季和夏季。预防措施如下:

(一)苹果园覆草

1.苹果园覆草的作用

苹果园覆草后增强了土壤的蓄水能力、减少了地面径流和水分蒸发、提高了自然降水利用率,可防止土壤板结,增加土壤有机质含量和多种养分,起到改土增肥、降温的作用。即覆草能够改善土壤的水、肥、气、热条件,调节养分、水分供给,有利于苹果树生长和抗旱。

2.苹果园覆草的时间和方法

覆草一般在春季进行,先整平树盘或全园地面,全园覆盖每亩用干草2000~3000千克,树盘和树带覆草,每亩用干草1000~1500千克,覆盖物用麦秆、玉米秆等都行,青草更好。覆草厚度一般为15~25厘米。覆草离主干20~30厘米,以保证根茎的正常活动。为防风防火,应在草上零星压土。果园覆草隔年加盖一次,厚度保持在15~25厘米。

果园覆膜:能够减少土壤水分蒸发和汇集雨水,增加墒情,提高了降雨利用率,也提高地温,促进生长,抑制杂草,促进果实成熟和提高幼树成活率。黑色地膜比白色地膜抑制杂草效果更好。覆膜能有效防止和隔绝食心虫、金龟子、大灰象甲等害虫入土越冬或出土,减少病虫害发生。全年可减少除草、灌水等用工,降低生产成本,提高果园效益。

(二)苹果园覆膜

1.地膜的选择

选择优质地膜,要求黑色地膜膜厚0.08~0.12毫米,质地均匀,膜面光亮,柔韧性好;宽度以树龄大小而定,幼树单幅1米或0.75米双幅,大树1~1.2米,双幅覆膜。

2.覆膜的时间和方法

在春季果园表层土壤解冻后可立即进行,越早保墒效果越好。覆膜要求:地膜绷紧拉直、无皱折紧贴垄面,覆双幅地膜中间要衔接好,地膜两侧用湿土压严压实,以防大风刮起。

(三)苹果园覆黑色园艺地布

黑色的园艺地布,柔软耐踩踏,不易风化,可连续用3~5年,减少用工。使用方法与黑地膜一样。

(四)集雨防旱

在苹果园或周边修建蓄水池,最好是钢筋水泥结构。利用果园管护房、库房、果库等屋顶,铺设塑料彩条布,附近公路等作为集雨场,常年把自然降雨集流到蓄水池。干旱时使用。

四、中华鼢鼠的防治

(一)中华鼢鼠生活习性

中华鼢鼠栖息在土壤潮湿、疏松的洞中。除繁殖时期,一般雌、雄单独生活。喜黑暗、怕光线,视力差,怕风吹,听觉灵敏,喜安静,怕惊吓。以吃植物草根生活,抗病力较强,不冬眠。雄性挖洞呈直线,雌性呈曲线。中华鼢鼠对苹果树危害较大,尤其是苹果幼树。

(二)中华鼢鼠活动时间

其活动高峰时间,春季从春分到小满,秋季从秋分到寒露,一般每天上午8~12时活动最频繁,有时下午3~4时也活动,其他时间活动少。下雨天、刮风天、阴天或天气要变坏的前夕,为活动高峰期。

（三）中华鼢鼠防治法

1.铲击法

根据鼢鼠怕光、怕风且有堵洞的习性,可先切开它的洞口,并把洞道上面的表土铲薄,然后用铁锹对准洞道在洞口后方静候,当它来洞口试探或堵洞时,立即猛力切下;也可用脚猛踩洞道以切断回路,即可捕获。

2.水灌法

有灌溉条件的果园,直接切开洞口,将水引进;无灌溉条件的果园,利用果园运输车,拉水灌溉。可淹死大量鼢鼠。

3.弓箭法

这是西北、华北地区普遍使用的一种方法。此法可分塌架、塌弓两种,其原理与弓箭原理基本相同。

4.踩铗捕打法

通常用2号弓形踩铗,具体做法是先找到洞道,切开洞口,用小铁锹挖一略低于洞道但大小和踩铗相似的小坑,然后置放踩铗,并在踏板上撒上少量松土,用草皮将洞口封盖,并用潮湿的松土撒在草皮上轻轻压紧即可。

5.生态防治

8月上、中旬果园行间种植白菜型油菜籽,增加冬季土壤中植物根系数量,减轻鼢鼠对树根的危害。

五、野猪的防治

近年来,随着生态环境的好转,野猪数量倍增,成群的"猪八戒"肆虐庄稼,常常害得山区农民颗粒无收。一般都在晚上,来到果园里搞破坏。由于野猪被列为国家三级保护动物,只能驱赶。

（一）野猪生活习性

雌性野猪年产2胎,一般每胎12~26只。野猪的食物很杂,只要能吃的东西都吃,包括草、果实、坚果、根、昆虫、鸟蛋、田鼠、腐肉,甚至也会吃野兔和动物幼崽等。野猪冬天喜欢居住在向阳山坡的树林中,夏季喜欢居住在离水源近的地方。野猪的嗅觉很灵,能够躲避人为陷阱。

（二）防治方法

1.利用声音、光来驱赶野猪

在晚间,给果园地头放置一些闪光手电,或者是小的音乐播放器,通过它们来制造光亮和声响。也可以直接将光亮,放置在野猪出没的路上。

2.点燃篝火,制造烟雾

在傍晚时分,在野猪出没的路口,点燃一堆篝火;最好是能够持续释放烟雾的那类,持续时间越长,驱赶野猪的效果也越好。一方面野猪害怕火和烟;另一方面野猪也会认为有人存在,从而远离我们的果园。

3.稻草人驱赶

为了既不伤害野猪，又使果园免受其害，用旧衣裳扎成稻草人，稻草人手执布条随风飘动，驱赶野猪。

4.气味熏驱

在果园四周挂上臭熏熏的猪骨头，让野猪闻之却步。

六、野兔的防治

(一)野兔的生活习性

常见的是草兔，草兔的繁殖力很强，又能适应不同的生活环境，所以分布很广，全国各省几乎都有它们的踪迹，但在人烟稠密地区较少，荒凉地带比较多。野兔和老鼠差不多，喜欢夜间活动，胆小，喜欢干燥的地方，喜欢独来独往，不会成群的出现，爱吃萝卜、菠菜、苹果等，喜欢啃食幼树皮。

(二)野兔的防治方法

1.网阵捕捉法

野兔网是一种很有效的捕捉方法。选择接近草颜色的网，这种网不易察觉，且被套住之后，越挣扎越紧。

2.陷阱法

陷阱法也是很有效的办法，前提是得对野兔的生活习性了解得非常清楚，哪里有野兔，哪里有野兔走过的痕迹都得掌握辨别。

3.围捕法

围捕法是在果园及周边设网围捕，既可捉捕、驱逐野兔，又可当做一个健身活动。需要人力大，效率低。

4.猎狗捕捉法

猎狗追逐野兔，能有效地从果园中驱逐出野兔，效率高。冬天大雪过后，人带狗循着踪迹搜捕野兔。

七、苹果园防鸟害

(一)苹果园害鸟种类和危害时期

鸟雀危害日益严重。苹果园全年鸟害发生最多的就是果实着色期和成熟期，其次是发芽初期至开花期，对苹果造成危害的鸟类主要是喜鹊、灰喜鹊等，其次是鸽子、麻雀、乌鸦、山雀等。常见的鸟害主要有鸦科鸟类，如喜鹊、灰喜鹊、红嘴蓝鹊等，该类鸟一般在黎明后、中午和傍晚前后活动。处于公路边、人多的果园危害较轻，比较僻静处鸟害相当严重。

（二）苹果园防鸟方法

1.物理驱鸟

通过果实套袋和铺反光膜以及设置保护网等防治。铺设反光膜可以通过反射光线在短期内防止鸟类靠近苹果树。设置保护网对于种植面积较大的果园不适用。

2.声音驱鸟

主要是用声音把鸟类吓跑，常用的设备有驱鸟炮和智能语音驱鸟器。驱鸟炮是利用电子放大声响驱赶鸟群。智能语音驱鸟器是利用数字技术产生富有生物学意义的声音，比如说鸟类遇难或报警、不同种类鸟的哀鸣，对同类的鸟造成恐吓作用，并利用风向和回声增大声音，达到驱鸟作用。

3.化学驱鸟

在果实上喷洒鸟类不愿啄食或感觉不舒服的生化物质，迫使鸟类飞到其他地方觅食，达到驱鸟效果，但该技术会造成果品上的化学物质残留，因此使用时需谨慎。

八、苹果园防野鸡

野鸡喜欢夜间或下雨雪后在苹果树上栖息，踩坏树芽或树皮。果实成熟时期，啄食果实，影响果品产量和质量。

（一）野鸡的生活习性

野鸡主要生活在山区、田野、草原和果园里，食性比较杂。野鸡是野生物种，不喜欢和人打交道；野鸡害怕声音和强光，有固定的觅食路线，活动范围也有规律。由于野鸡是受保护的动物，我们只能赶走它们。

（二）野鸡的预防方法

1.做稻草人

为了防止野鸡危害苹果，果农自己做稻草人，把它们放在果园里，给它们穿上人类的衣服，绑上塑料袋和其他能发出声音的东西。

2.啤酒瓶法

利用一些空啤酒瓶，用绳子把它们绑在瓶口上，然后把它们倒挂在竹竿上。有风的时候，它们会发出吱吱的声音；有光时出现反射光。这不仅能赶走野鸡，还能赶走麻雀、喜鹊和其他鸟类。

3.声音法

利用媒体下载老鹰等野鸡天敌声音，在果园里用音响播放，吓走野鸡。

表1-2　苹果周年管理作业历

物候期	月	主要管理内容	技术操作要点
休眠期	12月中下旬至3月上中旬	规范树形、冬季修剪、病虫害防治	1.根据树形结构进行整形修剪，要求通风透光；过密果园进行密植园改造。2.剪除病虫枝；清理修剪后落地枝条；可选用杀菌剂膏剂涂封剪口锯口；清扫落叶、烂果、僵果，集中深埋，降低越冬病虫基数。3.检修喷药器械，准备农资。
芽萌动期	3月下旬	春季修剪、规范树形、病虫害防治、平衡施肥、节水灌溉、高接换头	1.花前复剪，适当回缩串花枝。2.拉枝、刻芽，增加短枝量。3.主要防治腐烂病、白粉病。刮除腐烂病疤，选用杀菌剂涂抹伤口；发芽前可选喷铲除剂加杀虫剂，兼防叶螨、蚧壳虫。4.追肥。亩施氮肥或高氮复合肥50~60千克（备注：长势过旺果园适当减少氮肥用量）。施后及时浇水。旱地进行穴施肥水。5.将老、劣品种高接为新优品种，幼树采用单芽腹接，大树采用多头枝接。
花序分离期	4月上中旬	疏花序、病虫害防治	1.间隔15~25厘米留一个花序，富士25厘米，其他品种15~20厘米；每个花序保留1~2个发育好的花蕾。2.主要防治白粉病、花腐病、霉心病、苹小卷叶蛾、螨类、蚜虫等，可选用多菌灵、代森锰锌、甲基硫菌灵、苯醚甲环唑等杀菌剂；吡虫啉、啶虫脒、高效氯氰菊酯、阿维菌素、哒螨灵等杀虫剂。 备注：疏蕾根据本地当年气候条件，灵活掌握。
开花期	4月中下旬、5月上旬	人工授粉、疏花、病虫害防治	1.初花期，结合疏花，采集铃铛期花蕾，自然晾干，收集花粉，为人工授粉做准备。提倡果园放蜂。2.未疏花蕾的果园，及时疏花。3.使用频振式杀虫灯诱杀金龟子和其他害虫。
幼果期	5月中下旬、6月上中旬	疏果定果、病虫害防治、覆草、果实套袋、追肥灌水、夏季修剪	1.从落花后15天开始定果，到5月底前结束。亩留果10 000~16 000个。2.套袋：落花后25天开始套袋，最好选用内袋为红色涂蜡双层袋，6月15日前完成。3.坐果后喷布2~3次杀虫杀菌剂。主要防治早期落叶病、炭疽病、黑点病、叶螨、蚜虫、卷叶虫等，可选用多菌灵、代森锰锌、甲基硫菌灵、苯醚甲环唑等杀菌剂；吡虫啉、啶虫脒、高效氯氰菊酯、阿维菌素、氟虫双酰胺、甲维盐、哒螨灵等杀虫剂用时加喷氨基酸类、钙类等叶面肥。并用频振式杀虫灯、性诱芯、糖醋液等诱杀飞蛾。4.行间清耕，株间覆草。清耕可机械或人工浅耕。覆草厚15~20厘米，亩用量1000~1500千克。5.追肥：为促进花芽分化及枝条充实，亩施高磷低氮复合肥60千克。6.综合运用扭梢、摘心、揉枝、环割、拉枝、疏枝等夏剪措施。环割最佳时间在5月25日至6月10日。拉枝时下部拉成80°~90°，中部枝拉平，上部枝拉下垂。7.生草果园，草生长至20厘米以上时刈割，清耕园要适当浅耕。 备注：①金纹细蛾发生严重的果园喷布灭幼脲3号、氟虫双酰胺、甲维盐；蚜虫严重时喷布吡虫啉、啶虫脒。②套袋果园，套袋前1~2天必须周到细致地喷一次杀虫杀菌剂，并要加补钙类叶面肥。③地面防治桃小食心虫出土幼虫，在5月25日左右喷药，可选用桃小灵、辛硫磷等杀虫剂，喷后浅耧。

续表1-2

物候期	月	主要管理内容	技术操作要点
果实膨大期	6月下旬至9月上旬	①6月下旬、7月份：夏季修剪、病虫害防治 ②8月、9月上旬：追肥灌水、病虫害防治、中耕除草、果实采收	6月下旬、7月上中下旬：1.继续进行夏剪，修剪技术与5月下旬相同。2.连喷2次杀虫杀菌剂，每次间隔15天左右。主要防治桃小食心虫、蚜虫、卷叶蛾、金纹细蛾、叶螨，可选用氟虫双酰胺、甲维盐、灭幼脲3号、阿维菌素、三唑锡等杀虫剂；甲基托布津、代森锰锌、苯醚甲环唑、戊唑醇、己唑醇等杀菌剂，同时可叶面钙肥。3.生草果园，草生长至20厘米以上时刈割，清耕园要适当浅耕。 8月、9月上旬：1.亩追高氮高钾复合肥40~50千克。2.主要病害防治对象与6月相同，喷2~3次杀虫杀菌剂。3.生草果园，草生长至20厘米以上时刈割，清耕园要适当浅耕。4.分期（3~5次）采收早、中熟品种果实。 备注：8月对5年生以下幼树可采用单芽腹接方法改换品种。早、中熟品种必须在果实采收前20天停止用药。
果实着色期	9月中下旬、10月上旬	病虫害防治、果实除袋、摘叶转果、秋季修剪、分期采收	1.摘袋前喷布1次杀菌剂，可选用戊唑醇加多菌灵等，同时加喷钙类叶面肥。2.套袋园在果实采收前15~20天，开始摘除外袋，隔3~5天再摘除内袋。阴天多云或晴天的上午9~10时，下午3~6时除袋较好。日光强烈时勿除袋。3.晚熟品种采前20~30天摘除果实周围遮光的叶片，并将果实轻转90°~180°。4.9月上旬进行拉枝，疏除过密枝，改善光照。5.分期（2~3次）采收晚熟品种果实。 备注：果实着色期指晚熟品种的果实着色期。人工摘除病虫果，要集中深埋。
果实成熟期	10月中下旬	采收、贮藏、秋施基肥	1.10月下旬分期采收晚熟品种果实。轻采、轻拿、轻放，避免碰伤。采后及时释放田间热，最好24小时内进入贮藏库。2.亩施优质有机肥4000千克，再混入氮磷钾三元复合肥50~100千克。 备注：旱地果园以秋施基肥为主，辅以6月追肥。
落叶期	11月份、12月上旬	清园、主干涂白、刮治腐烂病、冬灌	1.清除园内病虫枝、烂果、落叶、集中深埋。落叶后期喷布菌毒清，预防腐烂病等。2.主干涂白。涂白剂配制比例为：水30千克、石灰10千克、食盐2千克、动物油0.25千克、石硫合剂原液1.5千克。3.刮除腐烂病疤，刮后涂抹杀菌剂。4.未施基肥的要及早进行施肥。5.封冻前灌1次透水。

第二篇

大樱桃高质高效栽培技术

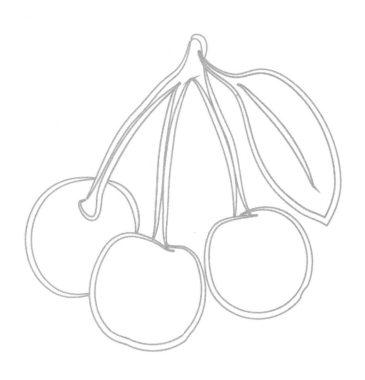

大樱桃即欧洲樱桃,也称西洋樱桃,属蔷薇科樱桃属典型樱桃亚属植物,主要包括欧洲甜樱桃、欧洲酸樱桃、欧洲甜樱桃和欧洲酸樱桃的杂交种。由于酸樱桃及甜樱桃和酸樱桃的杂交种在中国种植较少,因此,通常所说的大樱桃指欧洲甜樱桃。

大樱桃在落叶果树中果实成熟较早,正处于果品市场供应淡季,对于丰富果品市场,满足群众消费需求起着重要的作用。大樱桃果实色泽鲜艳,肉嫩多汁,甜酸可口,营养丰富,外观和内在品质皆佳,被誉为"果中珍品"。据分析,100克果肉中含碳水化合物12.3~17.5克,其中糖分11.9~17.1克,蛋白质1.1~1.6克,有机酸1.0克;含多种维生素,其中胡萝卜素含量为苹果的2.7倍,维生素C的含量超过苹果和柑橘;含较多的钙、磷、铁,其中铁的含量在水果中居首位,比苹果、梨、柑橘高20多倍。大樱桃果实通常用于鲜食,也可加工成罐头、果脯、果酱、饮料、果酒等产品,深受消费者喜爱。

大樱桃果实的生长发育期较短,一般从萌芽开花到果实成熟约2个月,果园管理比较省工。由于大樱桃果实发育期处于春夏之交,天气相对较为干燥,病虫害发生较少,因此果实发育期很少喷洒农药,果品污染少,对生产绿色果品十分有利。另外大樱桃栽培投资少、产值高,是当前落叶果树中经济效益最高的树种之一,特别是进行保护地促成栽培,经济效益更高。

天水位于甘肃省东南部,处于暖温带半湿润半干旱气候的过渡地带,年均温7℃~10.9℃、年最高气温35℃,年最低气温-19℃,大于或等于10℃的年有效积温2220℃~3500℃,无霜期141~220天,年降雨量470~606毫米,气候条件非常适宜大樱桃生长结果。天水市从20世纪90年代初开始种植大樱桃,截至2021年底,天水市大樱桃栽培总面积约9.7万亩,其中结果面积约7.9万亩,产值8亿多元,大樱桃种植已成为天水市实现乡村振兴的特色产业之一。

第一章　主要生物学特性

一、形态特征

1.根系

大樱桃根系的组成和分布与砧木种类、砧木繁殖方法、土壤条件和管理水平有着密切的关系。马哈利、考特和山樱桃等砧木根系比较发达,固地性好;中国樱桃砧木根系分布较浅,主要分布在5~30厘米深的土层中。砧木繁殖方法不同,根系生长发育的情况也不同。用种子繁殖的砧木,垂直根比较发达,根系分布较深;用压条等方法繁殖的无性系砧木,一般垂直根不发达,水平根发育强健,须根多,在土壤中分布比较浅。同一砧木在不同土壤类型和肥水管理条件下,根系的分布范围、根类组成和抗逆性也有明显不同。砂质土壤,透气性好,土层深厚,管理水平高时,根量大,分布广,为丰产稳产打下基础;相反,如果土壤黏重,透气性差,土壤瘠薄,管理水平差时,根系则不发达,也影响地上部分的生长和结果。

2.芽

大樱桃的芽分叶芽和花芽两类。枝的顶芽均为叶芽,一般幼树或成龄树旺枝上的侧芽多为叶芽;成龄树上生长势中庸或偏弱枝上的侧芽多数为花芽。从形态上看,叶芽瘦长,呈尖圆锥形,花芽较肥大、呈尖卵圆形。结果枝上的花芽通常在果枝的中下部,花束状枝除中央是叶芽外,四周都是花芽。大樱桃的芽均为单生,花芽为纯花芽,因此在修剪时必须认清叶芽和花芽,短截部位的剪口芽必须留在叶芽上,才能保持枝条的生长力。若剪口留在花芽上,一方面果实附近无叶片提供养分,影响果实发育,另一方面该枝结果后便枯死,形成枯枝。大樱桃多数品种萌芽力强、成枝力弱,一般短截后剪口下能抽生出3~5个中、长发育枝,其余芽抽生短枝或叶丛枝,少数芽不萌发而转变成潜伏芽(隐芽)。

3.枝条

大樱桃枝条按其性质分发育枝和结果枝。

(1)发育枝,又称营养枝。其顶芽和侧芽都是叶芽萌发后抽枝展叶,是形成骨干枝、扩大树冠的基础。幼树和生长旺盛的树,萌发发育枝的能力较强,进入盛果期和树势较弱的树,抽生发育枝的能力较弱。

(2)结果枝。按其长短和特性可分为混合枝、长果枝、中果枝、短果枝、花束状果枝五类。

①混合枝。长度在20厘米以上,枝条中上部的侧芽全部是叶芽,基部几个侧芽为花芽。这类

枝条既能发枝长叶,扩大树冠,又能开花结果。这类枝条上的花芽发育质量差、坐果率低、果实成熟晚、品质较差。

②长果枝。长度为15~20厘米,除顶芽及其邻近几个侧芽为叶芽外,其余侧芽均为花芽。结果后中下部光秃,只有顶部几个芽继续抽生出长度不同的果枝。初果期的树上,这类果枝占有一定的比例,进入盛果期后,长果枝比例减少。

③中果枝。长度为5~15厘米,除顶芽为叶芽外,侧芽全部为花芽。一般分布在2年生枝的中上部,数量不多,也不是主要的果枝类型。

④短果枝。长度在5厘米以下,除顶芽为叶芽外,其余芽全部为花芽。通常分布在2年生枝中下部,或3年生枝条的上部,数量较多。短果枝上的花芽,一般发育质量较好,坐果率也高,是大樱桃的主要果枝类型。

⑤花束状果枝。是一种极短的结果枝,年生长量很小,仅为1~2厘米,节间很短,除顶芽为叶芽外,其余均为花芽,围绕在叶芽的周围。这类枝上的花芽质量好,坐果率高,果实品质好,是盛果期树主要的果枝类型。花束状果枝的寿命较长,可有7~10年,坐果率高。由于这类枝条每年只延长一小段,结果部位外移很缓慢,产量高而稳定。

4.叶

大樱桃叶为卵圆形、倒卵形或椭圆形。先端渐尖,基部有蜜腺1~4个,蜜腺颜色与果实颜色相关。大樱桃叶片较大,叶缘锯齿比较圆钝。叶的大小、形状、颜色及光泽因品种不同有一定差异。

5.花

大樱桃花为伞房花序或总状花序,每个花芽中有花1~8朵,多数为2~5朵。花未开时,为淡粉色,盛开后变为白色,先开花后展叶。花瓣5枚,雄蕊20~30枚,雌蕊1枚。根据雄蕊和雌蕊长度的差异,大樱桃的花通常分为4种类型,即雌蕊高于雄蕊、雌雄蕊等长、雌蕊低于雄蕊、雌蕊缺失。前两种类型花可以正常坐果,为完全花;后两种花不能坐果,为无效花。大樱桃花的授粉结实特性因品种差异较大,除拉宾斯、斯坦勒等少数品种有较高的自花结实率外,大部分品种都明显地自花不实或自花结实率很低,而且不同品种之间的授粉亲和性也有很大不同。因此,建立大樱桃园时要特别注意配置好授粉品种,并采取人工辅助授粉措施,提高坐果率。

大樱桃花在开放后3天以内授粉力最强,4~5天授粉能力中等,5天以后授粉能力较低。

6.果实

大樱桃单果重一般5~10克或更大一些。果实有扁圆形、圆形、椭圆形、心脏形、宽心脏形、肾形等;果皮颜色有黄白色、红晕、鲜红色、紫红色或紫色;果肉有白色、浅黄色、粉红色及红色;肉质硬脆或柔软多汁,有离核和黏核,核椭圆形或圆形,核内有种仁或者无种仁。

二、年生长周期及其特点

1.萌芽和开花

大樱桃对温度变化的反应比较敏感,当日平均气温10℃左右时,花芽开始萌动;日平均气温

15℃左右开始开花,整个花期约10天。一般气温低时,花期稍晚,大树和弱树花期较早。同一棵树,花束状果枝和短果枝上的花先开,中、长果枝开花稍迟。

2.新梢生长

大樱桃叶芽萌动期,一般比花芽萌动期晚5~7天,叶芽萌发后约1周是新梢初生长期。开花期间,新梢生长缓慢。谢花后再转入迅速生长期。当果实发育进入迅速膨大期,新梢则停止生长。果实成熟采收后,对于生长势比较强的树,新梢又一次迅速生长,到秋季还能长出秋梢;生长势比较弱的树,只有春梢一次生长。幼树营养生长比较旺盛,第一次生长高峰在5月上中旬,到6月上旬延缓生长或停长,第二次在7月下旬开始,继续生长形成秋梢。

3.果实发育

大樱桃属核果类果树,果实由外果皮、中果皮(果肉)、内果皮(核壳)、种皮和胚组成。可食部分为中果皮。果实的生长发育期较短,从谢花到果实成熟为35~60天,大樱桃的果实发育过程表现为三个阶段:

(1)第一阶段:第一次迅速生长期。从谢花至硬核前,时长10~20天。主要特点为果实迅速膨大,果核迅速增长至果实成熟时的大小,呈白色、未木质化,胚乳亦迅速发育,呈胶冻状。这一阶段的长短,因品种而异,这一阶段结束时果实大小为采收时果实的30%~40%。

(2)第二阶段:为硬核和胚发育期。因品种而异,这阶段大体为10~15天。主要特点是果实纵横径增长缓慢,果核木质化,胚乳逐渐被胚发育所吸收,这个时期果实实际增长仅占采收时果实大小的5%~10%。如果此阶段胚发育受阻,果核不能硬化,果实会变黄、萎蔫脱落。

(3)第三阶段:硬核结束至果实成熟。为第二次迅速生长期,10~15天。主要特点是果实迅速膨大,横径增长量大于纵径增长量,果实逐步着色,可溶性固形物含量增加。这个时期果实的生长量约占采收时果实大小的50%~70%。果实在此阶段如果遇雨,或者前期土壤干旱、后期灌水或降雨过多,易产生裂果现象。生产上要保持相对稳定的土壤含水量,避免土壤忽干忽湿,预防或减轻采前裂果。

4.花芽分化

大樱桃花芽分化时间较早,一般在果实硬核至采收期便开始生理分化,果实成熟至采收后转入形态分化,历时1个多月。在正常情况下,大樱桃每朵花只分化1个雌蕊,但在夏季高温干燥时,1朵花可以分化出2~4个雌蕊,形成畸形花,会增加第二年畸形果数量。为了促进花芽分化,在大樱桃采收后要适量施肥灌水,补充因结果造成的树体营养消耗,改善枝叶的功能,制造更多的光合产物,为花芽分化提供物质保证。

5.落叶和休眠

天水市大樱桃落叶一般在11月上旬开始。在管理粗放的情况下,由于病虫危害或干旱会引起早期落叶,对树体营养积累、安全越冬造成不良影响,引起第二年减产。落叶后即进入休眠期,树体进入自然休眠后,需要一定的低温积累,才能正常进入萌发期。大樱桃不同品种对完成休眠所需要的低温积累有差异。根据试验资料,多数大樱桃品种需在7.2℃以下经过800~1440小时才能完成自然休眠。了解不同品种自然休眠需冷量,对确定设施栽培、扣棚升温时间很重要。

三、对环境条件的要求

1.温度

大樱桃是喜温而不耐寒的落叶果树,适于生长在年平均气温10℃~12℃的地区,要求4~7月平均气温为18℃,一年中平均气温高于10℃的时间在150~200天,气温过高地区会引起徒长,果实品质也较差。萌芽期最适宜的日均温度在10℃左右,开花期15℃左右,果实成熟期20℃左右。

在中国大部分地区,生长季的长短和积温量均可满足大樱桃生长发育的要求。但冬季最低温度往往成为限制其分布的关键因子。冬季最低温度在-20℃~-18℃时,大樱桃即发生冻害。-25℃时造成树干冻裂,大枝死亡,甚至大量死树。大樱桃花蕾露白期遇-1.7℃的低温、开花期和幼果期遇-2.8℃~-1.1℃的低温,都会发生冻害,轻者伤害花器、幼果,重者导致绝产。

2.水分

大樱桃对水分很敏感,既不抗旱,也不耐涝。叶片较大,蒸腾作用强,在生长季需要充足的水分供应。一般来说,大樱桃适宜于年降雨量600~800毫米的地区生长,有灌溉设施的果园不受降雨的影响。如果土壤含水量下降到11%~12%时,会引起大量落果,下降到10%左右时地上部分停止生长,下降到7%时,叶片会发生萎蔫。

大樱桃和其他核果类果树一样,根系呼吸作用较旺盛,要求较多的氧气,如果土壤水分过多,氧气不足,将影响根系的正常呼吸,树体不能正常地生长和发育,引起烂根、流胶,严重时将导致树体死亡。如果遇大雨而没及时排涝,大樱桃树浸泡2天,叶片萎蔫且难以恢复,易引起全树死亡。

3.光照

大樱桃是喜光性树种,光照充足时,树体健壮,结果枝寿命长,花芽充实,坐果率高,着色好,糖度高,酸味少。光照条件差时,树体易徒长,树冠内枝条衰弱,结果枝寿命短,结果部位外移,花芽发育不良,坐果率低,果实着色差,质量差。因此,建园时要选择光照条件较好的地块,栽植密度不宜过大。枝条角度要开张,保证树冠内部通风透光条件良好。

4.土壤

大樱桃适宜在土层深厚、土质疏松、透气性好、保水保肥力较强的沙壤土或砾质壤土上栽培。在土质黏重的土壤中栽培时,根系分布浅、不抗旱、不耐涝,也不抗风。大樱桃树对盐渍化程度反应很敏感,最适宜的土壤pH值为5.6~7.0,总盐含量在0.1%以上的土壤,不宜种植大樱桃。大樱桃很容易患根癌病,土壤中有根癌病菌及线虫则容易传染根癌病。种植大樱桃、桃、李、杏的老果园,土壤中根癌病菌多,不宜栽植大樱桃树,更不宜作为大樱桃的苗圃。

5.风

大樱桃的根系分布较浅,抗风能力差。严冬早春大风易造成枝条抽干,花芽受冻;花期大风易吹干柱头黏液,影响昆虫传粉;夏秋季大风会造成枝折树倒,造成更大的损失。因此,在有大风侵袭的地区,一定要营造防风林,或选择避风向阳的地块建园。

第二章　品种与砧木

一、优良品种

1.红灯

大连农科院选育的早熟大果型品种,果实肾形,果个匀称,平均单果重9.4克,最大可达15克,可食率92.9%,果柄短粗,果实紫红色,有亮丽光泽。果肉红色,肥厚、多汁、较软,酸甜适口,风味浓厚,可溶性固形物17.1%,果核中大,半离核。果实发育期为35~40天,在天水市5月下旬成熟,自花结实率低。幼树生长势旺盛,形成花芽困难,进入盛果期后丰产性好,树势强健,抗病性、抗寒性强,开花整齐,产量稳定。目前为中国的主栽早熟品种。

该品种最大的优点是果实个大、色泽艳丽、成熟期早,口感风味俱佳。其缺点是树势过旺、树体高大、侧枝较少、进入结果期晚、树体控制难度大、易感皱叶病毒,果实肉软、不耐贮运等。

2.美早

大连农科院从美国引进的大果早熟品种。树势强健,树姿半开张,萌芽力、成枝力均强。该品是继红灯成熟之后的又一个果个大、品质优、果肉硬、耐贮运的品种,比红灯晚熟3~5天。果实宽心脏形,顶端稍平、果实成熟期一致。平均单果重11.5克,最大果重15.6克,果皮紫红色,有光泽,鲜艳;肉质脆,肥厚多汁,风味酸甜可口,可食率达92.3%。果柄粗短,果肉硬脆,是该品种的两个突出特点,是一个值得发展的优良品种。缺点是树势强旺,自然坐果率低,幼旺树果实成熟期遇雨裂果较重,早采时风味较淡。

3.含香(俄罗斯八号)

俄罗斯品种,2001年辽宁省瓦房店市果树局由俄罗斯引入,2006年定名为含香。该品种树体中大,树势中庸,树姿开张,大枝伸展角度较大,枝条多斜生、下垂,幼树枝条封顶早,枝条充实。果实宽心脏形,双肩突起、宽大,梗洼宽广、较深,缝合线明显。平均单果重12.5克,最大20.5克,成熟时果实紫黑色,果面光亮,果肉紫色,硬脆,可溶性固形物含量18.9%。果柄中粗、较长,果皮厚韧,成熟期遇雨裂果轻。该品种易成花,坐果率高。在天水市6月上旬成熟,是一个非常有发展前景的优良品种。

4.布鲁克斯

美国品种,山东果树所1994年引进。树体生长势强,易成花,早果丰产。初果期树以中、短果枝结果为主,盛果期以短果枝结果为主。果实扁圆形,果顶平,稍凹陷,果柄短粗。果实充分成熟后深红色,有光泽。平均单果重8.10克,最大单果重13克。果肉硬脆,淡红色,肉厚核小,可食率96.1%,可溶性固形物含量17.0%,含酸量0.57%,风味甘甜,口感极佳。在天水市6月上旬成熟,成熟期集中,采收期遇雨易裂果,大面积种植最好搭建防雨设施。

5. 桑提娜

加拿大育成的自花授粉品种。树势强健,干性较强,萌芽率高,成枝力中等。果实心脏形,果个较均匀,平均单果重9.8克,最大单果重11.80克。果皮紫色,果面具有诱人的光泽,风味极甜,果柄中长。果肉较硬,可溶性固形物含量15.5%,最高达18.8%,含酸量0.52%,维生素C含量15.41毫克/100克,核中大,可食率92.51%。天水市果实成熟期为6月上旬,比红灯晚5~7天,是一个优良的中熟品种。该品种自花结实,坐果率高,易丰产,进入盛果期后应适当控制结果量,加强树体肥水管理,保证果实品质不下降。

6. 先锋

由加拿大哥伦比亚省育成的品种,该品种树势强健,枝条粗壮,丰产性好,一年生枝缓放易成花,花粉量大,是一个极好的授粉品种。果实肾脏形,平均单果重8.0克,大者10.5克,果实紫红色,光泽艳丽。缝合线明显,果梗短粗为其明显特征。果皮厚而韧,果肉玫瑰红色,肉质肥厚,较硬且脆,汁多。可溶性固形物含量17%,甜酸适中,风味好,品质佳,可食率92.1%。裂果轻,耐贮运,6月10日左右成熟,是一个优良的中晚熟品种。该品种极易成花且坐果率高,在修剪时应适当重剪,保留适量的花芽,合理负载,确保果个不变小。

7. 萨米脱

加拿大夏陆研究所培育的品种,树势强健,比红灯稍缓和,枝条粗壮直立,干性强,萌芽率高,成枝力中等。以花束状果枝和短果枝结果为主,自花不实。果实心脏形,果个均匀一致,平均单果重10克左右,最大单果重13.2克,果顶尖,缝合线明显,果实一侧较平。果皮较薄,紫红色,有稀疏的小果点,色泽光亮。果肉红色,肥厚多汁,质较脆,耐贮运,核较小,可食率93.57%。果实可溶性固形物含量17%左右,最高达18.8%,含酸量0.48%,维生素C含量14.16毫克/100克,风味浓郁,酸甜适口,品质上。在天水市6月中旬成熟,是优良的中晚熟品种,可大面积发展。

8. 艳阳

由加拿大夏陆研究站育成,树势中庸,萌芽率、成枝力中等,一年生枝粗壮,生长旺盛。进入盛果期后树冠开张,以花束状果枝结果为主。一年生枝缓放后易成花,自花结实,花粉量大,由于产量高,树体易衰弱。果实个大,圆形,缝合线明显,平均单果重10克左右,最大13.68克,果实成熟后紫红色,有光泽,果肉玫瑰红色,果汁红色,肉质软,风味佳。可溶性固形物含量16%左右,最高达20.5%,含酸量0.81%,维生素C含量17.99毫克/100克,可食率94.28%。果实成熟期为6月中旬,是一个优良的中晚熟品种。该品种优点是果个大、口感佳,缺点是果肉软、不耐贮运,适宜就近销售。

9. 宾库

美国品种,树势强健,树冠较大,树姿较开张,枝条粗壮,萌芽率高,成枝力较弱,以花束状果枝结果为主,丰产性好。果实宽心脏形,平均单果重8.10克,最大11.80克,果皮深红至紫红色,厚而坚韧,果肉厚而丰满,粉红色,肉质硬脆,果汁多。果柄粗,绿色。果实平均可溶性固形物含量15.9%,最高19.5%,含酸量0.56%,维生素C含量17.04毫克/100克,酸甜适口,香味浓,品质上等,核小,平均可食率93.48%。在天水市6月中旬成熟,是一个较优良的中晚熟品种。

10. 雷佶娜

德国品种,树势健壮,枝条较粗壮,直立,干性中等,萌芽率高,成枝力中等,果枝连续结果能力强。果实心脏形,紫红色,果面光泽诱人,果皮中厚,缝合线内凹。平均单果重8克左右,最大单果重10.3克。果实6月中下旬成熟,果肉紫红色,肉较硬,风味浓厚,酸甜可口。可溶性固形物含量15.8%,最高达18.3%,含酸量0.78%,维生素C含量13.59毫克/100克。果柄较短,采前遇雨裂果轻。早果丰产性好,一年生枝缓放易成花,以花束状果枝结果为主,坐果率较高,易丰产,是一个优良的中晚熟品种。

11. 柯迪娅

捷克品种,树势较强健,干性强,但分生中庸枝较多,萌芽率高,成枝力强,早果丰产,果枝连续结果能力强,自花不实。果实宽心脏形,果个均匀,平均单果重8.20克,最大12.0克。果面紫黑色,光泽亮丽,果肉紫色,口感脆嫩,甜蜜多汁,香味浓,风味极佳。可溶性固形物16.2%,最高18.8%,含酸量0.69%,维生素C含量14.19毫克/100克,可食率92.3%。在天水市6月中下旬成熟,是一个口感与品相一流的晚熟品种。该品种在郑州、西安等产区坐果率低,但在海拔较高的冷凉地区栽培表现良好。

12. 拉宾斯

加拿大品种,树势强健,树冠较开张,具有丰产的树体结构,萌芽率较高,成枝力较强,以花束状果枝结果为主,一年生枝缓放后易成花,可保持连年丰产,花粉量大,自花结实能力较强,可与许多品种授粉,是一个广泛的花粉供体。果实近圆形或卵圆形,果皮深红色,有诱人的光泽,平均单果重9.62克,最大12.10克,果肉硬脆,甜酸可口,果皮厚而韧,裂果轻,果汁较多、红色。可溶性固形物15.5%,最高17.6%,含酸量0.38%,维生素C含量13.68毫克/100克,可食率92.38%。在天水市6月中旬成熟,是一个优良的晚熟品种。

13. 晚红珠

大连农科院选育的晚熟品种,原代号8-102。果实肾形,较整齐,平均单果重8.5克,最大可达12克,可食率92.5%。果柄较短粗,果实紫红色,有光泽。果肉红色,肥厚、多汁,质地较硬,酸甜适口,风味浓厚,可溶性固形物含量15%。果核中大,半离核。耐贮运性较好,果实成熟期遇雨裂果轻,果实发育期为50~55天,在天水市6月中下旬果实成熟。幼树生长势中庸,开始结果较早,盛果期产量高,丰产稳产,抗病性强,开花整齐。是目前天水市主栽的晚熟品种。

14.胜利

乌克兰品种,山东果树所1997年引进。树体高大,树姿直立,生长势强旺,干性强;进入结果期晚,盛果期以花束状果枝和短果枝结果为主,连续结果能力强,产量稳定。果实个大,单果重12.1克,果实近圆形,梗洼宽,果柄较短、中粗,果实缝合线较明显;果皮深红色,充分成熟时黑褐色,鲜亮有光泽;果肉硬、多汁,耐贮运;果肉深红色,味浓,酸甜可口,可溶性固形物含量17.18%。6月中旬成熟,成熟期遇雨易裂果,需进行避雨栽培或果实套袋,套袋果实成熟后在树上挂10天左右不落、不发软,品质不变。

15.甜心

加拿大品种,树体生长旺盛,树姿开张,自花结实,早果丰产。果实圆形,果面紫红色,有光泽,平均单果重9.8克,果肉硬,中甜,具清香,可溶性固形物含量18.8%,在天水市6月25日以后成熟,属极晚熟品种。

二、砧木

1.中国樱桃

中国樱桃是目前天水市应用较广泛的砧木种类。中国樱桃是一个大的类型,分布比较广泛。天水市生产上应用的主要种类有原产四川广元、山东五莲、甘肃成县等地的中国樱桃,与大樱桃嫁接亲和性好,树冠成形快,但生长势强、树体高大,进入结果期较晚。一般采用实生繁殖,种子发芽率高,根系发达,适应性强,耐干旱、耐瘠薄,是天水市目前应用最多的砧木类型。

2.考特

英国东茂林试验站培育的半矮化砧木,20世纪80年代引入中国。根系十分发达,侧根及须根生长量大,固地性好,较耐旱、耐涝。与甜樱桃品种嫁接亲和性好,成活率高。嫁接的大樱桃苗木定植后4~5年内与中国樱桃砧木的苗木长势差别不明显,但逐渐进入结果期后,树势有所减弱,表现出半矮化效应。

3.ZY-1

郑州果树研究所从意大利引进的大樱桃半矮化砧木。其自身根系发达,萌芽率、成枝率均高,分枝角度大,树势中庸。与大樱桃嫁接亲和力强,成活率高。幼树期植株生长较快,树冠成形早,进入结果期后,长势缓和,特别是与长势中庸的品种如:萨米脱、拉宾斯、艳阳等品种搭配,可达到早果丰产的效果。缺点是易萌发根蘖,与部分品种嫁接易发生小脚现象。

4.吉塞拉系列

吉塞拉(Gisela)系列砧木是德国培育出的大樱桃矮化砧木,经过试验筛选,在生产上表现较好的分别是吉塞拉5号、吉塞拉6号、吉塞拉7号、吉塞拉12号。吉塞拉系列砧木主根发达,多呈水平生长,分布较浅。抗寒、抗涝、萌蘖少,在黏重土壤中表现良好。与大樱桃嫁接亲和性好,树体较开张,进入结果期早,易丰产。适宜在土壤肥沃、降水量较大或有灌溉条件的地区栽培,肥水条件较差时易导致树体生长量变小,果实品质下降,树体早衰。

5. 兰丁 2 号

北京市农林科学院林业果树研究所樱桃课题组1999年培育成功。该砧木根系分布较深,侧生性粗根发达,其上着生较多须根,固地性好,抗旱、耐寒、耐瘠薄,适应性广。经过在国内多个省份试验表明:该砧木与大樱桃嫁接亲和性好,幼树生长势较强,进入结果期后短果枝和花束状果枝迅速增加,产量提高快。该砧木易扦插繁殖,对重茬病害、根癌病等有较强的抗性,是一个优良的大樱桃砧木。

第三章 建 园

一、园地选择

大樱桃是多年生果树,生长发育与外界环境密切相关,良好的生态环境条件能有效地促进大樱桃树的生长发育,达到早果丰产、高产优质的目的。因此,园地的选择十分重要。根据大樱桃的生物学特性,在园址选择上应注意以下几点:

(1)大樱桃根系不抗旱、不耐涝,也不耐盐碱,因此要选择地下水位低、土壤肥沃疏松、保水保肥性较好的地块建园。土质以砂质壤土为宜,不宜在过于黏重土壤和盐碱地建园。

(2)大樱桃树开花早,易受霜冻危害,因此,园址要选择背风向阳的地块建园,山坡地建园要避开主风口且空气流通,山谷地带因冷空气易聚集,不宜建园。春季气温回升快,晚霜冻害发生频繁的地方不宜建园。

(3)前茬为果树,特别是核果类果树的地块不宜建园,必须种植农作物或自然生草3年以上才能栽植樱桃树,否则前茬果树残根所含的扁桃苷在根系腐烂时水解产生氢氰酸和苯甲酸等毒害物质,会抑制新根呼吸,对新根造成伤害,导致死树。

二、品种与砧木选择

1.品种选择

在选择品种时首先要考虑市场的消费需求,一般应具备以下优良性状:果实个大,果形端正,果柄较短,紫红色(或鲜红色),色泽艳丽,肉质硬,酸甜适中,风味好,早果丰产,抗裂果,耐低温,耐运输,鲜食加工兼用等。

从天水自然条件和国内外市场供应状况来看,今后天水市应以中晚熟品种为主,适当控制早熟品种种植规模,充分发挥区位优势,取得更好的经济效益。

2.配置授粉品种

大樱桃属于异花授粉树种,大多数品种自花授粉不能结实或结实率很低。目前生产上可自花结实的品种有拉宾斯、斯坦勒、桑媞娜、艳阳、甜心等。即使自花结实率较高的品种,也需要配置授粉品种,以较大程度地提高产量。

大樱桃在授粉树配置上要注意:一是授粉品种与主栽品种授粉亲和性要好;二是花期应相遇;三是授粉品种的数量比例不低于总株数的30%,这样才能保证授粉良好,有较高的产量。

并非所有的品种组合都能够相互授粉。大量研究表明:大樱桃授粉亲和与否,在遗传上由单个基因位点上的一对S等位基因控制,若2个品种的S等位基因相同,则不能相互授粉。目前,已研究发现S_1~S_{13}其13个S基因位点,自交不亲和基因组合22个,见表2-1。

表2-1 部分樱桃品种的S基因型和自交不亲和群组

不亲和群组	S基因型	品种
第1组	S_1S_1	萨米脱、斯帕克里、大紫、巨早红
第2组	S_1S_3	先锋、雷洁娜、奥林巴斯
第3组	S_3S_4	那翁、宾库、兰伯特、红丰、安吉拉
第4组	S_2S_3	伟格、林达、维托克
第5组	S_4S_5	Turkey Heart
第6组	S_3S_6	黄玉、柯迪亚、南阳、佐藤锦、红蜜、5-106、宇宙
第7组	S_3S_5	海蒂芬根
第8组	S_2S_5	Vista
第9组	S_1S_4	雷尼、塞尔维亚
第10组	S_6S_9	晚红珠
第11组	S_2S_7	早紫
第12组	S_5S_{13}	卡塔林、马格特、萨姆、斯克奈特
第13组	S_2S_4	维克、莫愁
第14组	S_1S_5	Annabella、Valera
第15组	S_5S_6	Colney
第16组	S_3S_9	红灯、布莱特、莫莉、莱州早红、美早、早红宝石、抉择、红艳、含香
第17组	S_4S_6	佳红、京选1号、北2-2
第18组	S_1S_9	早大果、奇好、友谊、极佳、丰锦
第19组	S_3S_{13}	Wellington A
第20组	S_1S_6	红清
第21组	S_4S_9	龙冠、巨红、8-129(早红珠)
第22组	S_3S_{12}	施奈德斯
自交可育组	S_1S_4	拉宾斯、塞莱斯特、甜心
	S_3S_4	斯坦勒、艳阳

授粉树配置方式:平地果园可隔2~3行主栽品种栽一行授粉品种;山地丘陵果园可在主栽品种行内混栽,隔2~3株栽1株授粉品种;也可采用中心式配置,就是中间栽1株授粉品种,四周按比例栽植主栽品种。

3.砧木选择

目前天水大樱桃生产上应用的砧木主要有中国樱桃、大青叶、考特、ZY-1、吉赛拉6号等。从整体情况看,各种砧木均较适应天水市的自然条件。其中,中国樱桃、大青叶属乔化砧,适应性强、树体结果寿命长,但树体生长较旺,进入结果期较晚。适宜在没有灌水条件、土壤相对瘠薄的地块栽植。土壤较肥沃、立地条件较好的地区可选择ZY-1、考特、吉赛拉5号、吉赛拉6号等矮化(半矮化)砧的苗木,有利于控制树势,促进花芽形成,尽早进入结果期。另外,提倡使用良种良砧组培苗,更有利于早果丰产。

由于天水市露地栽培的大樱桃园多数位于浅山干旱区,立地条件较差,因此在苗木选择时,一定要科学搭配品种与砧木。在砧穗组合方面,生长势强旺的红灯、美早等品种可选用矮化(半矮化)砧苗木,生长势中庸偏弱的、易丰产的品种如含香、萨米脱、桑提娜等,尽量选用乔砧苗木。保护地栽培、肥水条件人为可控的果园,在建园时可根据品种生长势选择矮化砧或半矮化砧苗木,更有利于树体控制和丰产稳产。

三、苗木选择与处理

合格的大樱桃苗应根系完整、须根发达、无根瘤,粗度5毫米以上的主根6条以上、长度20厘米以上,不劈、不裂、不干缩失水,无病虫害,枝干粗壮,节间较短而均匀,芽眼饱满,不破皮掉芽,皮色光亮,具本品种典型色泽,苗高为1.2~1.5米,嫁接口愈合良好。

对经过越冬假植或外地长途调运的苗木浸水泡12小时,浸水时可在栽植地块附近挖坑铺聚乙烯棚膜,将苗解捆平放入坑中,注水使苗全部淹没。若有池塘、水库等更佳,直接将苗整捆放入水中浸泡12小时即可。苗木完全浸入水中比只浸根部效果要好,吸水迅速而充足,定植成活率高。

栽植前,对大根进行修剪,剪去劈裂、损伤、破皮部分,病虫为害的根剪至露新鲜白茬,其他损伤根仅在先端剪去毛茬即可。经过修剪的根,伤口平滑,根组织新鲜有活力,愈合快,发根力强,利于成活并缩短缓苗期。

大樱桃易发生根癌病,在栽植前可用1%硫酸铜溶液或K84药剂浸根5~10分钟,可减轻或预防根癌病发生。

四、栽植密度与栽植方式

1.栽植密度

大樱桃栽植密度要考虑立地条件、砧木种类、品种特性、树形选择及管理水平等。一般立地条件好、乔化砧木、品种生长势强,栽培密度要小一些;山地果园,矮化砧,品种生长势弱则栽植密度就大一些。根据天水气候和土壤条件,肥水条件较好、乔化砧木,栽植株行距为(3~4)米×(4~5)米,亩栽植33~55株,山地果园、矮化砧木,栽植株行距为(2~3)米×4米,亩栽植55~83株。

2.栽植方式

栽植方式根据地形而定。平地建园宜采用长方形栽植,行距宽,株距窄。栽植行的方向最好为南北向,这样可以充分利用阳光。梯田地可采用等高线栽植法,较窄的梯田可栽1行,较宽时,可适当多栽几行。

五、栽植时期与方法

1. 栽植时期

大樱桃适于春栽,具体栽植时间视当地气候状况而定,一般土壤彻底解冻,越冬作物如冬小麦、油菜等开始返青时(约3月中下旬)即可开始栽植。如果有冷藏条件可以存贮苗木使其不提前发芽,稍延后栽植。晚栽时土温已较高,利于根系发生,从而提高成活率。春季较寒冷和干旱多风地区更应如此。

2. 栽植方法

根据大樱桃生长发育特点及天水春季气候特点,山地丘陵果园宜采用挖穴栽植,地下水位高的川地果园或保护地栽培提倡采取起垄栽植方法。

(1)挖穴栽植:山地果园在确定株行距后,及时挖穴。为防止穴内土壤不沉实,挖穴回填最好在冬季土壤封冻前完成。早春挖穴回填栽植会因穴内土壤下沉导致苗木栽植过深,造成苗木生长不良。穴的直径80厘米、深80厘米左右。挖穴时将表土和底土分开放置,挖好后要及时回填。穴底部填入30~40厘米腐熟的有机肥或粉碎后的作物秸秆与土的混合物,然后填入挖出的表土,直到填满为止。回填后及时浇水,促进土壤沉实及底层有机物的分解。翌年春季,在定植穴的中心位置,用表土堆直径20厘米左右的小土丘,将苗木放在小土丘上,使根系向四周舒展开,然后填入表土,一直到略高于地面为止。在填土的过程中要边填土边轻提苗干,使嫁接口露出地面,然后踏实,使根系与土壤紧密接触。最后在树盘周围筑埂,浇透水,待水下渗后树盘覆膜,有利于提高地温、保持水分、促发新根、提高成活率。

(2)起垄栽植:具体作法是,栽前先按要求整地,撒施充足有机肥后旋耕20厘米。按照预定的株行距画线、打点。栽植时在每株树的位置先放少量复合肥,上盖土10~15厘米,把小苗轻轻放在上面,将行间表土培在根部,踏实即可。苗放在土上时不可将根系插入土中,以免与土下的复合肥接触引起烧根死苗。栽好后将行间的表土沿行向培成台,台上宽60厘米、下宽100~120厘米,高20~40厘米。沿每行覆盖黑地膜,成活后隔10~15天施一次肥水,每次每亩施高氮型复合肥4~5千克。栽后立即定干,苗干套塑料薄膜筒保湿、增温、防病虫。

第四章 土、肥、水管理

一、土壤管理

1.深翻扩穴

山地果园一般土层较浅,土壤贫瘠,影响根系伸展。平地果园,土层虽厚,但透气性较差,通过扩穴深翻,可加深熟土层,改善土壤通气状况。结合施有机肥,可改良土壤的结构,促进微生物的活动,利于根系的生长和提高吸收肥水的能力。

扩穴深翻的方法:在幼树定植后的3~4年内,从定植穴的边缘开始,每年或隔年向外扩展,挖一宽约40厘米深约50厘米的环状沟,挖出沟中的生土,填入熟土和农家肥,这样逐步扩大,直到两棵树之间深翻沟相接。深翻一般结合秋施基肥进行。

2.中耕松土

中耕松土是大樱桃生长期土壤管理的一项措施,通常在灌水后或下雨后进行。一方面可以切断土壤毛细管,保蓄水分,促进土壤通气,防止土壤板结;另一方面可以消灭杂草,减少杂草对水肥的竞争。大樱桃园中耕松土的深度5厘米左右,太深易损伤粗根。

3.幼龄果园间作

幼树期间,为了充分利用土地和阳光,增加收益,可在行间适当间作经济作物。间作物要求矮秆,有利于提高土壤肥力的作物,如黄豆等豆科作物,不宜间作小麦玉米等影响大樱桃生长的作物。间作时要留足树盘,间作时间最多不超过3年,以不影响树体生长为原则。

天水市部分合作社经过多年的实践探索,总结出了幼树期"箭舌豌豆+冬油菜"间作模式,可每年提高土壤有机质含量0.2%左右,效果较好。具体间作模式为:春季4月下旬至5月初行间种植箭舌豌豆,亩播种量8~10千克,一般采用撒播的方式播种。7月下旬开花时翻耕压青,正好当时气温较高,雨水较充足,20天左右茎秆可基本腐烂。8月中下旬,再次播种冬油菜,亩播种量2~5千克,撒播,40~50天油菜叶片可基本覆盖地面,至土壤封冻前油菜的肉质根可达2~3厘米粗,叶片开始干枯,进入休眠春化。翌年3月中下旬开始抽薹,至4月上中旬时与大樱桃、苹果等果树同期开花。作为果园绿肥种植的油菜,要在开花前或初花期刈割翻压还田,此时茎秆含水量较高,易腐烂。这种模式有以下优点:一是种植茬口可延续循环,实现周年间作。二是箭舌豌豆植株低矮、分枝多、地面覆盖率高,且有一定的固氮效果,可提高土壤矿质养分含量。冬油菜叶片大而密集,冬春季基本可全部覆盖地面,有一定的保水效果。三是采取压青的方式,植物残体腐烂较快,可快速改善土壤物理性状。

4.果园生草

成龄果园树体进入结果期,根系基本布满全园,耕翻易伤根,加之行间作业道变窄,无法继续间作经济作物,因此提倡实行土壤生草制模式。果园生草能够提高土壤有机质含量、减少有机肥投入、提高果实品质、保护果园生态,还可在一定程度上稳定地温、减轻水土流失。果园生草分为人工种草和自然生草两种方式。

人工种草可选用白三叶、早熟禾、鼠茅草、扁茎黄芪、多变小冠花等。选择草种的原则是:一是草的高度低矮,但生长量要大,茎叶不直立生长,地面覆盖率高;二是根系以须根为主,没有粗壮的主根,旺盛生长的时间短,不与果树争水争肥;三是耐荫耐践踏,适应性强;四是与果树无共同的病虫害,最好能栖宿果树害虫的天敌。种植时间以大樱桃果实采收结束时为宜,春季种植会在采果及田间操作时因人为践踏而影响出苗。播种时浅翻地面10~15厘米,大粒种子可采用条播的方式,小粒种子宜采用撒播的方式,播种完成后用园林无纺布适当覆盖,约20天可出苗。出苗后人工拔除恶性杂草,遇干旱时要适当灌水并适期冲施一定量的氮肥,促进生长。当年入冬前可基本覆盖地面,以后每年高度长至50厘米左右时留10~15厘米刈割即可。

自然生草是指利用果园内原有的野生草种,定期刈割的方式,具有投资少、成坪快、易于管理、适应性强等优势。果园杂草的种类很多,在自然生草时要选留株形矮、扩繁快、根系浅、生长迅速的草种,清除株形高大、根系发达、地上部分木质化、有攀缘习性的恶性杂草,如灰菜、黄蒿、冰草等,减少杂草对水分、养分的争夺,便于田间操作。

5.果园覆盖

草源充足的地区提倡全园覆盖。将割下的杂草、麦秸秆、玉米秸秆等覆盖于园内土壤表面,数量一般为每亩2000~3000千克。如果草源不足可主要覆盖树盘,覆草的厚度为18~20厘米。覆草的时间可在雨季之前,通过下雨可将秸秆固定,以免风把覆盖物吹散,同时雨水可促进覆草的腐烂。树盘覆盖有很多优点,首先可以保墒,减少土壤表面蒸腾,同时保持比较稳定的土温,春秋季能提高土温,夏季起降温作用,防止高温对土壤表层根的伤害。其次可以抑制杂草,减少除草用工,同时增加土壤有机质,促进土壤微生物的活动,改善土壤的理化性状,有利于根系的生长。树盘覆盖最适宜山地果园。

二、合理施肥

1.需肥特点

大樱桃不同树龄和不同时期对肥料的要求不同,3年生以下的幼树,树体处于扩冠期,营养生长旺盛,这个时期对氮需要量多,应以氮肥为主,辅助适量的磷肥,促进树冠的形成。3~6年生和初果期树,要使树体由营养生长转入生殖生长,促进花芽分化,因此,在施肥上要注意控氮、增磷、补钾。7年生以上树进入盛果期,树体消耗营养较多,每年施肥量要增加,氮、磷、钾都需要,但在果实生长阶段要补充钾肥,可提高果实的产量与品质。

由于大樱桃果实生长期短,从开花、展叶、抽梢、果实发育到成熟,都集中在4~6月,从开花到果实成熟仅45~60天,绝大多数梢叶也是这一时期形成的。同时花芽分化也集中在采果后较短的时期内完成,具有生长发育迅速,需肥集中的特点。因此,树体贮藏养分的多少和开花结果期间肥水供应是否充足及时,对丰产优质至关重要。所以,大樱桃树施肥应重视秋施基肥及果实发育期追肥两个关键环节。

2. 基肥

一般在9月下旬之前施用为好,早施肥有利于肥料熟化和断根愈合,提高根系的吸收能力,增加树体养分的贮备,翌春可早发挥肥效。基肥以腐熟的鸡粪、牛粪、羊粪等有机肥为主,配施生物菌肥和复合肥。施肥量应根据树龄、树势、结果量及肥料种类而定。幼树一般每棵树施基肥25~30千克,配施复合肥1~2千克,生物菌肥1~2千克;盛果期的大树每棵施肥50~60千克或商品有机肥10~15千克,配施复合肥3~4千克,生物菌肥3~4千克。施基肥的方法是:对幼树可用环状沟施法,在树冠的外围投影处挖宽50厘米、深40~50厘米的沟将肥料施入。大树最好用辐射沟施肥,即在离树干50厘米处向外挖辐射沟,要里窄外宽,里浅外深,靠近树干一端宽度及深度30厘米,远离树干一端为40~50厘米,沟长超过树冠投影处约20厘米,沟的数量为4~6条,每年施肥沟的位置要交替改变。

3. 追肥

追肥在大樱桃树生长期进行,分土壤追肥和根外追肥两种方式。

(1)土壤追肥。一般可追3次,第一次是在开花前,对盛果期大树每株可追施高氮型复合肥1.5~2.5千克,也可施尿素1.0千克,开沟追施,施后灌水。这次追肥可促进开花和展叶,提高坐果率,加速果实的生长。第二次在果实硬核期,选用高氮高钾型水溶肥配合氨基酸类或腐殖酸类微量元素肥料,用施肥枪施入,或按比例兑水溶解后,挖坑施入,可促进果实膨大,提高果实品质。第三次在大樱桃采果以后,这时是花芽分化期,又是开花结果后树体营养需要补充的时期,每株可施入平衡型复合肥1~2千克,施肥后视土壤墒情适量灌水。这次施肥量不能太多,过量易引起树体旺长,不利于花芽分化和秋梢停长。

(2)根外追肥。根外追肥效快,对果实生长期短的大樱桃是很有必要的,也是土壤追肥的一种补充。根外追肥集中在开花后到果实成熟前这一段时期,对提高坐果率,增加产量,提高品质很有用。在花期可喷0.3%的尿素+0.5%的硼砂,促进坐果。果实坐果到成熟前,叶面喷肥2~3次,肥料可选用磷酸二氢钾、氨基酸硼钾钙、聚壳糖、海藻素等,可有效促进果实膨大,增加果实硬度和果面光洁度,提高果实品质。根外追肥要避开高温时段,最好在下午近傍晚时进行,喷洒部位以叶背面为主,便于通过叶片的气孔吸收。另外,在果实采收后,结合病虫害防治,叶面喷施氨基酸类、腐殖酸类叶面肥,可提高叶片光合效能,对提高花芽分化的质量和增强树体抗病能力有一定的作用。

三、水分管理

大樱桃树对土壤水分变化的反应较敏感，既不抗旱也不耐涝。因此，要做到适时灌水和及时排水。

1.适时灌水

根据大樱桃不同生长发育阶段对水分的需求规律和果园灌溉条件，要适期灌好4次水。山旱地果园主要做好集雨灌溉和覆膜、覆草保墒。

（1）花前水。在发芽和开花前进行，主要是满足发芽、展叶、开花、坐果以及幼果生长对水分的需要，可以结合灌水进行追肥。此时灌水还可以降低地温，适度延迟开花，有利于避免或减轻晚霜的危害。

（2）硬核水。在果实硬核期进行，此次灌水应以"小水勤灌"为原则，保持土壤含水量相对稳定，避免忽干忽湿，保证水分相对均衡供应，可有效缓解枝叶生长与果实膨大之间争水争肥的矛盾，减轻生理落果。同时能促进果实膨大，预防和减轻裂果，提高产量和品质。

（3）采后水。果实采收后，是树体恢复和花芽分化的重要时期。此时气温高，日照强，水分蒸发量很大，但此时已进入雨季，应视土壤墒情结合施肥适量灌水，忌大水漫灌。

（4）封冻水。落叶后至土壤封冻前进行，在秋季施肥、土壤深翻、扩穴后灌水，使树体吸足水分，有利于安全越冬。灌水的方法，一般采用畦灌和树盘灌，对于有根癌病的果园，要求单株灌，以防根癌病菌互相传染。

2.及时排水

大樱桃树怕涝，川地果园在栽植时采用起垄栽植和地膜覆盖，可以防止幼树受涝。对于易积水的低洼地块行间要挖排水沟，沟中的土堆在树干周围，形成一定的坡度，使雨水流入沟内，顺沟排出。对于受涝害的树，天晴后要及时排水，深翻土壤，加速土壤水分蒸发，增强通透性，使根系尽快恢复生机。

第五章　整形修剪

一、与整形修剪有关的生长结果特性

1.幼树生长势强,顶端优势明显

大樱桃幼树生长快,萌芽和成枝力都很强,生长量大。可充分利用这一特性,采取轻剪、夏剪为主,促控结合,迅速扩大树冠,促进花芽形成,尽早投产。同时,大樱桃树顶端优势明显,易直立生长,枝条下部和树冠内膛易出现光秃的现象。

2.大樱桃喜光,对光照要求高

大樱桃进入结果期后以内膛短果枝、花束状枝结果为主,要求内膛光照充足。若外围枝条密集,生长旺盛,内膛郁闭,光照不足,易形成上强下弱,使内部小枝结果枝组衰弱、枯死,内膛空虚。因此,整形修剪时要注意开张主枝,控制外围枝量,保证内膛光照良好。

3.芽具有早熟性

大樱桃的芽具有早熟性,幼树在生长季节利用摘心、扭梢等修剪措施,可加速树体成形,促进花芽分化,培养结果枝组。

4.花芽是纯花芽,顶芽是叶芽

大樱桃的花芽是纯花芽,开花结果后不再抽枝。因此,在短截修剪时,若在剪口芽留花芽,结果后枝条会枯死,变成干桩。所以在短截结果枝、回缩结果枝组时,都要注意剪口芽必须留叶芽。

5.伤口愈合能力较弱,剪口容易向下干枯

由于大樱桃枝条组织松软,导管粗,剪锯口容易失水,伤口不易愈合,因此在修剪时一定要注意保护伤口。可涂抹农伯乐、喜嘉旺等伤口保护愈合剂等,避免伤口失水干缩,阻止病菌入侵引起枝干病害,促进伤口愈合。

二、主要树形及整形修剪技术

1.自由纺锤形整形修剪

(1)树体结构

干高60~70厘米,树高3.0米左右,全树15~20个小主枝。主枝排列方式可采用基部3~4个为一层,层内距30~40厘米,以上不分层,螺旋式均匀插空排列,主枝下大上小。小主枝枝干比(小主枝基部直径与该主枝着生处中心干直径之比)为1:(2~3),长度根据株行距,株间枝条重叠不超过

40厘米,行间留有不少于80厘米的阳光直射区,下部小主枝开张角度70°~80°,中上部85°~90°,小主枝上直接配备小型结果枝组。

(2)整形修剪要点

①定干高度。一般为90~110厘米,川地果园可适当高些,山地果园定干应低些。另外,健壮苗木,可相对高定干,若定干低,中心干延长枝生长势强,侧生枝少且生长势弱。因此,自由纺锤形整形修剪时,在保证中心干生长势前提下,应适当提高定干高度。一般当苗木高度超过120厘米时,可在90~100厘米处定干;苗木高度达到150厘米时,定干高度可提高到110~120厘米。苗木质量特别好时,也可采取轻打头结合刻芽的办法定干。

②刻芽。刻芽是培养自由纺锤形树形的关键技术,无论定干高低,定干后都必须对中心干刻芽,以促发侧生枝,培养小主枝。刻芽主要是针对强旺枝中后部1/3段的芽和缺枝部位,若不进行刻芽,虽然也能萌发,但只有几片小叶,不能形成健壮短枝。刻芽则可促使这些芽萌发形成健壮的短枝。刻芽时间以芽尖露绿时为宜,在芽前0.5~1厘米处刻,刻的深度以刻透皮层但不伤及木质部为宜。刻芽过早芽易抽干,反而影响芽萌发,刻芽过晚,促枝效果差。一次刻芽达不到预期效果时,应进行第二刻芽。中心干上刻芽可从干高70厘米左右开始,向上隔15~20厘米刻一个芽,自下而上呈螺旋式均匀插空排列。小主枝上刻芽一般从小主枝基部20厘米处开始,采取刻一隔一或刻一隔二的方法,主要刻两侧芽,背上芽不刻。如果不进行刻芽,小主枝上的分枝多集中在背上,而且靠近中心干60厘米以内一般无分枝,易造成主枝基部光秃,出现生长结果部位外移现象。

③定干当年的修剪。定干后及时抹除剪口下第2、3芽,发枝后在不同方位选留3~4个枝作为小主枝,多余枝及时疏除或留2~3个芽台剪。对于中心干,如果生长势强,延长枝生长旺盛,可在生长季长度达80厘米时摘心,促使多发枝培养小主枝;若生长量较小,则不摘心。对于小主枝的培养,主要任务是开张角度,方法是:当新梢长度达到15~20厘米时用牙签撑枝,开角50°~60°。当长度达60厘米时,新梢半木质化后,及时进行多次拿枝。大樱桃新梢较脆,叶片大,自身重量较大,对新梢拿枝开角效果比较好。生长季拿枝开角一般需要连续2~3次。第一次拿枝后,当时新梢角度即可打开,但一周后新梢可能又恢复原来角度,因此,需要进行第二次和第三次拿枝。一般连续2次可达到开角的目的。也可采取拉枝的办法开张小主枝角度。

④定干2~3年的修剪。第2~3年春季,对中心干上缺主枝的部位继续刻芽和短截培养小主枝。中心干延长枝应选择饱满芽处短截,短截长度根据生长势强弱和小主枝培养情况而定。中心干短截培养小主枝必须与刻芽相结合。对于小主枝一般采取轻打头或只剪除顶芽的办法,主要是通过拉枝开张角度,调整方位。对小主枝枝干比超过1:(2~3)时,可保留2~3芽台剪,利用新发出的弱枝培养小主枝。生长季中心干和小主枝的处理与定干当年基本相同。

自由纺锤形通过3~4年培养即可完成整形,一般第4年开始结果,7年后进入盛果期,主要依靠小主枝上着生的中小型结果枝组、花束状果枝、短果枝结果。因此,初果期应保持小主枝缓和的生长势。为控制树势,促进花芽分化,可从第4年开始在5月下旬喷一次200~250倍PBO。进入盛果期后,随着结果量的增加,树势很容易衰弱,要加强肥水管理,在修剪上要保持小主枝延长枝始终是混合枝,若为中短果枝,则应及时更新复壮。

2.小冠疏层形整形修剪

(1)树体结构

干高50厘米左右,具有中心干,全树5~7个主枝,分两层。第一层主枝3~4个,主枝开张60°~70°,层内距50厘米,每个主枝上着生2个侧枝和若干结果枝组,侧枝间隔30厘米左右;第二层主枝2~3个,主枝开张60°~80°,间隔50厘米。第二层留2个主枝时,各配一个侧枝,留3个主枝时,不配侧枝。第一、第二层层间距80~100厘米,树高2.5~3.0米。

(2)整形修剪要点

①定干当年的修剪。苗木定植后,于80~100厘米处定干,在剪口下选择4~5个位置合适的芽刻芽,当年能萌发3~5个强旺枝。其中位置最高,生长势强的一个作为中心干,从剩余的新梢中选择3个分布合理、分枝角度较大、生长比较均衡的枝作为主枝培养,其余各枝做辅养枝或培养结果枝组。各主枝生长到50~60厘米时,留40~50厘米摘心,摘心后一般能分生出2~3个较好的副梢,选最先端的一枝做主枝延长头,从其他副梢中选位置、角度较好的一个留做第一侧枝,疏除竞争枝,其余枝条采取拉枝、摘心、扭梢等措施控制旺长,培养结果枝组。中心干生长至70~80厘米时摘心,侧枝生长至40~50厘米时摘心。8月中下旬,将主枝拉至60°左右、侧枝拉至70°左右固定,拉枝、摘心要经常进行。

②第二年的修剪。春季萌芽时,中心干延长枝留60~80厘米在饱满芽处短截,对于发出的枝条,如果位置符合第一、二层层间距,则选留第二层主枝,否则不选留第二层主枝。第一层主枝的第一侧枝留60厘米短截,同时在第一侧枝对面错开20~30厘米处选留第二侧枝。主枝、侧枝的培养及修剪方法与第一年基本相同。对于中心干上保留的非骨干枝,采取摘心、拉枝的办法,培养成结果枝组。对不做主枝的第一层大枝在萌芽时,将其两侧芽隔15厘米左右全部刻芽,促进萌发短枝,形成结果枝。对背上枝可通过拿枝、拉枝使其水平或下垂生长,也可疏除。各主枝、侧枝应在8月中下旬将其拉至合理角度。

③第三年的修剪。按照前两年同样的修剪方法完成短缺主枝、侧枝的培养,减轻骨干枝的修剪量,对于非骨干枝采取刻芽、摘心、拿枝、拉枝等措施控制生长势,促进形成短枝结果。经过三年修剪,树形已基本形成,以后修剪的主要任务是保持树体结构合理,维持生长与结果的平衡,改善光照条件,健壮结果枝,提高果品产量、质量。一是要继续培养和调整各类骨干枝,当主枝枝量、枝类达到丰产要求,可以承担主要产量时,对其他非骨干枝及时压缩,保证骨干枝生长空间,主次分明。二是对于背上直立枝和影响光照的枝,要根据其所处位置空间大小,进行压缩,控制生长。如果枝量充足、负载合理,则可以疏除。三是对骨干枝和非骨干大枝,由于大量结果,枝头下垂,长势减弱,当其延长头已发不出混合枝,而仅为中短果枝时,要及时进行回缩复壮,保持其生长势。

3.KGB树形(丛枝形)

(1)树体结构

KGB树形,又叫丛枝形,主干高40~50厘米,着生20~25个直立的主枝,利用多个直立生长的主枝来分散树体的顶端优势,主要利用一年生枝基部形成的花芽和主枝中部形成的花束状果枝结果,主枝需要逐年更新。该树形具有成形早、省工、省力、不用拉枝、修剪方法简单等特点,适用于乔化砧木或半矮化砧木的树体。

（2）整形修剪特点

①定植当年修剪。选择优质壮苗建园,株行距(2.5~3)米×5米。定植后,在45~50厘米处定干,保证剪口下有3~4个轮生的壮芽。6月下旬当新梢长到60厘米以上时,留5~15厘米(2~3个芽)重摘心,促发二次枝。当年冬季就能形成8~12个长势均匀的直立主枝。冬季修剪时,疏除过旺或过弱的主枝,调整使枝势一致。对所有的直立主枝留5~15厘米重短截,短截长度依各主枝的长势确定,旺枝重短截,弱枝可相对较轻些。修剪完后,各主枝短桩顶部基本呈一平面,即中间强旺枝留桩较短,周围稍弱枝留桩较长。

②第2年修剪。6月下旬,新梢长到60厘米左右时,去除过旺或过弱的新梢,其余的新梢留5~10厘米(2~3个芽)重摘心,长势强旺的新梢摘心程度要重于长势弱的新梢,顶部剪口基本水平。生长季节一定要保证树体的营养充足,确保新梢较强的生长势。冬季修剪与第一年相同,先去除生长过旺和过弱的直立主枝,使枝条长势基本一致,这点非常重要。继续对保留的主枝留5~15厘米重短截,促发新枝。

③第3年及以后管理。经过两年的修剪,主枝数量已基本达到要求,部分主枝基部已形成花芽。第4年随着树体形成的花束状果枝的增多,基本已达到一定的经济产量。这个时期生长季的管理目标就是调节光照,维持树势。如果主枝基部叶片出现黄化,说明树体通风透光不良,需要将内膛主枝疏除2~3个,打开光路。如果主枝生长势较弱,年生长量达不到60厘米,则需在加强肥水管理的基础上,适当疏除主枝,减少主枝的数量,确保树体生长势。第3年冬剪时,剪掉当年新梢生长量的1/4,控制高度,促进叶果比合理。

经过3年的管理,整形基本完成,树体高度2.5米左右。若树体未达到2.5米,可继续短截每个主枝上1年生枝的1/4,促进生长。对主枝上发出的侧枝,只保留基部花芽重截,待翌年结果后疏掉干枯短桩。

④更新管理。更新管理的目的,一是维持壮枝结果,果个大且品质好;二是减少果树负载量,保持树势中庸偏旺,达到丰产稳产。更新修剪于休眠期进行,每次更新4~5个主枝,占总枝量的20%左右,4~5年轮流更新一遍。选择最旺的和不能折弯采摘的主枝进行更新,把要更新的主枝保留25厘米左右的短桩进行重回缩,短桩上萌发的新梢会成为新的结果主枝。若更新后发出多个新梢,则保留1~2个最旺的作为更新枝,尽早疏除其他多余的新梢,以保证更新枝的生长势,使其保持直立,尽快发育成新的结果枝。对基部连在一起的多头主枝,在更新时一定要同时留桩短截,每个短桩上发出的新梢仍保留一个做主枝,则各主枝生长势相同;若不全部短截,则从短桩上发出的新主枝生长势弱,会导致更新失败。

第六章　花果管理

一、预防低温冻害

1.预防春季低温冻害

(1)搭建防冻棚。根据果园立地条件,选择搭建钢结构、钢筋混凝土结构、塑钢结构或竹木结构等防冻棚,在花期或幼果期,当遇到降雪和强降温天气时,用塑料薄膜或彩条布等覆盖物将整个果园保护起来,棚内采取辅助加温措施,可较好地防御低温冻害。

设计防冻棚应考虑以下四点:一是结构牢固,能够抗积雪、抗大风;二是密闭性好;三是便于操作,在天气变化时能够短时间完成扣棚或揭棚;四是一棚多用,既可防冻,又可在果实成熟时防降雨裂果和鸟害。

(2)利用加温设备提高环境温度。冷空气来临前在果园主风面用彩条布或棚布搭建与树等高或略高于树体的防风帐,在树行间摆放加温设备,如煤炉、柴油加温器、蜂窝煤炉子内胆、木柴棒等,当气温接近0℃时开始点燃。通过提高果园环境温度,达到减轻和预防低温冻害的目的。

注意事项:一是要根据低温强度确定摆放和点燃加热器或木柴的数量与密度;二是燃烧时间要持续到第二天太阳出来时,尤其要注意保证黎明前后燃烧良好;三是在遇-2℃以下低温时,可采取搭建防冻棚和点燃设备相结合进行防冻。

(3)喷洒防冻剂。据试验,在低温冻害发生前后,可喷洒一次碧护、或爱多收、或芸苔素内酯、或安融乐等,能提高花器官的抗寒性,或对受冻花器官具有修复作用,减轻低温冻害。

2.预防晚霜

(1)延迟花期。一是冬季树干涂白,可减缓树体温度上升,推迟花芽萌动和开花。二是在春季芽体刚开始萌动时,用河水灌溉,可有效减缓地温上升,抑制根系活动,从而延迟萌芽开花。

(2)灌水法。有灌溉条件的果园,在预计晚霜来的前天进行放水灌溉,增加近地面空气湿度,保持地面热量,可减轻霜冻。

(3)喷雾法。在霜冻来临前,利用喷雾器或喷灌设施对果树连续喷水,水在遇冷冻结时会释放热量,提高果园温度,以此来预防霜冻。

(4)喷施防冻剂。花芽膨大时和霜冻害来临前,对全树可选择喷洒碧护、芸苔素内酯、海岛素、天达2116、苯肽胺酸、复硝酚钠、利姆、海力佳等多功能叶面肥(各药剂施用浓度按所购产品推荐剂量使用),增强细胞活力,增强植物的抗逆能力,减轻霜冻的危害。

（5）熏烟法。测准风向，在地块的上风头堆放能够产生大量烟雾的柴草、牛粪、锯末等与废机油的混合物，在霜冻来临前1小时左右点燃，释放烟雾，这些烟雾不但本身能产生一定的热量，而且还能够阻挡地面热量散失，从而达到提高果园温度、预防霜冻的作用。

二、提高坐果率

在合理配置授粉树的前提下，采取以下措施：

（1）抓好采果后补肥和早施基肥，促进花芽良好发育，增加树体贮藏营养，减少败育花。

（2）花期果园释放壁蜂或蜜蜂，或采取人工辅助授粉，提高坐果率。

（3）在花期和幼果发育期，隔7~10天喷洒一次0.3%磷酸二氢钾、0.5%硼砂或复硝酚钠1500倍液，可提高坐果率，减轻落果。

三、果实套袋

1.品种选择

应选择果个较大、果肉硬度好、果实品质优的中晚熟品种套袋。如：美早、布鲁克斯、宾库、拉宾斯、胜利、甜心等。

2.果袋选择

果袋按大小分有大果袋（8.5厘米×11.5厘米）和小果袋（7.5厘米×10.5厘米）两种，按质地分有单层蜡质纸袋和单层白色纸袋两种。在选择纸袋时，一般应选用单层白色小果袋，每个果袋套1~2个果实。果型较小的品种，也可选用大果袋（8.5厘米×11.5厘米），如滨库、甜心等，每个果袋最多可套3个果实，减少用工量。蜡质纸袋透光性好，川道地区或山阴坡果园中，生长期较短的美早、布鲁克斯等品种，可促进套袋果实提早转色，适当提高可溶性固形物含量。但在光照较强的山地台田果园、阳坡果园，尽量避免使用蜡质纸袋，以免发生果实日灼的发生。

3.套袋时期及顺序

套袋应在果实硬核期开始，按照不同品种成熟期的先后顺序进行。每棵树套袋时，应按先上部、后下部，先内膛、后外围的顺序进行，减少人为碰撞造成的损失。

4.套袋方法

套袋方法应掌握"撑、套、折、压、扎"等技术要点。用手将袋口撑开，将果实套入，然后从袋口两侧依次按"折扇"方式折叠袋口，将扎丝弯曲扎紧袋口折叠处，使果实处于果袋的中央。

注意事项：一是要在套袋前全园喷施一次保护性杀菌剂。二是要选择果实发育正常，光泽度较好的果实，避免将茶翅蝽、卷叶虫、金龟子为害过的虫果及生长发育不良的柳黄果或畸形果套入袋内。三是一个果袋套两个果实时，最好选择同一花序上生长的两个果实。四是要扎紧袋口，避免害虫或雨水从袋口处进入果袋，引起病虫害或造成裂果。五是操作要轻，由于樱桃果实果柄较细较短，在套袋时动作一定要轻，以免扭伤果柄，造成后期果实发育不良甚至落袋落果。

四、预防采前裂果

(1)采取果园种草、树盘覆盖等措施,减少土壤水分蒸发,保证果实从硬核到成熟期土壤湿度相对稳定。遇到干旱需灌水时,采取少量多次的办法,避免土壤忽干忽湿。

(2)在果实坐果后至采收前,叶面喷洒2~3次钙肥,可选用6%氯化钙、黄腐酸钙600倍液、氨基酸硼钾钙1000倍液等。

(3)与防御花期低温冻害结合,利用果园防冻设施搭建防雨棚,进行避雨栽培,预防裂果。

(4)果实套袋后,可避免雨水与果实接触,减轻果实裂果。

第七章　保护地栽培

天水市地处西北黄土高原冷凉区,大樱桃自然休眠期为10月底至翌年3月中旬,特别是部分海拔较高的产区,树体进入休眠期较早,且日均温很快会降到7.2℃以下,非常有利于开展设施促成栽培。根据近几年生产实践,促成栽培一般4月上旬果实上市,正好处于露地樱桃成熟前的空档期,售价可达120元~160元/千克,经济效益十分可观。

一、园址选择

选择背风向阳、土层深厚、地下水位低、排水良好、有灌水条件的地块建园,土质以砂壤土或壤土为宜,地势开阔、光照条件好、空气流通、交通便利。

二、设施类型

1. 日光温室

又称暖棚,由二代日光温室演化设计。由于大樱桃为多年生果树,树体高大,开花坐果期对棚内温湿度的要求较严格,因此,用于大樱桃促成栽培的日光温室跨度大、高度高,还要有良好的保湿蓄热性能。

目前,国内大樱桃日光温室促成栽培设施与技术非常成功,其日光温室主要结构参数如下:整体高度3.5~4米,跨度8~9米,长度一般为50~60米,后墙内高2.5米左右、外高3~3.5米。后屋面厚度1米左右,水平宽度1.4米,后坡宽度1.8米左右。后墙及山墙厚度1.0米,为双层墙体,内外均为40厘米空心砖,夹层为20厘米的保温材料。前屋面采用全钢构一体化半圆拱架,拱架由上下双弦及其内焊接的拉花构成。钢拱架上的下弦延长与后坡宽度相等,然后再垂直下弯1.2米,架在后墙的内墙上,无立柱。前屋面钢架分下、中、上部三段弧面,与地面形成的屋面角分别为下部(底角)40°~60°,中部(距底角约1.5米处)30°~40°,上部(拱架中段)20°~30°。方位角以南偏东7°为宜,充分利用早阳,有利于早晨快速升温。温室必须配备保温被,寒冷的地区后墙外可堆土提高保温性。

2. 塑料大棚

保温性不如日光温室,冬季低温时需要采取辅助加温措施,因此俗称冷棚。目前,山东临朐县采用塑料大棚开展大樱桃促成栽培面积较大,大棚设计及配套管理技术在国内处于领先地位。天水市部分企业采用临朐模式开展大樱桃促成栽培取得了初步的成功,现将棚体结构特点简要介绍如下：

大棚南北走向，一般为两连栋，全钢架结构，矢高4.5米，肩高2米，单拱跨度8米，长度依地形而定，不超80米。主骨架采用DN65镀锌钢管制作而成，副骨架采用DN32的镀锌钢管制作而成，排布时按一根主骨架、一根副骨架间隔1米交替排列。从棚顶部开始，隔1米用8号镀锌铁丝顺棚体走向将所有骨架串在一起，使棚体更加牢固。在每个拱的两侧和单拱最高处隔4米设有立柱，立柱上固定横悬梁，梁上固定钢架圆拱。在每个单拱的肩部都配有集雨槽，扣棚时在拱的最高处和肩的中下部预留上、下通风口，配有自动化控温与通风设备，单拱的最高处外部安装保温被和自动卷帘设施。大棚内部配备临时加温设备、肥水一体化设备、循环风机等。

在大棚设计时应注意以下几点：①大棚的方向。也就是屋脊的走向，应以南北走向为宜，有利于充分利用太阳光线，减轻冬春主风向的迎风面，降低风阻。②大棚的面积。棚内土地面积与棚膜表面积的比值为0.6~0.7为宜。大棚的保温性能是由大棚内的土地面积与大棚的屋面表面积决定的。棚内白天为吸热体，晚上为放热体，棚内面积越大，保温比值也越大，棚内温度白天上升较慢，夜晚降温也较慢，室内温室相对稳定，有利于温度控制。但棚体过大时，风雪负荷的能力相应下降。从目前生产情况看，以两连栋较为适宜。③道路与棚间距。在建设大棚群时，以两个大棚为一组。每组大棚间保留3~4米的通道，棚头与棚头间留5~6米，修筑主干道和排水通道。④大棚单拱跨度。应从栽植行距、方便管理和大棚的使用性能等方面综合考虑。太窄土地利用率低、管理不方便，太宽则棚面弧度减少，牢固性和承受力下降。⑤大棚的长度。过短时，棚内土地面积与棚体表面积的比值小，棚内温度变化剧烈；过长时通风不畅，湿、热不易排出。⑥大棚的高度。大棚整体较高时，升温期温度上升慢，通风换气速度快；降温期因表面积大，散热较快，保温性差。过高时热空气易上升在顶部，不利于早熟栽培；过低时，棚面弧度小，积雪不易下滑，易使棚体受损。⑦大棚的抗风雪能力。北方地区冬春季冷空气频繁，设计大棚时首先应考虑大棚对风雪的承受能力。除了保证建造大棚的材料结实耐用之外，与大棚设计的高跨比（即拱的高度与单拱跨度的比值）有密切的关系。经验表明：塑料大棚的高跨比以0.3~0.4为宜，当高跨比增大时，棚面坡度就大，积雪易滑落。但在风力较大的地区，高跨比较大时，会增加风阻，影响棚体安全。

三、促成栽培技术

1.品种及苗木要求

与露地一样，品种选择的正确与否是决定设施栽培成败的前提。由于设施栽培的特殊性，选择品种要遵循以下几点：一是要选择果实品质优、市场售价高、耐贮运的品种；二是促成栽培要尽量选择生育期短的早熟或早中熟品种；三是要选择树体紧凑、易成花、坐果率高、丰产性好的品种，最好选择自花结实的品种；四是要选择需冷量低、抗逆性强的品种。

目前，生产上适用于保护地栽培的优良品种有：红灯、乌梅极早、美早、含香、维卡、萨米脱、宾库等。

苗木尽量选择矮化或半矮化砧木,要求芽眼饱满、根系发达、无病虫害,长途运输或假植过的苗木栽植前用清水浸根12小时,用根癌宁(K84)30倍溶液浸根5分钟进行消毒处理。最好选用3~5年生带分枝大苗栽植,以达到提早结果、降低生产成本的目的。

2.栽植密度与树形

保护地栽培一次性投入较高,为了提高土地利用率,应适当加大栽植密度。以矮化砧木建园的,可采用(2~2.5)米×4米的株行距;以普通砧木建园的,株行距可选择(2.5~3)米×4米。也可采用宽窄行栽植,株距不变,宽行4米,窄行3米。行向以南北向为宜,采用长方形定植方式,有利于通风透光。

保护地栽培一般栽植密度较大,建议采用细长纺锤形或高纺锤形等树形,树高控制在3.2米以下,合理安排结果主枝数量与大小,确保树体通风透光,有利于提高果实品质和减轻病害的发生。

3.温湿度调控及树体管理

(1)休眠期

天水市10月底,日平均温度降至7.2℃以下时,进行促休眠处理,全园树体喷施8%尿素1次或4%的尿素水2次,促进树叶脱落。同时,采取反扣棚管理,即夜间揭开保温被利用夜间低温降温,白天太阳出来前放下保温棉被遮阴,避免阳光直射使棚内温度升高,四周留40厘米缝隙通风,降低棚内光照强度,促进树体提早进入休眠期。

(2)升温期

实践证明:采用促休眠措施50~60天,到12月中旬左右,红灯、美早、拉宾斯、艳阳、萨米脱和先锋等品种,树体完全达到休眠需冷量,完成休眠,即可进行升温管理。

升温前1~2天,全树喷施一次5波美度的石硫合剂。选晴朗无风天气扣棚膜,扣棚当天全园树体均匀喷施破眠剂(50%单氰胺70倍液),以促进萌芽。扣棚后,白天卷起保温被开始升温,晚上放下保温被保温。刚开始升温时,白天温度控制在8℃~10℃,夜间温度保持在3℃~5℃,隔2~3天提高2℃左右,最终使白天温度控制在15℃~18℃,夜间温度在5℃~8℃。升温后2~3天,选晴天全园浇1次透水。浇水前必须把水加热,保证出水温度15℃~17℃,入土水温13℃左右,同时地面覆黑色地膜,提高地温,促进根系活动。一般从开始升温到芽体萌发控制在40~45天,不可升温太快,否则易形成败育花。若升温期遇低温寒潮(棚内夜间温度低于3℃左右),应及时采取加温措施,棚内点燃加温炉升温。

升温期应特别注意事项:一是升温浇水时,必须把水加热至15℃~17℃。如果出水温度低于地温较多时,会使大樱桃树体出现生理代谢障碍甚至死树。二是在大樱桃不同生育期都要特别注意通风换气,尤其是使用燃煤加温设施时,严防一氧化碳等废气对敏感的芽、花器和幼果毒害,造成减产或绝收。三是加温取暖时要严防大棚周边发生火情,危害大棚安全生产。

(3)萌芽开花期

在无连续低温阴雨天气的正常年份,12月底至1月上旬,芽体开始膨大,1月中旬进入初花期,

1月下旬至2月上旬为盛花期,整个开花期持续15~20天。

初花期棚内白天温度控制在22℃~23℃以下,夜间温度保持在10℃以上,空气相对湿度为50%~60%。盛花初期温度不能超过23℃,否则会影响授粉受精和坐果。在整个花期,可人工点粉、喷施坐果剂等措施促进授粉,提高坐果率。

进入盛花期后,可间隔10天喷一次0.3%尿素+0.3%硼砂,提高坐果率和果实品质。花量大时,疏除细弱果枝上的小花和畸形花。果实生理落果后疏除小果、弱果、并生果、畸形果。叶片数不足5片的弱花束状果枝,一般不宜保留果实。花期和花后,适当控制灌水,防止因灌水导致设施温室内的空气湿度增加,引起树体新梢徒长。

坐果后要特别注意通风换气,降低空气湿度。温度控制在25℃左右,相对湿度控制在60%以下。用风机吹除或人工摘除的方式及时去掉果柄上残留的花萼,防止因湿度过大而滋生霉菌,引发病害。

(4)果实发育期至成熟期

谢花后至果实成熟期,大棚内空气相对湿度控制在50%~60%。幼果期,棚内白天温度控制在23℃~25℃,夜间温度在12℃~15℃;果实膨大期至成熟期,棚内白天温度控制在25℃~26℃,夜间温度15℃左右,棚内昼夜温差要达到10℃以上,促进果实糖分积累。此时期大棚内极易出现高温,白天注意遮阳降温,全天加大通风换气,最高温度不能超过28℃。果实着色期,在树冠下铺设银色反光膜,利用反射光改善树冠下部、内膛果实的光照条件。经常清除棚膜上的灰尘和杂物,提高透光率,增加光照,促进着色。树体管理可参照露地管理,采取摘心、扭梢等夏剪措施,喷施PBO等,控制营养生长,提高果实品质。

(5)果实采收期

可参照露地果实采收标准,按照不同品种果实发育天数确定,也可根据果实着色、含糖量、硬度等指标确定,适期采收。采收过早,影响风味;采收过晚,果实硬度下降,影响口感和贮运。

(6)揭膜

大棚内樱桃果实全部采收完后,开大风口,逐步撤膜,对大树放风锻炼7~10天后,选择多云或阴天、无大风时卷起或撤掉棚膜。揭膜后按露地栽培方式进行树体管理。

第八章　病虫害防治

一、侵染性病害

1.樱桃根癌病

樱桃根癌病又名根瘤病,由根癌细菌侵染引起,主要危害樱桃根系。病菌主要通过嫁接口、机械伤口等各种伤口侵入,也可通过气孔侵入,病菌侵入后刺激周围细胞加速分裂,形成癌瘤。发病初期,瘤状物外表白色,表面粗糙,内部质地较软。随着树体生长,瘤体不断增大,表面变成褐色,表层细胞枯死,内部木质化。造成根系发育不良,地上部分生长衰弱,严重时死树。

防治方法:

(1)选用抗病性较强的砧木,如:兰丁系列、吉塞拉系列等,最好使用组培繁育的脱毒砧木。

(2)育苗和建园时忌重茬。苗圃地应选在没有栽过核果类苗木的地块;建园时若前茬为核果类,须间隔3年以上。

(3)选择无病菌苗木及苗木消毒。苗木定植前,认真检查,淘汰病苗。对染病苗木先用利刀刮除病瘤,然后用1%硫酸铜浸泡5分钟,再放入2%石灰水中浸泡1分钟;也可用K84液30倍或3%次氯酸钠浸泡3分钟,杀死附着在根部的病菌。刮下的病瘤应立即烧毁,不可做深埋处理。

(4)田间作业时,尽量避免对树体造成伤口;土壤增施有机肥,促进根系健壮生长;适当施用酸性肥料,使土壤环境不利于病菌生长与传播。

2.樱桃褐斑病

樱桃褐斑病主要危害叶片。病菌主要以菌丝体或子囊壳在病残落叶上或枝梢病组织内越冬,翌年春季产生子囊孢子或分生孢子,借风雨或气流传播。5月下旬叶片刚长成时病菌开始侵入,6月中旬开始发病,8~9月进入发病盛期。温暖、多雨的条件易发病;树势衰弱、树冠密闭、湿气易滞留的果园发病重。

防治方法:

(1)农业防治。冬春季彻底清除果园残枝落叶,剪除病枝,集中烧毁。

(2)加强果园管理。合理修剪,保持果园通风透光良好,雨季及时排水,防止湿气滞留;增施有机肥,增强树势,提高抗病能力。

(3)药剂防治。萌芽前全园喷洒5波美度石硫合剂。从6月上旬开始,20天左右喷洒一次杀菌剂。第一次药剂可选用多抗霉素800倍液、或1.8%噻霉酮水剂800倍液,避免使用粉剂和唑类杀菌剂,以免影响果实品质。从6月下旬果实采收后,药剂可选择80%代森锰锌800倍液、70%甲基托布津1000倍液、43%戊唑醇3000倍液、20%苯醚甲环唑3000倍液等,间隔20天左右,共喷施2~3次。

3. 樱桃流胶病

樱桃流胶病包括生理性流胶病和侵染性流胶病两种。生理性流胶病由各种伤口(冻害、病虫害、雹害及机械伤等)或栽培管理不当(施氮肥过多、修剪过重、结果过多、土壤黏重等)引起;侵染性流胶病由真菌侵染所致。主要危害主干和主枝分叉处,小枝条、果实也可受害。

防治方法:

(1)增施有机肥,合理施用氮肥,低洼积水地注意排水;合理修剪,修剪时将树上病枯枝剪除烧掉,减少流胶病菌;合理负载,增强树势;越冬前树干涂白,预防冻害和日灼伤。

(2)芽萌动前,对全树喷布5波美度的石硫合剂或1.8%噻霉酮600~800倍液,以杀灭树皮浅层流胶病菌;及时防治树上的害虫如介壳虫、天牛等。

(3)春季用刀刮除胶块,以树皮露出淡绿色为止,然后涂抹杀菌剂(1.8%噻霉酮或20%过氧乙酸原液或20波美度石硫合剂原液等),然后用塑料薄膜包扎密封,于落叶后解除包扎。

4. 樱桃细菌性穿孔病

樱桃细菌性穿孔病病原为黄单孢杆菌和假单孢杆菌,病原菌单独或混合侵染,主要危害叶、枝和果实。叶片受害形成穿孔,枝条受害形成褐色至紫褐色病斑,伴有流胶,果实受害后在果实表面出现褐色至紫褐色病斑。病菌在枝条的病组织内越冬,春季随气温升高,病菌从病组织中逸出,通过风、雨或昆虫传播,由叶片的气孔、枝条和果实的皮孔侵入。

防治方法:

(1)农业防治。增施有机肥,避免偏施氮肥,培育壮树,增强抗病能力;合理修剪,保持果园通风透光良好,降低果园湿度;避免樱桃、桃、杏等果树混栽,以防病菌交互感染;及时剪除树上的病枯枝,消灭越冬菌源。

(2)化学防治。树体发芽前全树均匀喷洒4~5波美度石硫合剂或1:2:100倍量式波尔多液,消灭在枝条溃疡部分越冬的病菌。果树生长季节,从坐果开始隔10天喷一次70%代森锰锌可湿性粉剂800倍液、65%代森锌可湿性粉剂500倍液、1000万单位农用硫酸链霉素原粉3000~5000倍液。受害严重的果园可隔10天喷一次硫酸锌石灰液(硫酸锌1份、石灰4份、水240份)。

二、生理性病害

1. 缺铁黄化

樱桃缺铁黄化病多发生在嫩梢新叶上,初期叶脉间叶肉褪绿,失去光泽,然后逐渐变成黄白色,但叶脉保持绿色,使叶片上的绿色呈网纹状。黄化程度加重时,除较大的叶脉外,全叶变黄色,直至黄白色,严重时沿叶缘向内焦枯。

引起樱桃缺铁黄化的因素很多。盐碱地或碳酸钙含量高的碱性土壤,可溶性的铁盐不能被吸收利用;含锰锌过多的酸性土壤,铁易变为沉淀物,不利于植物根系吸收;土壤黏重、排水不良、地下水位高的低洼地,易导致缺铁黄化;果园土壤缺磷也可导致缺铁黄化。

防治方法:

(1)选用抗黄化和耐碱性的砧木,如ZY-1、吉塞拉6号等。

(2)加强栽培管理,低洼积水果园,注意开沟排水,春旱时用含盐低的水灌溉压碱,减少土壤含盐量;间作豆科绿肥,增施有机肥,改良土壤。

(3)喷施铁肥。发病严重果园,生长季节喷施0.3%~05%硫酸亚铁溶液或0.1%~0.2%柠檬酸铁溶液两次;或于果树中、短枝顶部1~3片叶开始失绿时,喷施黄腐酸二胶铁200倍液,也可在叶面喷施0.5%螯合铁。

(4)土施铁肥。果树萌芽前(3月下旬至4月上旬硫酸亚铁与腐熟的有机肥混合,挖沟施入根系分布范围内。也可在秋季结合施基肥,将硫酸亚铁1份与有机肥5份混合施入;或用有机铁肥120~180倍液,0.3%尿素混合施用,效果更好。

2.樱桃缩果病

樱桃缺硼缩果病主要表现在果实上,严重时新梢和叶片也发病。果实发病,果面初期暗绿色,后期变暗红色;果肉变褐至暗褐色,逐渐坏死;病部干缩、硬化、下陷、变畸形。樱桃缺硼缩果病因树体中缺少果实生长发育所需硼素引起。此病的发生与土壤营养状况关系密切。碱性土壤硼呈不溶状态,植株根系不易吸收;钙质较多的土壤,硼也不易被吸收。土壤过于干旱,影响硼的可溶性,根系难以吸收利用;瘠薄的山地或砾质沙滩地果园,土壤中硼酸盐类易流失,果园发病重。干旱年份或干旱地区果园发病重。

防治方法:

(1)加强栽培管理。改良土壤,增施有机肥,搞好果园水土保持。

(2)土施硼肥。结合秋施基肥或花前追肥,施入硼砂或硼酸,施用量因树体大小而异。施后立即灌水,防止产生药害。施用一次肥效可维持2~3年。

(3)根外追肥。花前、花期及花后各喷洒1次0.3%硼砂液。

三、虫害

1.樱桃果蝇

樱桃果蝇是近些年为害樱桃果实的一种重要害虫,其为害程度与20世纪80年代中期桃小食心虫为害苹果相类似,果农称这种害虫为"樱桃食心虫"。受害后的大樱桃果实不能食用和销售,严重影响了大樱桃的经济效益,成为大樱桃栽培中的一个突出问题。

樱桃果蝇主要为害樱桃果实,成虫将卵产在樱桃果皮下,卵孵化后以幼虫蛀果为害。幼虫先在果实表层为害,然后向果心蛀食,果实逐渐软化、变褐、腐烂。受害初期的果实不易发觉,随着幼虫的取食,为害处发软,表皮水渍状,稍用力捏便有汁液冒出,进而果肉变褐。一般幼虫在果内取食5~6天后,便发育成老熟幼虫,然后咬破果皮脱果,脱果孔1毫米大小。一个果实上往往有多头果蝇为害,幼虫脱果后表皮上留有多个虫眼。被果蝇蛀食后的果实很快变质腐烂,失去食用和商品价值。

果蝇对大樱桃的危害与果实成熟度、果肉硬度及果实颜色等因素密切相关。

防治方法:

(1)人工防治。大樱桃成熟前,清除果园边的杂草、落叶、腐烂水果等;大樱桃成熟期及时清理落地果、裂果、病虫果及其他残次果。

(2)物理防治。利用糖醋液等诱杀果蝇成虫。大樱桃红灯品种成熟前7~10天,果蝇成虫在田间连续活动时,在田间放置或悬挂糖醋液。具体方法:按糖:醋:酒:橙汁:水=1.5:1:1:1:10的比例配制糖醋液,将配制好的糖醋液盛入口径约20厘米、深约8厘米的塑料盆中,每盆400~500毫升,盆口上方配备防雨盖或安置防雨塑料布,悬挂于树下阴荫处。每亩10~15处,多数悬挂于接近地面处,少数悬挂于距地面1米和1.5米处。每日捞出诱到的成虫杀死或深埋,定期补充诱杀液,使其始终保持原浓度。樱桃采收结束后不再放置糖醋液。

(3)化学防治。

①树上防治:在防治园悬挂糖醋液的同时,树上喷施纯植物性杀虫剂清源保(0.6%苦内酯)水剂1000倍液、0.3%苦参碱水剂1000倍液、短稳杆菌悬浮剂3000倍液等,3~5天一次,直到果实成熟前5天停喷。喷施时每株树重点喷施内膛部分。

②地面防治:进行树上防治的同时,在果园地面、地埂杂草丛生处,喷施无公害杀虫剂,10天后重喷一次。所选农药有2.0%阿维菌素4000倍液、2.5%高氯氟氰菊酯1000倍液等。喷药时仅喷杂草丛生处,无草地面可不喷。

(4)适期采收。樱桃成熟后及时采收,可避免果蝇为害。

(5)果实套袋。果实套袋后,可避免果蝇为害。

2. 桑白蚧

该虫以雌成虫和若虫群集在枝条上刺吸汁液,受害枝条生长不良,严重时被害枝枯死。在天水市,桑白蚧一般1年发生2~3代,以受精雌成虫在枝条上群集越冬。翌春果树萌芽时,越冬成虫开始吸食枝条汁液,虫体随之膨大。4月下旬开始产卵,5月上旬卵开始孵化。初孵化若虫分散爬行到2~5年生枝条上取食,7~10天后,便固定在枝条上,分泌棉毛状蜡丝,逐渐形成蚧壳。第2、3代若虫发生在7月中旬,9月初出现雌成虫,雌雄交尾后雄虫死亡,雌虫继续为害至9月下旬后开始越冬。

防治方法:

(1)休眠期,枝条上的雌虫介壳显而易见,可用硬毛刷刷掉越冬雌虫。修剪时,剪除虫体较多的辅养枝。

(2)红点唇瓢虫是桑白蚧的主要天敌,对抑制其发生有一定作用,应注意保护。

(3)药剂防治

①3月下旬发芽前,用5波美度石硫合剂涂刷枝条或喷雾,或用95%蚧螨灵(机油乳剂)喷雾,均能有效地消灭雌成虫。

②卵孵化盛期(5月上旬和7月初)是防治的关键时期,可喷洒48%毒死蜱乳油1500倍液,混入0.1%~0.2%的洗衣粉或增效剂,对已开始分泌蜡粉蚧壳的若虫有很好的杀伤作用。

3.茶翅蝽

茶翅蝽属半翅目蝽科,又称臭椿象、臭大姐、臭屁虫。以成虫和若虫刺吸叶片、嫩梢、果实的汁液,吸食部位细胞死亡,组织硬化,形成畸形果。该虫在天水市一年发生1代,以成虫在空房、树洞、墙洞等较温暖的隐蔽处越冬。4月下旬出蛰,5月下旬产卵,6月中下旬为卵孵化盛期,7月上中旬出现当年成虫。成虫和若虫受到惊扰时,分泌臭液逃走。

防治方法:

(1)冬季捕杀越冬的成虫,产卵期摘除卵块,孵化期及时捕杀若虫。

(2)从5月上中旬开始,隔20天左右喷药防治一次,药物可选用20%氰戊菊酯3000倍液、5%高氯甲维盐1000倍液等。

4.樱桃实蜂

樱桃实蜂属膜翅目叶蜂科,在天水市一年发生1代,以老龄幼虫结茧在树下土壤中滞育,12月中旬开始化蛹越冬。翌年3月下旬樱桃花芽露白时羽化,产卵于花萼下。落花坐果期,初孵幼虫从果顶蛀入果实,取食种子的胚。5月上中旬老熟后的幼虫从果柄附近咬一脱果孔落地,钻入土中结茧滞育,准备越夏越冬。受害初期果顶出现浅褐色的小黑点,后果顶变为淡红色,手捏易扁。害虫脱果后受害果变黄,大量脱落,为害严重时果实受害率达90%以上,造成毁灭性损失。

防治方法:

(1)人工防治。入冬前浅翻果园10~15厘米,冻死部分越冬害虫。早春萌芽前,全园覆盖地膜,阻止越冬害虫出土化蛹。4月中旬幼虫尚未脱果时,及时摘除虫果深埋。5月上旬害虫脱果前地面覆盖塑料薄膜,以阻止幼虫入土夏眠。

(2)药物防治。初花期和落花期分别喷施甲维盐或功夫一次,防止成虫产卵和幼虫蛀果。5月上中旬害虫脱果后,将50%辛硫磷乳油或48%毒死蜱乳油200倍液均匀喷施于果园地面,轻轻耙入土内,杀死脱果幼虫。

5.梨小食心虫

梨小食心虫主要以幼虫从新梢顶端2~3片嫩叶的叶柄基部蛀入危害,顺枝条髓心下蛀食,新梢顶端逐渐萎蔫,蛀孔外有虫粪排出,并常流胶,随后新梢干枯下垂。梨小食心虫在天水1年发生4代,主要以老熟幼虫在树冠下表土层、粗翘皮缝隙中、树枝堆放处等越冬。

防治方法：

（1）人工防治。早春发芽前刮除粗翘皮，集中烧毁；8月在主干上绑草束，诱集越冬幼虫，于冬季取下烧毁。春夏季及时剪除被蛀虫梢并烧毁。

（2）物理防治。在成虫发生期夜间用黑光灯诱杀，或在树冠内挂糖醋液盆、性诱剂诱杀。

（3）化学防治。各代成虫发生盛期后3~5天，喷洒高效低毒杀虫剂，如5%高氯甲维盐1000倍液等。

6.叶螨类

为害大樱桃的叶螨类主要有山楂红蜘蛛和二斑叶螨（俗称白蜘蛛）。成螨、若螨均刺吸芽体、叶片等的汁液。芽体受害后不能正常萌发，叶片受害初期呈现灰白色失绿小斑点，随后扩大连成片。二斑叶螨有吐丝结网的习性，严重时全树叶片苍白、焦枯、早落，造成树势衰弱，影响花芽分化和来年产量。在天水市每年发生5~13代，均以受精雌螨在树干分叉处、老粗翘皮下及树干附近的土壤缝隙中越冬。早春气温回升后，3月下旬至4月上旬出蛰为害。先为害芽体，展叶后到叶背为害。6月下旬至7月上旬为每年的为害高峰期，干旱少雨的年份尤为严重。

防治方法：

（1）保护和引放天敌。叶螨类的天敌主要有食螨瓢虫、草蛉、捕食螨等。

（2）人工防治。果树落叶前，在树干上绑缚麻袋片、草把或瓦楞纸，诱集越冬的雌螨，开春萌芽前集中烧毁。同时，休眠期刮除树干、枝杈等处的老粗翘皮，减少害螨的越冬场所。

（3）药剂防治。春季萌芽前全树喷施5波美度石硫合剂。全年抓住开花前和麦收前两个防治关键时期，可有效控制叶螨为害，起到事半功倍的效果。防治药剂有20%哒螨灵2000倍液、1.8%阿维菌素3000倍液、25%三唑锡1500倍液等。选择农药时应注意选择兼杀成螨、若螨、卵的农药，提高防效。

第九章　果实采收、分级、包装和运输

一、果实采收

1.采收期的确定

适时采收不仅能保证大樱桃果实品质达到最佳,也能保证取得最好的经济效益。目前,生产上大樱桃普遍早采,虽然抢占了市场,但由于没能达到充分的成熟度,品质不佳。随着大樱桃栽培面积的不断扩大和果品产量的逐年增加,消费者对高品质大樱桃的需求量也日益增大。因此,适当晚采将是今后大樱桃的发展趋势。科研上应在改进包装和贮运技术上进行研究,使得充分成熟的果实也能长距离运输,延长货架寿命。

生产实际中,确定采收期的方法有多种:一是根据市场需求采收。若为远距离运输、异地销售,则应适当早采,在果实八成熟时采收,果实软的品种更应如此;若为当地就近销售,应适当晚采,采的过早往往品质较差,无法达到该品种应有的风味和品质。二是根据贮加工的需要安排采收期,做鲜食果品贮藏增值的,宜在八成熟时采收;做酿酒、制汁、制酱原料的,要在充分熟时采收;做制罐原料的,可在八成熟时适当早采。三是根据品种特性安排采收期,凡是软肉、易裂果品种适当早采,可在八九成熟时采收;凡是果肉较硬、不易裂果的品种,可待其充分成熟时采收。四是根据天气情况决定采收期,若果实已达八九成熟,遇阴雨、大风天气时适当早采。

另外,同一株树上不同类型的结果枝由于开花期不一致,果实成熟期会不同,必须分期、分批采收,同一果园不同植株间更是如此,不可强求一律。

2.采收方法

根据果实用途不同,大樱桃采收可分为机械采收和人工采收。凡是用于制汁、制酱、酿酒用的果实,可以采取机械采收,因此类果实要充分成熟时采,果梗已产生离层,故较易采摘,目前一些发达国家已采用。用于鲜食或制罐的果实全部要采取人工采摘,采摘时要做到轻摘、轻放、轻装、轻卸。采摘人员最好戴上手套,以免伤及果实。采收果筐要轻便,不宜过大,筐内要柔软,应衬上一些有弹性的棉布,并将边缘包扎好,以防刺伤果实。采果的顺序应该是由上而下、从外围到内膛。采摘时,手握果柄,用食指顶住果柄基部,轻轻掀起即可采下。果实采下后将其轻轻放在筐内,尽量减少碰撞。采果时还应防止折断果枝、破损花芽,以免影响来年产量。

大樱桃的采收一般分2~4次,采收时还要注意选择适宜的天气条件,阴雨天、露水未干或有大雾时不采,以防果实表面潮湿或有机械损伤而引起病原微生物侵染。

大晴天的中午或气温过高时,避免采果,因为此时果实温度过高,田间热不易散发,果实易腐烂。最好选择天气晴朗的上午采收。采收后,及时把果实放在阴凉处,散去果实内的热量,防止闷焐高温,使果实腐烂变质。有条件的果园应在采后2小时内把果实运送到预冷车间,进行预冷、杀菌、分级、保鲜处理。

二、分级

大樱桃果实在采收后要先进行挑选,剔除尚未成熟的青绿小果、过分成熟果、病果、裂果、虫果、鸟害果、霉烂果、机械损伤以及混入本品种的其他品种果实。然后以果个大小进行分级,再将分选后的果实装入果箱之中。

分级是根据大樱桃的大小、重量、色泽、成熟度、新鲜度以及病虫害、机械损伤等商品性状,按照国家规定的内销、外销分级标准,进行严格的挑选、分级。分级是保证水果质量的重要措施,是果实达到商品标准化的重要步骤。通过分级可使果品规格一致、大小整齐、优劣分明。

果实的挑选分级,应根据不同品种的特性,考虑内销和外销的不同要求,制订不同的标准。目前市场上有根据单果重大小分级和根据果径大小分级两种方法,要结合具体情况进行分级。表2-2为陕西省大樱桃果实采摘分级标准,供参考。

表2-2　鲜销大樱桃果实分级规格参考标准

项目	特级	一级	二级
果实大小与果形	大于10克,具有本品种的典型果形,无畸形果	8~9.9克,具有本品种的典型果形,无畸形果	6~7.9克,具有本品种的典型果形,允许有5%的畸形果
色泽	具有本品种的典型色泽,深色品种全面着色,浅色品种着色达2/3以上	具有本品种的典型色泽,深色品种全面着色,浅色品种着色达1/2以上	深色品种全面着色,浅色品种着色达1/3以上
果面	鲜亮光洁,无磨伤、无果锈、无灰霉污斑、无日灼	鲜亮光洁,无磨伤、无果锈、无灰霉污斑、无日灼	鲜亮光洁,无磨伤、无果锈、无灰霉污斑、无日灼
果柄	带有完整新鲜的果柄,不脱落	带有完整新鲜的果柄,不脱落	带有完整新鲜的果柄,不脱落
损伤与病虫害	无破裂口、无碰压伤、无病虫害	无破裂口、无碰压伤、无病虫害	无破裂口、无碰压伤、无病虫害

三、果实包装

1.包装材料的选择

大樱桃果实小而柔软,不耐挤压,因此,包装材料要求具有质地坚固不易变形、能承受一定的压力、无不良气味、大小适宜、便于堆放搬运、内部平整光滑、不对果品造成污染等特性。目前中国各地使用的包装材料有纸箱、纸盒或塑料箱、塑料盒、泡沫箱、钙塑箱等,尤其是泡沫箱更为生产者看重。选用木箱或纸箱包装,要在箱子上打些小孔,以利于通风透气,箱体应注明商标、品种、产地、重量、等级、数量、日期等,如批准为无公害食品或绿色食品,还应有相应的标志及包装设计规格等。

2.包装方法

装箱时先垫好衬纸,轻拿轻放,保护好果面。装好后要轻轻摇动果箱,使果实挨紧靠实,以免运输中碰撞挤压。

大樱桃属于高档果品,果实宜采用小包装。目前较适宜的小包装规格为1~5千克/件,以1~2.5千克/件最为消费者接受,国际市场通行的小包装为300克/件。

四、果实运输

大樱桃果实不耐运输,为了保持其固有的品质、提高商品性,在运输中要求快装、快运、快卸,同时要保证轻拿轻放。要注意以下四点:

1.运输前要预冷

果实采摘后带有田间热量,含水量较高,若不及时预冷降温,在运输中尽管采用冷藏车,也不易将果品温度降到适宜的贮藏温度,这样会缩短果品贮藏寿命,甚至导致腐烂变质。预冷可以在冷库内采用鼓风冷却系统,降低果面温度。

2.轻装轻卸

大樱桃属于鲜嫩果品,在搬运装卸中稍一碰压,就会发生破损,导致腐烂。因此,在运输过程中一定要轻装轻卸,防止机械损伤,尽量减少损失。

3.保证运输条件

运输过程中要注意通风,防止日晒、雨淋,防止失水,防热。选择合适的运输天气,最好安排在早晨、傍晚或夜间运输。

4.选用现代化的运输工具

选择冷藏卡车、加冰保温列车或配有降温防冷装置的运输车辆,能够满足大樱桃果品在运输过程中对温度、湿度的要求,可以减少运输过程中的损失。应大力提倡冷链运输、贮藏方式,以保证大樱桃果实的商品性不降低。

附天水大樱桃果园周年管理表。(表2-3)

表2-3 天水大樱桃果园周年管理表

物候期(时间)	工作内容和要求
休眠期(11月中旬至翌年1月下旬)	1.制订全年果园管理计划。 2.清理果园枯枝落叶,降低病虫害越冬基数;树干涂白,涂白剂配方:生石灰5份+食盐2份+动物油0.1份+水20份。 3.防治介壳虫。用硬刷子刷破越冬介壳。 4.有灌溉条件的果园灌封冻水。
萌芽前(2月上旬至3月上旬)	1.休眠期修剪。按树形结构整形,短截、刻芽、回缩、拉枝开角、剪除病虫枝集中烧毁等。 2.沟施或穴施复合肥,施肥后灌水。 3.整理树盘,覆膜保墒。 4.全园喷施5波美度石硫合剂,或其他杀菌杀虫剂进行清园。
开花前(3月中下旬)	1.花前复剪,剪除过多的花枝。 2.有条件的园片花前灌水,推迟花期,预防霜冻。
开花期(4月上旬)	1.准备防冻设施及柴草、煤、防冻剂等,关注天气变化,预防低温冻害或晚霜冻。 2.果园放蜂或人工辅助授粉,提高坐果率。 3.喷洒1~2次磷酸二氢钾、硼砂、碧护等药剂,促进坐果。 4.防治金龟子等害虫。
落花期(4月中旬)	1.叶面喷洒氨基酸液肥、复硝酚钠等,补充树体营养。 2.防治樱桃实蜂等害虫。
果实膨大及新梢速长期(4月下旬至5月上旬)	1.防治实蜂、茶翅蝽、蚧壳虫、梨小食心虫等害虫,刮治流胶病疤。 2.叶面喷施含硼、钙、镁、钾等的氨基酸液肥,促进果实发育。 3.对新梢适当摘心,对生长过旺的树喷200倍PBO,控制旺长。 4.土壤追施水溶性速效肥1~2次,促进果实膨大。 5.开始果实套袋。
果实着色及成熟期(5月中下旬至6月下旬)	1.叶面喷施磷酸二氢钾、生命素、氨基酸硼钾钙等液肥,增大果个,提高果实品质。 2.清理园内及周边杂草,诱集、监测和防治果蝇。 3.采取防鸟措施,树盘小水勤灌,避免土壤忽干忽湿,预防鸟害和裂果。 4.分期分批适时采收果实。
采果及花芽分化期(6月上旬至7月下旬)	1.及时追施复合肥并灌水,补充树体营养。 2.全园细致喷洒1~2次杀虫杀菌剂,防治蚧壳虫、褐斑病等病虫害。 3.清除树上、地面残次果、落果、果核等,集中深埋,降低果蝇越冬基数。 4.进行夏季修剪,调节树体光照,控制枝条旺长,促进花芽分化。
树体后期营养生长期(8月上旬至10月上旬)	1.及时喷药防治以褐斑病为主的叶部病害,确保叶片光合效能。 2.及时清除地面杂草,保证树冠下部通风,减轻病害发生危害。 3.拉枝开角,缓和树势。 4.9月下旬前施入基肥。
营养贮藏期(10月下旬至11月上中旬)	整理总结经验与不足,制订来年的工作计划。

第三篇

花椒高质高效栽培技术

第一章　概　　述

中国花椒栽培已有 2000 多年历史,北魏《齐民要术》中引自春秋时期《范子计然》记载:"蜀椒出武都,秦椒出天水。"现在黄河流域和长江流域的多省广泛栽培,甘肃陇南、天水也是北方主要的花椒产区。据魏安智等统计,2018 年全国花椒面积达 2500 万亩,年产量 30 万吨,年产值 300 亿元。其中以陇南和天水为主产区的甘肃,面积 406 万亩,年产量 5.38 万吨,年产值 43 亿元。其中天水市花椒总面积已突破 70 万亩,形成了栽培、收购、筛选、包装、销售一条龙,其产业规模和产值仅次于苹果。

目前中国花椒加工的种类有精选花椒粒、花椒粉、花椒油和花椒提取物,2017 年加工产值分别为 15%、78%、4% 和 3%。图 3-1。这一比例说明中国花椒的用途还主要集中在调味产品上,花椒提取物和废料的开发利用程度低,花椒保健品、工业用品、饲料、肥料产品的开发力度有待进一步加强。中国花椒产业的健康发展亟待花椒产业链的延伸。

近年来,在花椒市场价格调节的作用下,天水市花椒品种结构总体呈现"大红袍主栽,油椒、豆椒、秦安 1 号缩减,无刺花椒逐渐发展"的趋势。

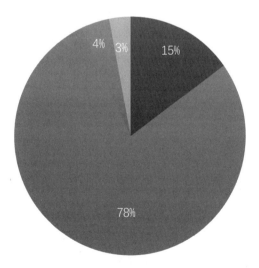

■精选花椒粒　■花椒粉　■花椒油　■花椒提取物

花椒-图 3-1　2017 年全国花椒加工产值比例扇形图

第二章　天水花椒主要品种

一、大红袍

天水大红袍又叫伏椒、麦椒和大红椒等,是天水市栽培面积最大、效益最高的优良品种(图3-2)。(彩图见彩插部分,图序一致便于对照,下同)

花椒-图3-2　大红袍

大红袍花椒树势强,管理水平高的花椒树主干呈灰白色,多年生枝普遍呈灰褐色。一年生枝和花椒苗木,枝条直,分枝少,枝皮上稀疏分布有中等大小的白色皮孔,皮刺较大,呈红色,尖端下勾。叶片为奇数羽状复叶,叶轴边缘有狭翅。小叶5~13片,卵圆形,无柄或近无柄,色深绿,叶面呈波状皱卷。

在天水市,该品种3月上中旬开始萌发,4月初进入快速抽枝期,4月底5月初为花期,6月中旬前后椒果进入快速膨大期,7月上中旬椒果开始转色,7月中旬到8月上中旬成熟采摘。椒果为蓇葖果,聚合伞状结果,椒穗大,通常2~3粒果聚生,4粒聚生的不常见。椒果呈鲜红色,表面密生疣状突起的腺点,经手触碰极易褐化。4.5千克鲜椒可晒制1千克干椒,椒皮厚,麻香味浓郁,品质上乘。

作为目前天水市栽培最多的花椒优良品种,大红袍花椒成熟(7月中旬)早,丰产性强,果皮易开裂,果实成熟为红色,晒干后的果皮呈红色或深红色,麻味浓,品质上乘,商品性能好。适宜在海拔300~1800米的湿润、半湿润、半干旱山区和丘陵地区栽培。缺点是采摘期短(约为20天左右),

喜肥沃湿润,不耐水涝,抗病、抗旱能力较差,经济寿命短,一般为15~20年左右。但是根据生产经验,使用豆椒、油椒等当地传统品种做砧木,嫁接优良的大红袍接穗,生产的花椒苗木抗逆性(抗病、抗冻等)显著增强,同时经济寿命也会增长。

二、秦安一号

秦安一号花椒是秦安县林业局1982年在秦安县郭嘉镇发现的短枝型大红袍变异品种,1994年经甘肃省林木良种鉴评委员会审定,定名为"秦安一号"。较大红袍迟15天左右成熟(图3-3)。

花椒-图3-3　秦安一号

秦安一号1~2年生苗木枝条绿红色,皮刺褐色肥大。小叶9~11枚,叶大肉厚,大小颜色与大红袍叶片相近,但叶片较平展,缺磷时叶片易纵卷且叶面呈红晕,小叶边缘锯齿处腺体更明显,叶子正面有一些突出的较大的刺,背面有一些不规则的小刺。整个植株皮刺较大。盛果期树上的小叶以5枚最为常见,浓绿较厚,光合能力很强。2~3年生枝较软,3~5年生树主干、侧枝层级相当分明,能自然形成开心形树形。

果穗大且紧凑,蓇葖果集中成串,容易采摘。每果穗一般有121~171粒。果实较小,成熟果实鲜红色,表面疣状腺点明显,不易开裂,采收前没有裂口现象,自然晾晒容易。晒制的干果皮能保持红粉色和浓郁的麻香味,市场认可度较高。秦安一号花椒抗干旱,耐寒冷,耐瘠薄,不怕涝,特别是抗寒性优于大红袍花椒,能自然成形且成熟期较大红袍迟半个月,较能有效错开采摘用工荒。但缺点是树形较矮,树势容易衰弱,椒果较小,椒皮较薄,干椒产量低。

三、油椒

油椒又称秋椒、大红椒、二红袍、二性子等,是天水市栽培历史最长的花椒品种。树体较高大,树高2~3米,树体强健,分枝能力强且角度较大,树姿较开张,在自然生长情况下,多为主枝半圆形或多主枝自然开心形,盛果期大树高2.5~3米。1~2年生枝条直立且硬脆,拉枝易折断,且枝条芽结处有明显的折拐,叶片深绿肥厚,质地硬,像鱼鳞,奇数羽状复叶,稀偶数,有小叶5~11片,叶片椭圆形,边缘有细圆锯齿,叶片较尖,叶片表面光滑,蜡质层较厚,有腺点。茎干灰褐色,刺尖而稀,常退化,小枝硬,直立深棕色,节间较长(图3-4)。

花椒-图3-4　油椒

8月上中旬椒果开始转色,9月上旬成熟采摘。果枝粗壮,果穗紧凑,果实近于无梗,但穗柄长,易于采摘。果粒大,直径5~6.5毫米,每穗有单果30~60粒,多者可达百粒以上。果实成熟后深红色,晾晒干后色基本不变,呈红褐色。9月上旬开始成熟,采摘的油椒3.4~4.0千克可晾晒1千克干椒皮。

高产、稳产性优于大红袍,抗逆性强,病虫害少。缺点是成熟相对较晚,在天水市成熟时期为9月初,正是本地的秋雨季节,且当地早熟苹果品种也开始成熟采摘,采摘用工压力大,并且晾晒困难,品相欠佳,价格相对较低。

四、豆椒

又叫白椒,是栽培历史较长的花椒品种之一。随着大红袍的推广,豆椒栽培面积越来越少。

当年生枝绿白色,一年生枝淡褐绿色,多年生枝灰褐色,上面密布白色的皮孔,尤其在主枝根颈部最为明显,可以作为区别品种的一个显著特征。皮刺基部宽大,先端尖薄且易脱落,只剩基部。叶片中等大小,淡绿色,小叶长卵圆形。树势较强,分枝能力强,树姿开张,分枝角度大,易于自然成形,结果容易。

8月中下旬椒果开始转色,9月下旬成熟采摘,成熟前由绿色变为绿白色,成熟时淡红色,果柄粗,果穗松散,颗粒大,果皮厚,鲜果千粒重91克;晒干后暗红色,椒皮品质中等,一般4~6千克鲜果可晒制1千克干椒皮(图3-5)。

花椒-图3-5　豆椒

　　该品种根系丰富,抗逆性强,耐干旱瘠薄土壤,是嫁接无刺花椒和培育嫁接苗的优良砧木。其缺点同油椒。

五、无刺花椒

　　无刺花椒是近年来引进推广的花椒新品种,因结果后枝条上少刺或无刺而得名。目前天水市栽培品种多为"武都无刺大红袍",主要为武选1号和武选2号。此外武都地区金权合作社培育的无刺花椒近年来在全国推广面积较大。国内表现优良的无刺花椒品种有"韩城黄盖无刺大红袍""汉源无刺花椒"等(图3-6、图3-7、图3-8)。

花椒-图3-6　武都无刺大红袍

花椒-图3-7　汉源无刺花椒

花椒-图3-8　韩城黄盖无刺大红袍

无刺花椒是通过嫁接而繁育的品种,除了皮刺明显少于原品种外,其他性状与母株没有明显差异。如武都无刺大红袍是以武都大红袍为接穗的,其果实和叶片性状与武都大红袍无明显差异;韩城无刺花椒以韩城大红袍为接穗,其果实和叶片性状与韩城大红袍无明显区别。此外,在多年生的基础上进行品种更新换优,接穗品种也有皮刺退化现象。

麦积区引进繁育无刺花椒取得成功,部分地区开始推广建园。其缺点是在特别干旱条件下,无刺花椒性状不太稳定,有返祖现象。此外其抗逆性、稳产性,产量和内在品质,以及经济寿命等,还需要持续的跟踪观察。

第三章　花椒育苗技术

花椒育苗方法有实生育苗、压条育苗、扦插育苗和嫁接育苗等。实生育苗方法简便，成本低廉，适合规模化操作，并且实生苗性状稳定，因此生产上广泛应用。无刺花椒通过多次续代嫁接或扦插培育而来。采用实生花椒苗做砧木嫁接繁殖的无刺花椒根系发达，生长快速，抗逆性强。所以一般采用嫁接方法培育无刺花椒。

一、播种育苗

1.种子采集

选择丰产、稳产、抗性强的良种母树采种。当果实充分成熟时，即外果皮呈现出本品种特有的红色或浓红色，种子黑色有光泽，2%~5%的果皮开裂时采种。采回的果实及时阴干，每天翻动3~5次，待果皮开裂后，轻轻地用木棍敲击，收取种子。收取的种子要继续阴干，不要堆积在一起，以免霉烂。每千克种子约为50000粒，可以此参考播种量。

2.种子贮藏

（1）沙藏：把种子和湿沙按照1:2比例混合拌匀。沙的湿度以手握成团，但不出水为度。选择地势高燥、排水良好、避风背阴处挖贮藏坑，坑深30厘米，宽25厘米，坑长以种子的多少而定，坑底先铺10厘米厚的湿沙，然后把混沙的种子放入，离地面10~20厘米时再盖上一层湿沙与地面相平，种子放好后，在地面以上培一土堆，种子较多时，可在坑的中央竖一个草把通气。

（2）干藏：将收取的新鲜种子，漂去空秕粒，摊在阴凉通风处充分阴干，避免阳光曝晒，尤其要避免在水泥硬化的地面曝晒。然后将充分阴干的种子装入开口的容器或装入袋中，不可密闭，放在通风、阴凉、干燥、光线不能直射的房间内。不能在缸、罐及塑料袋中贮放，以免妨碍种子呼吸，降低种子生活力。贮藏期间应经常检查，避免鼠害、霉烂和发热。

3.种子处理

花椒种壳坚硬，外具较厚的油脂蜡质层，不易吸收水分，发芽困难。所以，干藏的种子在春季播种前必须进行种子处理。

处理的方法是：按100千克种子，用碱面（或生石灰、洗衣粉）3~5千克，再加适量的温水，浸泡3~4小时，用力反复揉搓，去净油皮，使种壳失去光泽，表面粗糙且显出麻点。将去掉油皮的种子用清水淋洗2~3次，摊放在背阴处晾干，即可播种。

4.播种时间

(1)秋播：在种子采收后到土壤结冻前进行，这时播种，种子不需要进行处理，且翌年春季出苗早，生长健壮。在10月下旬或11月中旬土壤封冻前播种为宜，播种时间过早，地温高、种子萌发易受冻害，过晚，土壤封冻难以播种，出苗率差。

(2)春播：一般在早春土壤解冻后进行，经过沙藏处理的种子，一般在3月中旬至4月上旬播种，当地表以下10厘米处地温达到10℃左右时为适宜播种期，这时发芽快，出苗整齐，但需随时检查沙藏种子的发芽情况，发现30%以上种子的尖端露白时，要及时播种。

5.播种方法

苗圃地最好选择有灌溉条件的沙壤地。在这样的土地上育苗，管理方便，苗本根系发达，地上部发育充实。苗圃地需要注意轮作，已育过花椒苗的土地最好间隔2~3年时间，否则会使苗木发育不良。

苗圃地要先行耕翻，深度30~40厘米，结合耕翻每亩施入土粪或厩肥5000~6000千克，或者生物有机肥500千克左右。然后整平做畦，一般畦宽1~1.2米，每畦播3~4行。北方一般春季比较干旱，应在播种前充分灌水。播种时，先在畦内开沟，沟深5厘米，将种子均匀地撒在沟内，然后覆土耙平，轻轻镇压，播种后在畦面上覆盖一层秸秆，以利保墒和防止鸟害。在较干旱的情况下，为了有利于保墒，也可以在播种沟加厚覆土2~3厘米，使其成屋脊形，待幼苗将近出土时再扒平，以利幼苗出土。

播种量应根据种子的质量确定，花椒种子一般空秕粒较多，播种量应适当大一些，经过漂洗的种子，每亩播种量40~60千克。

6.苗期管理

(1)间苗移苗：幼苗长到5~10厘米时，要进行间苗、定苗。苗距要保持10厘米左右，每亩定苗2万株左右，间出的幼苗，可连土移到缺苗的地方，也可移到别的苗床上培育。

(2)中耕除草：当幼苗长到10~15厘米时，要适时拔除杂草，以免与苗木争肥、争水、争光。以后应根据苗圃地杂草生长情况和土壤板结情况，随时进行中耕除草，一般在苗木生长期内应中耕锄草3~4次，使苗圃地保持土壤疏松、无杂草。

(3)施肥：花椒苗出土后，5月中下旬开始迅速生长，6月中下旬进入生长最盛时期，也是需肥水最多的时期。这段时间，要追肥1~2次，每亩施硫酸铵20~25千克或腐熟人粪尿1000千克左右。对生长偏弱的，可于7月上中旬再追一次速效氮肥，追施氮肥不可过晚，否则苗木不能按时落叶，木质化程度差，不利苗木越冬。

(4)灌水：幼苗出土前不宜灌水，否则土壤容易板结，幼苗出土困难。出苗后，根据天气情况和土壤含水量决定是否灌水，一般施肥后最好随即灌1次水，使其尽快发挥肥效，雨水过多的地方，要注意及时排水防涝。

二、嫁接育苗

采用嫁接方法育苗,能够使新优品种得到快速扩繁,并且可以实现早果丰产和花椒栽培无刺化。

1.砧木培育

豆椒和油椒根系发达,抗干旱,耐瘠薄,自然生长寿命长,适宜做砧木使用。按实生育苗方法播种培育1~2年,地径粗度达到0.5~0.8厘米即可嫁接。

2.接穗准备

接穗采集时应选择品种确定、树体康健、丰产优质的壮年椒树做母树。用做接穗的枝条应是组织充实饱满、无病虫害,特别是没有检疫对象的1年生发育枝。

花椒嫁接分枝接和芽接,不同嫁接方法对接穗有不同的要求。枝接接穗应在发芽前20~30天采集,选择5~10年生树龄、树冠外围发育充实、茎粗0.8~1.2厘米的发育枝。采回以后,将上部不充实的部分剪去,只留发育充实、髓心小的枝段,将皮刺剪去,按品种捆好。在冷凉的地方,挖1米³的贮藏坑,分层用湿沙埋藏,以免发芽或失水。如需长途运输,可用新鲜的湿木屑保湿,再用塑料薄膜包裹,防止运输途中失水。芽接接穗也应选发育充实、芽子饱满的新梢。接穗采下后,留1厘米左右的叶柄,将复叶剪除,以减少水分蒸发,然后保存于湿毛巾或盛有少量清水的桶内,随用随拿。嫁接要用中部充实饱满的芽子,上部的芽不充实,基部的芽瘦小,均不宜采用。嫁接时将芽两侧的皮刺轻轻掰除。

3.嫁接

(1)嫁接时期:根据当地的物候期选择适宜的嫁接时期。一般树液开始流动、生理活动旺盛时,有利于愈伤组织生成。天水市枝接宜在3月下旬至4月下旬进行,芽接在8月上旬至9月上旬进行。嫁接前20天或1个月,把砧木苗距地面12~14厘米内的皮刺、叶片和萌芽全部除去,以利操作。同时进行1次追肥和除草,促其健壮生长,接后易于成活。

(2)嫁接方法:目前,生产中应用最广泛的嫁接方法有芽接和枝接两种,凡是用1个芽片做接穗(芽)的叫芽接;用具有1个或几个芽的一段枝条做接穗的叫枝接,枝接包括劈接、切接、腹接等,芽接包括T形芽接、工形芽接和木质芽接等。

①劈接。劈接适宜于较粗壮的砧木,嫁接时选择2~3年生实生苗,在离地面5~10厘米、比较光滑通直的部位锯断,用嫁接刀把断面削平,在断面中央向下直切,深2~3厘米。然后取接穗,两侧各削一刀,使下端呈楔形,带2~3个芽剪断,含在口中。再用切刀将砧木切口撑开,将接穗插入,使砧木和接穗的形成层密接,最后用塑料膜把接口紧密绑缚(图3-9)。

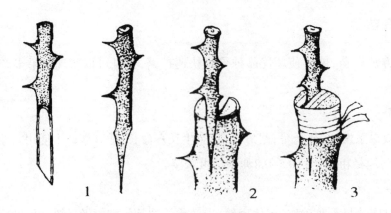

花椒-图3-9　1.削接穗　2.插接穗　3.绑缚

②切接。切接适用于0.5~2厘米粗的砧木。嫁接时在砧木离地面2~3厘米处剪断,选皮层厚、光滑、纹理通顺的地方,把砧木断面略削少许,再在皮层内略带木质部垂直切下2厘米左右。在接穗下芽的背面1厘米处斜削一刀,削去三分之一的木质部,斜面长约2厘米。再在斜面的背面斜削一小斜面,稍削去些木质部,小斜面长0.5~0.8厘米。将接穗插入砧木的切口中使砧穗两边形成层对准、靠紧。如果接穗比较细,则必须保证一面的形成层对准。随后用嫁接膜密封绑缚接口(图3-10)。

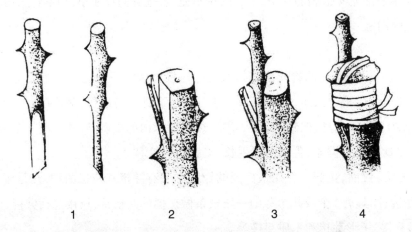

花椒-图3-10　1.削接穗　2.削砧木　3.插接穗　4.绑缚

③T形芽接。又叫丁字芽接、盾状芽接,花椒生长旺盛的7~8月份进行,在砧木离地5厘米左右处树皮光滑的部位先横切一刀,深达木质部,长0.5~1厘米;再在横切口下垂直竖刀切一下,长1.5~2厘米,使之呈T形。砧木切好后,在接芽上方0.3~0.4厘米处横切一刀,长0.5~1厘米,深达木质部;再由下方1厘米左右处,自下而上,由浅入深,削入木质部,削到芽的横切口处,使之呈上宽下窄的盾形芽片,用手指捏住叶柄基部,向侧方推移,即可取下芽片。芽片取下后,用刀尖挑开砧木切口的皮层,将芽片插入切口内,使芽片上方与砧木横切对齐,然后用塑料薄膜条自上而下绑好,使叶柄和接芽露出。绑时松紧要适度,太紧太松都会影响成活(图3-11)。

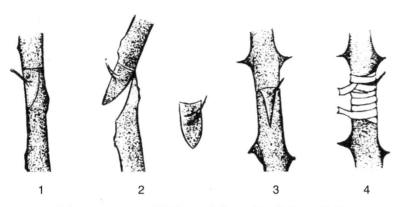

花椒-图3-11　1.削接芽　2.芽片　3.插入接芽　4.绑缚

4.嫁接苗管理

（1）检查成活与解除绑缚。芽接在嫁接后20天左右进行检查，如接芽或接穗的颜色新鲜饱满，嫁接后已开始愈合或叶柄基部产生离层，叶柄自然脱落，或芽已萌动，证明嫁接已经成活了。如接穗枯萎变色，说明没有接活，应及时补接。如果嫁接较早，一般来说，适当推迟解绑，成活率高，但过晚则影响加粗生长。枝接一般在1个月左右检查成活情况，用塑料薄膜条绑缚的最好在苗高30厘米时解绑，过早愈合不牢，过晚影响生长。

（2）抹芽除萌。嫁接成活后，从砧木上抽出的萌芽随时用手抹除或用小刀削除，以免与接穗争夺养分。但勿损伤接穗和撕破砧皮。

（3）摘心。待苗长到50~65厘米高时，可进行摘心，促使椒苗加粗生长，并发侧枝。采取高干栽培的苗木可以生长至80~100厘米进行摘心。

（4）剪砧。芽接通常当年不萌芽，剪砧应在翌年春天发芽前进行。剪砧时刀刃应在接芽一侧，从接芽以上0.5厘米处下剪，向接芽背面微下斜剪成马蹄形，这样有利于剪口愈合和接芽萌发生长。注意不要伤芽、破皮，以免造成死亡。

（5）田间管理。适时进行中耕除草，合理施肥灌水，及时防治病虫害，保证椒苗正常生长。

三、苗木出圃

1.起苗

起苗的适宜时期是秋季苗木停止生长并开始落叶时。秋季出圃的苗木，可进行秋植或假植，春季起苗可减少假植的工序。雨季就近栽植，随起苗随栽。必须长途运输的，最好带土球起苗。

起苗前要做好准备，若土壤过于干燥，应充分浇水，待土壤稍干爽时起苗，以免损伤过多的须根。挖出的苗木要根据苗木大小（粗度、长度）、质量好坏（根系、芽体）分级，苗木尤其是根部尽量减少风吹日晒时间。不能及时栽植时，可挖浅沟把苗木根系用土埋住，进行短期假植。秋季起苗、准备翌年春季栽植的则需进行越冬假植，越冬假植应选地势平坦、避风干燥处，挖40~50厘米深的假植沟，将苗木倾斜放入沟内，根部用湿沙土埋好，一般应培土达苗高的三分之一以上。寒冷多风处要将苗木全部埋入土内。

2.分级与修整

起苗后,将苗立即移至背阴无风处,按出圃规格进行选苗分级。残次苗、砧木苗要分别存放。各地苗木的分级规格不同,合格的一般应是:根系完好、具有较完整的主侧根和较多的须根;枝条健壮,发育充实,达到一定的高度和粗度,在整形带内具有足够的饱满芽,无严重的病虫害和机械损伤。

分级的同时进行修整,剪掉带病虫害或受伤的枝梢、不充实的秋梢、带病虫害或过长的畸形根系。剪口要平滑,以利早期愈合。为便于包装、运输,亦可对过长、过多的枝梢进行适当修剪,但要注意剪除部分不宜过多,以免影响苗木质量和栽植成活率。

3.检验、检疫与消毒

苗木是建园的基础,必须保证质量,一般要求根系发达、分布均匀,15厘米以上的主、侧根5条以上,并有较多的小侧根和须根;茎干粗壮,生长匀称,发育充实,节间较短,芽体饱满,苗木地径在0.7厘米以上。

第四章 建 园

一、园地选择

目前,花椒主要产地和今后发展趋势,都是在生态最适栽的山地和丘陵地。由于山地地形复杂,气温和土壤变化差异大,有垂直分布和小气候的特点,建园时要考虑到海拔高度和不同地形的小气候,以及坡度、坡形、坡向、坡位对花椒生长的影响。山区5°~20°的缓坡和斜坡是发展花椒的良好地段,一些深山区20°以上的陡坡只要水土保持方法得当,同样可生产花椒。山顶、风口、土层薄、重黏土和地势低洼、排水不良的地块以及海拔2000米以上的地方不宜栽植。同时,需要考虑到栽植后的管理、采收及运输等条件,尤其在建设规模较大的花椒基地时,要充分考虑到基地附近花椒采摘劳动力的情况。

二、园地整理

最好在栽植花椒前半年或前1年进行整地,雨季之前应将地整好,这样既可蓄水保墒,又能使杂草的茎、叶、根腐烂熟化,增加土壤肥力。

山坡地沿等高线,平川地和梯田按照地块形状及采用的株行距合理开挖宽0.8~1米,深0.8米的丰产沟或定植坑,挖丰产沟时将表土(熟土)和心土(生土)分开两旁堆放。回填时坑底施入20厘米厚的作物秸秆或野草,再按每株(坑)填入腐熟农家肥25~50千克、复合肥1~2千克与一半表土混合后填入下层,然后将剩余的表土填入上层,有条件时浇透水一次,有利于埋入的有机物分解和坑内土壤沉实。

三、定植

1.栽植时间

花椒栽植分春栽和秋栽,以春栽为好,有些地方也采取秋季降雨前带叶栽植。

(1)春季栽植。早春土壤解冻后至发芽前均可栽植,宜早不宜迟。随挖随栽,成活率高;若需远距离运输,必须进行包装护根,运到目的地后,需用清水浸泡半天以上,然后定植。栽后需浇定根水,可在须根埋完后顺苗木干部倒清水1升左右,待无明水时覆土埋严。

(2)秋季栽植。秋后抓紧整地,在土壤封冻前20多天完成栽植,如果土壤干燥亦需浇定苗水。栽后定干并覆土丘,越冬防寒。翌年发芽前刨去土丘,成活率可达到90%左右。秋季多在11月下旬至12月中旬落叶后进行,也有的在落叶前的9~10月份带叶栽植。在不太寒冷的地方,秋栽成活率高,但要注意冬季防寒。

2.株行距

株行距可采用4米×5米,亩栽30株左右。考虑到椒苗价格便宜,也可适当加大栽植密度,可以提前丰产丰收,后期可根据管理水平、郁闭情况进行移栽或间伐。

3.栽植方法

定植时用熟土将椒苗埋至根颈处即可,不宜过浅或过深,踏实土壤使根土密接,最后栽植填埋高度与地面相平为宜,且不可把树盘整成锅底形,容易聚水烂根,从而造成严重的缺株断苗。栽后用挖出的心土在树苗周围做宽度1米左右的定植带或直径0.8~1米的树盘,及时灌足定植水(每株2.5升以上)。24小时后整修定植带或树盘,覆盖地布或地膜。

四、栽后管理

1.修剪定干

栽植后根据定干高度,在饱满芽处将以上多余部分剪去,定干高度一般在30~80厘米之间。这样可促使整形带内的芽及早萌发,并减轻风害,有利于成活。栽后需培土保护的地区,为了便于培土,也可在发芽前先培土以后再进行定干。定干时要求剪口距剪口下芽0.5厘米左右,剪口涂抹愈合剂保护剪口,早春干旱多风的地区要用塑料套膜套住苗木以防抽干。

2.埋土防寒

为了避免冬季发生抽条、日灼等伤害,秋栽后须立即培土防寒。风大时即使春栽亦需埋土保墒,上部用草把捆绑裹缠,外用塑料薄膜包扎,防止风吹。萌芽前逐步分次除去包缠物,扒平土堆。

3.补水

水分是确保成活率的关键,定植后无论土壤墒情好与不好都必须浇透水。春季干旱少雨地区必须勤浇水,秋栽苗木除去培土之后亦应补浇1次。浇水后需要覆土3~5厘米,以利保墒。苗木成活后和5~6月份各浇水1次,山坡地可整平树盘,集取雨水。

4.检查成活及补植

栽植后,有一部分苗木可能由于栽植不当或苗木质量等问题而死亡,应及时进行补植。秋天栽植的花椒,由于冻害、栽植不当,或春天栽植过早、苗木在空气中暴露时间过长等原因,到萌芽期有的椒苗上部往往干枯,但下部及根系仍然活着,以后根颈部分自然会有萌芽生成新植株。因此,新植花椒树春天干枯后不要及早拔除,等萌芽后,将萌芽上部1厘米以上干枯的部分剪掉,就可长成新植株。

5.防止兽害

有野兽危害的地区,应在苗木上涂抹动物油、带恶臭味的保护剂(如石硫合剂残渣)等。

第五章 整形修剪

整形修剪是获得花椒高产优质的主要措施之一。通过整形可以培养良好的树形和牢固的树体结构,有效地控制主、侧枝在树冠内的合理分布,使树冠通风透光良好,为优质高产打下基础。修剪是在整形的基础上进一步培养和完善合理的树体结构,调节生长与结果之间的矛盾,促进幼树早果丰产,盛果期连年丰产稳产,老龄树更新复壮,延长经济寿命。

一、修剪时期

花椒整形修剪根据时期可分为冬季修剪和夏季修剪。从落叶后到翌年发芽前的一段时间内进行的修剪叫冬季修剪或休眠期修剪,简称冬剪。天水市冬季寒冷,花椒抗冻能力较差,为了防止枝条的剪口部位被"抽干",常在最冷时期过后2月至3月上旬进行。进入3月中旬树液开始流动,实施冬剪,树体营养损失较大,所以最好在此时段之前完成冬剪。

在椒树生长季节进行的修剪叫夏季修剪或生长期修剪,简称夏剪。花椒的生长和结果是一对矛盾,生长旺盛不利于形成花芽,甚至会造成花而不实现象,而夏季修剪能促进幼旺树从营养生长向生殖生长转化。夏剪一般在萌芽后到采果前进行,有劳力条件的可在花椒采收后再做一次夏剪。花椒夏剪主要有以下几种,一是摘心,一般是在5~6月份掐去或剪去营养枝顶端幼嫩组织及下部2~3个叶片,削弱顶端优势,促进花芽形成,此方法在幼树期使用较多,盛果期满树花,营养枝比例极少,一般进行疏除,保证通风透光。二是抹芽,在花椒萌芽后及时抹除背上背下的萌芽,防止背上枝抢夺两侧枝条营养,造成两侧抽枝不理想。三是拉枝,主要在5月中下旬树液充分流动、枝条柔软时拉枝,拉枝角度45°~90°。

二、修剪方法

1.冬季修剪

(1)短截:短截指剪去1年生枝条的一部分,是修剪的重要方法之一,也叫短剪。短截对枝条局部有刺激作用,能使剪口下侧芽萌发,促进分枝。以剪口下第一芽受刺激最大,距剪口越远的芽受刺激作用越小。短截依据剪留枝的长短,分为轻短截、中短截、重短截和极重短截。

①轻短截。剪去枝条的一小部分,截后易形成较多的中短枝,单枝生长量较弱;但总生长量大,母枝加粗生长快,可缓和枝势。

②中短截。在枝条春梢中上部分的饱满芽处短截,截后易形成较多的中长枝,成枝力高,单枝生长势较弱。

③重短截。在枝条中下部分短截,截后在剪口下易抽生2个旺枝,生长势较强,成枝力较低,总生长量较少。

④极重短截。截到枝条基部弱芽上,能萌发1~3个中短枝,成枝力低,生长势弱。有些对修剪反应较敏感的品种,也能萌发旺枝。

短截的局部刺激作用,受剪口芽的质量、发枝力、枝条所处的位置(直立,平斜,下垂)等因素影响。在秋梢基部盲节或"轮痕"外短截,以弱芽当头的虽处于顶端,一般也不会产生弱枝。直立枝处于生长优势地位,短截容易抽生强旺枝。平斜、下垂枝的反应较弱。对骨干枝连续多年中短截,由于形成发育枝多,促进母枝输导组织发育,能培养成比较坚固的骨架。花椒结果母枝进行轻短截,有助于延缓结果部位外移,且集中养分,促进椒穗发育。

(2)疏剪:也叫疏枝,即把枝条从基部剪除的修剪方法。疏剪造成的伤口,对营养物质的运输起阻碍作用,而伤口以下枝条得到根系的供应相对增加。所以,疏剪对伤口上部枝条生长有削弱作用,距剪口越近,削弱作用越大,而对剪口下部的枝条生长有一定程度的促进作用。剪口以上枝条生长势强、直立,而剪去的枝条细且弱时,削弱作用就不明显。由于养分集中,有时反而会增强剪口以上部的生长。

疏剪树冠中部的枯死枝、病虫枝、交叉枝、重叠枝、竞争枝、徒长枝、过密枝等无保留价值的枝条,可节省养分和改善光照,有利复壮内膛枝组和形成花芽。所以,生产中常用疏弱留强的方法使养分集中,增强树势,提高枝条的发育质量。疏剪对枝整体有削弱作用,能减少树体的总生长量。因此,可用去旺枝的方法削弱辅养枝,促进花芽形成;对强枝进行疏剪,减少枝量,以调节枝条间的平衡关系。

疏除大枝要分年逐步进行,切忌一次疏除过多,造成大量伤口,特别是不要形成"对口伤",以免过分削弱树势及枝条生长势。疏除要从基部下手,但伤口面要小。如截留过长形成残桩则不易愈合,并引起流胶,或引起潜伏芽发出大量徒长枝。

(3)缩剪:又叫回缩,指将多年生枝剪至分枝处的剪法。缩剪可以降低顶端优势的位置,改变延长枝的方向,改善通风透光条件,控制树冠扩大。每年对全树或枝组的缩剪程度,要依树势、树龄及枝条多少而定,做到逐年回缩,交替更新,使结果枝组紧靠骨干,结果紧凑;使弱枝得到复壮,提高花芽质量。需注意,如缩剪的剪口小、剪口枝较粗壮,则缩剪使剪口枝生长加强;如剪口大,剪去的部分多,则缩剪能使剪口枝生长削弱,而使剪口下第二、第三枝增强。因此,对骨干枝在多年生部位缩剪时,有时要注意留辅养枝,以免削弱剪口枝,使下部枝较强。

(4)长放:又叫缓放或甩放,指对1年生枝不加修剪。甩放有缓和新梢生长势和降低成枝力的作用。长枝甩放后,枝条的增粗现象特别明显,而且发生中短枝的数量多。中枝甩放,由于顶芽有较强的生长能力,继续抽生与母枝生长势相似或略弱的中枝,下部侧芽发生较多生长弱的短枝。

有的由于顶芽较强的生长,抑制了侧芽的萌发,反而不如轻短截发生中短枝多。幼树上,斜生枝、水平枝或下垂枝甩放后,由于极性减弱,留芽量大,养分极易分散,成枝很差,有利于营养物质积累和花芽分化;而骨干枝上的强壮直立枝长放后,由于极性强,顶部发生长枝较多,下部容易秃裸,母枝增粗也快,容易出现"树上长树"现象,易干扰树形,反而妨碍花芽形成,所以,此类枝一般不要长放,如需长放则应压平,或配合扭伤、环剥等措施,这样有利于削弱长势,促进花芽形成。

(5)造伤调节:对旺树、旺枝采用环割、环剥、刻伤和拿枝软化等措施制造伤口,使枝干木质部、韧皮部暂时受伤,在伤口愈合前抑制过旺的营养生长,缓和树势,有促进花芽形成和提高产量的作用。

春季发芽前,在枝或芽的上方或下方用刀横割皮层,深达木质部而成半月形,称为刻伤或目伤。刻伤的位置不同,其作用也不同。在枝芽上部刻伤,能阻止从下部来的水分和营养,有利于芽的萌发并形成较好的枝条;反之,在枝芽下部刻伤,会抑制枝芽生长,促进花芽形成和枝条的成熟。幼树整形修剪中,在骨干枝上需要生枝的部位进行刻伤,可以刺激下部芽体萌发,填补空间。生长季节,在树干上剥一圈皮层的措施,叫环剥。环剥暂时妨碍了叶部养分向下运输,使环剥口以上部分较多的积累营养,有利于坐果和花芽分化。环剥口以下水分养分运输受阻,也会促进潜伏芽的萌发和枝条生长。环剥作用的大小取决于环剥的宽度、时间和枝条生长状况,环剥愈宽,愈合愈慢,作用越大;但过宽不易愈合,甚至造成上部死亡。为了促进花芽分化,可在新梢旺盛生长期环剥。环剥宽度与枝条粗度和长势有关,一般较小的平斜枝条环剥宽度为枝条直径的1/10左右;直立旺枝可适当加宽,但一般不超过5~7毫米;细弱枝一般不宜环剥。

2.夏季修剪

(1)摘心:指摘除新梢顶端的一部分,可分为轻摘心和重摘心。轻摘心指摘去枝条顶端嫩梢5厘米左右,主要用于结果旺树,目的是抑制旺盛的营养生长,促进花芽形成。摘心后枝条会萌发出许多二次枝,要进行多次轻摘心方能达到目的。重摘心指摘至枝条的成熟部位,一般摘除5~7片叶的枝条长度。重摘心主要用于幼树整形,当选用的主枝长到所需长度之后,为了促发侧枝,则可进行重摘心。重摘心应注意侧枝选留的方向,使剪口下第三个芽的方位同所需培养的侧枝方向一致。

(2)拿枝软化:又叫拧条、舒枝,用双手将枝条自基部到中部逐步弯曲扭动,伤及木质部,以响而不折为宜,使枝梢生长改变方向。拿枝主要用于开张枝条角度,缓和枝条的生长势,促进花芽的形成。拿枝较撑、拉枝等方法简单易行,效果也较好,且不伤树皮。拿枝主要适用于较细的枝条,如果枝条粗则达不到应处理的角度,可以用坠枝或拉枝方法实现。

(3)拉枝:又叫曲枝,是指采用撑、拉、压、坠等方法,使枝条向外或变向生长,用于控制枝条长势,增大开张角度,改变内膛光照,促使成花结果。拉枝后应及时抹除背上芽,防止后部抽生直立枝。撑是在主干、主枝之间,或主枝与主枝之间支撑一树枝、木棍等,以开张枝角。拉是在地面打木桩,在木桩上或者其他物体上系上绳子、铁丝,另一头系住枝条,将枝条拉到一定方向。坠是在主枝上直接垂重物,或主枝条上系绳,在绳上垂一重物,通过重力使枝条改变方向。

（4）环剥：在花椒树枝干上，按一定宽度剥下一圈皮层，一般在6月上旬以前进行。剥口的宽度一般为枝条或主干直径的1/10，树较旺、立地条件较好的树，还可适当加宽；反之，可适当窄些。环剥的伤口要进行消毒处理，以防病害侵染。环剥主要应用于对营养生长过旺而结果很少的椒树，同一株树不能连续进行环剥，以免导致树体早衰。第一次环剥后，隔2~3年，椒树仍然营养生长旺盛可再剥1次。环剥能抑制营养生长，促进花芽分化。

3. 修剪程度

按修剪量可分为重剪和轻剪两类。一般重剪有增强树势的作用，轻剪有缓和树势的作用，对总生长量而言则效果相反。修剪的轻重程度，通常以剪去枝条的长度或重量表示，剪去部分或剪去量多者叫重修剪，剪去部分短或剪去量少者叫轻修剪。修剪时必须注意全树总的修剪量，一般不超过总枝的30%。

4. 常用树形

（1）多主枝丛状形。花椒树多主枝状形也叫自然杯状形，指从基部抽生较多的枝条，或在1个穴内定植2~3株，依自然生长而成。一般干高30~50厘米，在不同方向培养3个一级主枝，第二年在每个一级主枝顶端萌生的枝条中选留长势相近的2个二级主枝，以后再在二级主枝上选留1~2个侧枝。各级主枝和侧枝上配备交错排列的大、中、小枝组，构成丰满的树形（图3-12）。这种树形成形快，丰产早；但因主干多、枝条拥挤，故产量较低。生产中应注意疏除部分大枝及内膛过密枝，使之通风透光良好，骨干枝牢固，载果量大，寿命长。

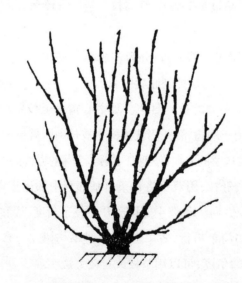

花椒-图3-12　多主枝丛状形

（2）自然开心形。主干高40~60厘米，在主干顶端分生3~4个主枝，每个主枝上培养2~3个侧枝。五主枝以上自然开心形也可以不配侧枝，直接在主枝上培养大、中、小不同类型的结果枝组。主枝开张基角50°~60°，腰角70°~80°，梢角40°~60°。这种树形光照好，高产优质，而且整形容易（图3-13）。

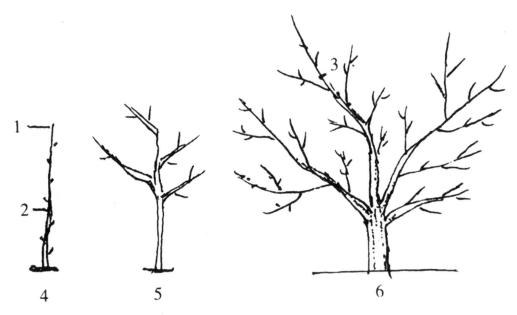

1.打顶部位　2.抹去40厘米以下的芽　3.修剪部位　4.栽植当年　5.栽后第二年冬季　6.栽后第二年冬季

花椒-图3-13　自然开心形树形培育

（3）自然圆头形。适用于干性较强的品种。有明显的中央领导干，在中央领导干上每隔一定距离选留1个主枝，主枝不分层，每个主枝上选苗1~3个侧枝。整形树冠呈圆头形。这种树形树冠高大、光照充足，有利于花芽形成和高产稳产。

5.幼龄期修剪

幼龄期修剪的主要任务是培养合理的树体结构，使花椒早成形，早结果。幼树应尽量多留枝条，栽后2~3年基本不去枝。枝多叶多，扩冠迅速，缓和树势，促进营养积累，缩短龄期。幼树轻剪，目的在于早期多生新枝，"叶茂"才能"根深"，提高叶片功能和根系发育，促使由营养生长向生殖生长转化。花椒树一般不短截，只做些撑、拉、曲、别等工作。主枝开张以40°~50°为宜，其余枝条要为永久枝让路。利用生长季节回缩部分临时枝，可于休眠期培养永久枝结合进行。下面以自然开心形为例介绍花椒的整形过程。

（1）定干。花椒定植后当年定干，定干高度为60厘米左右，要求剪口下15~20厘米以内有6~9个饱满芽。发芽后及时抹除树干基部45厘米以下的芽，以节省养分，促进新梢的生长发育。

（2）主、侧枝选留。定干后，当年冬剪时选留3~4个方位、角度合适的健壮枝条做主枝培养，剪留50~60厘米，剪口芽留外芽，剪口下第三芽留在第一侧枝位置。其余辅养枝全部拉平缓放不剪，以后每年对主、侧枝进行相应培养，每主枝上培养2~3个侧枝，侧枝间距40~60厘米。

（3）辅养枝利用。幼树期辅养枝应尽量多留，采用撑、拉、吊、别等手法开张其角度，结合夏季扭梢、环割控制生长，促进早结果和早期制造养分，供树体生长发育。

6.初果期修剪

花椒从第三年或第四年开始结果，至第六年为结果初期。这段时间，既要使其适量结果，又要注意修剪,在继续培养骨干枝的同时培养结果枝组。

(1)骨干枝培养。各骨干枝的延长枝剪留长度应比以前短些,一般剪留30~40厘米,树势旺的可适当留长一些,细弱的可短一些。这一时期要维持延长枝头呈45°左右的开张角度。树龄达到6年生左右时,有的树内膛比较空裸,可在适当主枝上选留1个内向生长的侧枝填补内膛。主枝间强弱不均衡时,对长势强的主枝可适当疏除部分强枝,多缓放、轻短截;对弱主枝,可少疏枝、多短截,增加枝条总量。在1个主枝上,要保持前部和后部生长势均衡,如果前部强后部弱,可采取前部多疏枝、多缓放,后部少疏枝、中短截的方法,控制前部长势,增强后部长势。如果主枝前部弱后部强,可采取与上述相反的修剪方法。

对背上枝,如果放任不加控制,几年后就会超过原主枝,后部枝枯死造成结椒部位外移。所以,应及早控制背上枝生长,削弱其长势。对生长较弱的背上枝,应进行短截,更新复壮。对徒长枝可采取重短截、摘心等措施,把其培养成结果枝组,或补充空间,增加结椒面积。对生长过旺而且直立的徒长枝,一定要在夏季摘心或冬季在春梢、秋梢分界处短截,促生分枝,削弱长势。当徒长枝改成结椒枝组后,若先端变弱、后部光秃,又无生长空间时,应及时重短截。

(2)辅养枝利用和调整。在主枝上,未被选为侧枝的大枝,可按辅养枝培养、利用和控制。在初果期,辅养枝既可增加枝叶量,丰满树冠,又可增加产量,所以只要辅养枝不影响骨干枝的生长,就应轻剪缓放,尽量增加结果量。当其影响骨干枝生长时,应采取去强留弱、适当疏枝、轻度回缩的方法,将辅养枝控制在一定范围内。严重影响到骨干枝生长时,则应从基部疏除。

(3)结果枝组。分为大、中、小三种类型,但其间并无严格的区别,只是相对的大小差别。一般小型枝组具有2~10个分枝,中型枝组有10~30个分枝,大型枝组有30个以上分枝。小枝组数量多、培养快、占据空间小,但不易更新,寿命较短。大枝组能填补树冠较大的空间,连续结果能力强,更新容易,寿命长;中型枝组介于大、小枝组之间。花椒由于连续结果能力强,容易形成鸡爪状结果枝群,所以必须注意配置相当数量的大、中型结果枝组。特别是骨干枝的中后部,初果期就要在背斜和两侧培养大、中枝组,否则进入盛果期较难培养。由于各类枝组的生长结果和所占空间的不同,枝组的配置要做到大、中、小相间,交错排列。由1年生枝培养结果枝组的修剪方法有以下几种。

①先截后放法。选中庸枝,第一年进行中度短截,促使分生枝条。第二年全部缓放,或疏除直立枝,保留斜生枝缓放,逐步培养成中、小型枝组(图3-14)。

②先截后缩法。选用较粗壮的枝条,第一年进行较重短截,促使分生较强壮的分枝。第二年再在适当部位回缩,培养成中、大型结果枝组(图3-15)。

③先放后缩法。中庸较弱的枝,缓放后很容易形成具有顶花芽的小分枝,第二年结果后在适当部位回缩,培养成中、小型结果枝组(图3-16)。

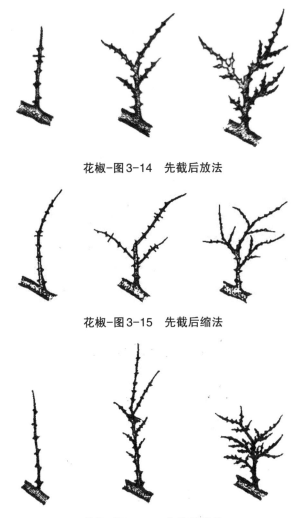

花椒-图3-14　先截后放法

花椒-图3-15　先截后缩法

花椒-图3-16　先放后缩法

7. 盛果期修剪

花椒一般定植6~7年后开始进入盛果前期,此期整形任务已完成,并且培养了一定数量的结果枝组,树势逐渐稳定,产量逐年上升。到10年生左右,花椒进入产量最高的盛果期,由于产量的迅速增加,树势开张,延长枝生长势逐渐衰弱,树冠扩大速度缓慢并逐渐停止,树体生长和结果的矛盾突出,如果不能较好地调节生长和结果的关系,生长势必然减弱,产量下降,提前衰老。一般立地条件较好、管理水平较高的椒园,盛果期可保持20年左右。管理差、长势弱的椒园,只能保持10~15年。因此,修剪的主要任务是维持健壮而稳定的树势,继续培养和调整各类结果枝组,保持结果枝组的长势和连续结果能力,调节花果数量。修剪一般在休眠期进行,枝条密挤时,及时疏枝,给内膛枝打开光路;下部枝、内膛枝有放有缩,促其复壮,并可抑制跑条;回缩或疏除对永久枝有影响的临时枝。修剪应适当少留花芽,尽量减少无效消耗,为前期建造健壮新枝、提高坐果率和中后期提高坐果率创造条件,实现壮树和高产稳产的目的。修剪时应掌握均匀留枝不光腿,枝条疏散少漏光。在背上、两侧、背下都有枝的情况下,疏除背上枝,给两侧和背下枝打开光路,复壮下部,均衡枝势。

(1)骨干枝修剪。在盛果初期,如果主枝还未占满株间,对延长枝采取中短截,仍以壮枝带头。盛果期后,外围枝大部分已成为结果枝,长势明显变弱,可用长果枝带头,使树冠保持在一定的范围内,同时要适当疏剪外围枝,达到疏外养内、抑前促后的效果。盛果后期,骨干枝的枝头变弱,先端开始下垂,这时应及时回缩,用斜上生长的强壮枝带头,抬高枝头角度,复壮枝头。要注意保持各主枝之间的均衡和各级骨干枝之间的从属关系,采取抑强扶弱的修剪方法,保持良好的树体结构。对辅养枝的处理,要在枝条密挤的情况下,疏除多余的临时性辅养枝,有空间的可回缩改造成大型结果枝组。永久性辅养枝要适度回缩和适当疏枝,使其在一定范围内长期结果。

(2)结果枝组修剪。花椒进入盛果期后,一方面在有空间的地方继续培育一定数量的结果枝;另一方面要不断调整结果枝组,及时复壮延伸过长、长势衰弱的结果枝组,保持其生长结果能力。

不同类型结果枝组的调整方法应有区别。小型枝组容易衰退,要及时疏除细弱的分枝,保留强壮分枝,适当短截部分结果后的枝条,复壮生长结果能力。中型枝组要选用较强的枝带头,稳定生长势力,并适时回缩,防止枝组后部衰弱。大型枝组一般不容易衰弱,重点是调整生长方向,控制生长势力,把直立枝组引向两侧,对侧生枝组不断抬高枝头角度,采用适度回缩的方法,不使其延伸过长,以免枝组后部衰弱。

各类结果枝组进入盛果期后,对已结果多年的要及时复壮修剪。复壮修剪一般采用回缩和疏枝相结合的方法,回缩延伸过长、过高和生长衰弱的枝组,在枝组内疏剪过密的细弱枝,提高中长果枝的比例。

内膛结果枝组的培养与控制很重要。枝条生长具有顶端优势的特性,内膛枝组容易衰退,特别是中小型枝组常干枯死亡,结果部位外移,产量锐减;而直立的大中型枝组,往往延伸过高,形成树上长树,扰乱树形,产量也会下降。所以,在修剪中更需注意骨干枝后部中小枝组的更新复壮和直立生长的大枝组的控制。

(3)结果枝修剪。盛果期椒树,结果枝一般占总枝量的90%以上,粗壮的中长果枝每果穗结果粒数明显多于短果枝。在结果枝中长果枝占10%~15%、中果枝占30%~35%,短果枝占50%~60%。一般丰产树按树冠投影面积计算,每平方米有果枝200~250个。结果枝修剪方法应以疏剪为主,疏剪与回缩相结合,疏弱留强,疏直强留平,疏小留大。

(4)除萌和徒长枝利用。花椒进入结果期后,常从根颈和主干上萌发很多萌蘖枝。随着树龄的增加,萌蘖枝也愈来愈多,这些枝消耗大量养分,影响通风透光,扰乱树形,应及早抹除。盛果期后,由于骨干枝先端长势弱,对骨干枝回缩过重、局部失去平衡时,内膛常萌发很多徒长枝,这些枝长势很强,不仅消耗大量养分,也常造成冠内紊乱,要及早处理。凡不缺枝部位生长的徒长枝,应及时抹芽或及早疏除。骨干枝后部或内膛缺枝部位的徒长枝,为可改造的徒长枝,一般第二年即可抽生徒长性果枝,以后即可稳定结果。徒长枝改造成为内膛枝组时,应选择生长中庸的侧生枝,于夏季枝长30~40厘米时摘心,冬剪时再去强留弱,引向两侧。

8.衰老期修剪

花椒进入衰老期,树势衰弱,骨干枝先端下垂,大枝枯死,外围枝生长很短,多变为中短果枝,结椒部位外移,产量开始下降。但衰老期是一个很长的时期,如果在树体刚衰弱时,能及时对枝头和枝组进行更新修剪,就可以延缓衰弱,仍然可以维持较高的产量。衰老期修剪的主要任务是及时而适度地进行结果枝组和骨干枝的更新复壮,培养新的枝组,重缩剪枝组,减少结果点,争取穗大、产量高。修剪时适当利用徒长枝,解决树冠的残缺不齐;主枝头下垂的,可利用背上枝更新抬头。修剪只能在休眠期进行。

首先应分期分批更新衰老的主、侧枝,可分段分期进行短截,待一部分复壮了,再短截其他部位。其次,要充分利用内膛徒长枝、强壮枝来代替主枝,并重截弱枝留强枝,短截下部枝条留上部枝条。对外围枝,应先短截生长细弱的,采用短截和不剪相结合的方法进行交替更新,使老树焕发结椒能力。

衰老树更新修剪的方法应依据树体衰老程度而定。进入衰老期时,可进行小更新,以后逐渐加重更新修剪的程度。当树体已经衰老,并有部分骨干枝开始干枯时,即需进行大更新。小更新的方法是对主侧枝前部已经衰弱的部分进行较重的回缩,一般宜回缩在4~5年生的部位。选择长势强、向上生长的枝组作为主、侧枝的领导枝,把原枝头去掉,以复壮主、侧枝的长势。在更新骨干枝头的同时,必须对外围枝和枝组也进行较重的复壮修剪,用壮枝壮芽带头,使全树复壮。大更新一般是在主、侧枝1/3~1/2处进行重回缩。回缩时应注意留下的带头枝具有较强的长势和较多的分枝,以利于更新。

当树体已经严重衰老、树冠残缺不全,主侧枝将要死亡时,可及早培养根颈部强壮的萌蘖枝,重新构成树冠。一般选择不同方向生长的强萌蘖枝3~4个,注意开张角度,按培养主侧枝的要求进行修剪,待2~3年后把原树头从主干基部锯除,使萌蘖枝重新构成树冠。

花椒树的萌枝力较强,所以对衰老树可以利用砍伐后的萌蘖进行更新,这样从根部萌发的新树,2年后即可重新结椒。采用这种方法培育的新椒树,仍可继续结果15~20年。

在修剪过程中一般不要锯大枝,因为大枝是树体的骨干枝和主体,剪掉后很难再长成,也会削弱树势,影响结椒。如大枝非锯不可,那么锯口一定要平整光滑。否则,留高了,伤口愈合不好,易遭受病虫害,影响树体生长;留桩低了,锯口易干枯,伤口面积大,会削弱树体生长。锯时要注意从上往下、锯口微微向外倾斜,为防止劈裂,应有人扶住。锯完后,锯口用修枝刀削平,并在锯口上涂抹伤口愈合剂。

花椒树衰老期,树冠下土壤内的根大多木栓化,且树冠外缘土壤内的吸收根活动也很微弱,所以生产中常用树冠外缘深断根法对根系进行修剪,促发新根。老椒树根系修剪,一般结合早秋果园深翻施肥进行。在树冠外缘的垂直投影线,挖一条深、宽均为50~100厘米的环状沟,挖沟时遇到直径15厘米粗的根系时将其切断,断面要平滑,以利伤口愈合促发新根。根系修剪时期以9月下旬至10月上旬效果较好,有利于断根愈合和新根形成。修根量每年不可超过根群的40%,或已达到1.5厘米粗根系的1/3为宜。

9.放任树修剪

花椒放任树是指管理粗放,一般不进行修剪,任其自然生长的树。放任树的表现是骨干枝过多,枝条乱,先端衰弱,结果部位外移,落花落果严重,产量低而不稳。放任树改造修剪的任务是改善树体结构,复壮枝头,增强主侧枝的长势,培养内膛结果枝组,增加结果部位。

(1)放任树修剪方法

①树形改造。放任树的树形多种多样,应本着因树修剪、随枝整形的原则,根据不同情况区别对待。一般多改造成自然开心形,有的也可改造成自然半圆形,无主干的可改造成自然丛状形。

②骨干枝和外围枝调整。放任树一般主侧枝过多,修剪时先对树体进行细致地观察分析,根据空间对大枝进行整体安排,疏除扰乱树形严重的过密枝,重点疏除中后部光秃严重的重叠枝、多叉枝、徒长枝。对骨干枝的疏除量大时,一般应有计划地在2~3年内完成,有的可先回缩,待以后分年处理。要避免一次疏除过多,使树体失去平衡,影响树势和当年产量。

树冠的外围枝,由于多年延伸和分枝,大多为细弱枝,有的成下垂状,对于影响光照的过密枝应适当疏剪,去弱留强;已经下垂的要适度回缩,抬高角度,复壮枝头,使枝头既能结果,又能抽生比较强的枝条。

③结果枝组复壮。花椒喜光,疏除过多的大枝后改善了光照条件,为复壮枝组和充实内膛创造了条件。对原有枝组采取缩放结合的方法,在较旺的分杈处回缩,抬高枝头角度,增加生长势力,提高整个树冠的有效结果面积。

疏除过密大枝和调整外围枝后,骨干枝上萌发的徒长枝增多,无用的要在夏季及时除萌。同时,要根据空间大小,有计划地利用徒长枝培养内膛结果枝组。内膛枝组的培养,应以大中型结果枝组、斜侧枝为主。衰老树可培养一定数量的背上枝组。

④引枝补空,圆满树冠。中下部秃、没有形成良好枝组的大树,采取重压法,使其光秃部位萌发新枝,形成良好的枝组。

(2)放任树分年改造

大树改造修剪必须因地制宜、因树制宜,既要加速改造,又不可操之过急,改造树形要从解决光照入手,先处理中间影响光照大的枝,后处理交叉枝、重叠枝、病虫枝、枯死枝。大致可分三年完成。

第一年,以疏除过多的大枝为主,为结果枝组的调整和培养腾出空间。同时,要对主、侧枝的领导枝进行适度回缩,用角度小、长势强的枝组代替枝头,以复壮主、侧枝的长势。

第二年,主要是对结果枝组的复壮,使树冠逐渐圆满。对枝组的修剪,以缩剪为主,疏、缩相结合。回缩延伸过长、方向不正、生长过弱的枝,选留好枝为带头枝,增强长势。稳定结果部位,疏剪细弱的结果枝,增加中长果枝的比例,使全树长势转旺。同时,要有选择地将主、侧枝中后部的徒长枝培养成结果枝组。

第三年,主要是继续培养内膛结果枝组,增加结果部位,更新衰老枝组。

第六章　园地管理

天水市的花椒园,普遍土壤瘠薄、有机质含量低、土壤结构不良,不利于花椒生长发育,因此应加强花椒园地管理。

一、土壤管理

土层深度不足50厘米的岩石或硬土层的瘠薄山地,或30~40厘米以下有不透水黏土层的沙地及河滩地,深翻效果明显。尤其山地土层浅、质地粗、保肥蓄水能力差,深翻可以改良土壤结构和理化性质,加厚活土层,有利于根系的生长。

1.深翻改土

(1)深翻时期。深翻改土在春、秋两季均可进行。春季在土壤解冻后及早进行,这时地上部尚处在休眠期,根系刚刚开始活动,受伤根容易愈合和再生。北方春旱严重,深翻后树木即将开始旺盛的生命活动,需及时浇水才能收到良好的效果。夏季要在雨季降第一场透雨后进行,特别是北方一些没有灌溉条件的山地,深耕后雨季来临,可使根系和土壤密接,效果较好。秋翻一般在果实采收后至晚秋进行,此时地上部生长已缓慢,翻地后正值根系第三次生长高峰,伤口容易愈合,同时能刺激新根生长。深翻后经过冬季,有利于翌年根系和地上部的生长,故秋翻是有灌溉条件椒园较好的深翻时期。但在冬季寒冷、空气干燥的地区,为了防止秋季深翻发生枝条抽干,也可以在夏季深翻。夏翻后,一般正值雨季,土壤踏实快。但要注意少伤根、多浇水,否则容易造成落叶。

(2)深翻方法。深翻的深度与立地条件、树龄大小及土壤质地有关,一般为50~60厘米,要比根系主要分布层稍深。深翻改土方法主要有以下几种。

①扩穴深翻。在幼树栽植后的前几年,自定植穴边缘开始,每年或隔年向外扩展拓宽50~150厘米、深60~100厘米的环状沟,把其中的沙石、劣土掏出,填入好土和有机质。这样逐年扩大,至全园翻完为止。

②隔行或隔株深翻。先在1个行间深翻,留1行不翻,第二年或几年后再翻未翻过的1行。若为梯田,一层梯田1行株,可以隔2株深翻1个株间土壤。这种方法,每次深翻只伤半面根系,可避免伤根太多。

③里半壁深翻。山地梯田,特别是较窄的梯田,外半部土层较深厚,内半部多为硬土层,深翻时只翻里半部,从梯田的一头翻到另一头,把硬土层一次翻完。

④全面深翻。除树盘下的土壤不翻外，一次性全园深翻。这种方法因一次完成，便于机械化施工，只是伤根过多，多用于幼龄椒园。

⑤带状深翻。主要用于宽行密植的椒园，即在行间自树冠外缘向外逐年进行带状开沟深翻。

无论何种深翻方法，其深度应根据地势、土壤性质而定。深翻时表土、心土应分别放置。填土时表土填入底部和根的附近，心土铺在上面。沙地几十厘米深有黏土层时，应将黏土层打破，把沙土打下去与土或胶泥混合。深翻时最好结合施入有机肥，下层施入秸、杂草、落叶等，上层施腐熟有机肥，肥和土拌匀填入。深时注意保护根系，少伤粗1厘米以上的大根，并避免根系暴露时间太久和冻害。粗大的断根，最好将断面削平，以利愈合。

2.培土和压土

花椒易受冻害，特别是主干和根颈部抗寒力低，在寒冷地区栽植需进行培土。培土最好用有机质含量高的山坡草皮土，翌年春季均匀地撒在园田，可增厚土层，增强保肥蓄水能力。坡地压土如同施肥，压1次土有效期达3~4年，连年压土的椒园比对照增产约26.2%。

二、除草松土

花椒树根系浅，容易被杂草争夺肥水。松土除草可以消灭杂草，改善土壤通气条件，加快土壤微生物的活动，促进土壤有机质的分解、转化，提高土壤肥力，利于花椒根系的生长发育。农谚道"花椒不除草，当年就衰老"。

在花椒树生长发育过程中，从幼树定植后当年就要开始除草，方法有中耕除草、覆盖除草、药剂除草三种。

1.中耕除草

花椒树栽植当年中耕除草2次，即春季发芽前后及秋季采收前后进行，以后每年松土除草3~5次，杂草发芽后的早春、采收前及采收后各进行1次。第一次除草和松土应在杂草刚发芽的时候，时间越早，以后的管理就越容易。第二次在6月底以前，因为这时是椒苗生长最旺盛的季节，也是杂草繁殖最严重的时期。锄草松土时不要损伤椒苗根系。

在椒树栽植后的前几年，特别要重视锄草松土，第一年锄草松土4~5次，第二年3~4次，第三年2~3次，第四年1~2次。在杂草多、土壤容易板结的地方，每下1次雨，均应松土1次，特别是春旱时浇水或降雨后均应及时中耕。松土除草用锄进行，根颈周围宜浅，向外逐渐加深，勿伤根系；将草连根锄掉，同时注意修整树盘、培土，防止水土流失。

2.覆盖除草

覆盖除草所用的覆盖物包括园艺地布、地膜、砂子和柴草等，以覆草最好。覆草一般可用麦秸、谷草、绿肥等，覆盖厚度5~10厘米，覆盖范围应大于树冠，全园覆盖效果更好。覆盖后应隔一定距离压一些土，以免被风刮去。果实采收后，结合秋耕将覆盖物翻入土壤中，然后重新覆盖，或在农作物收获后，把所有的秸秆全部打碎铺在地里，让秸秆腐烂，增加土壤有机质。秸秆铺地覆盖,可防止杂草滋生。同时,地面覆盖,夏季可以降低土壤温度,初春和冬季又可提高土壤温度,有利于椒树生长发育。

3.药剂除草

药剂除草可以达到除草的目的,但容易造成地面光秃,不能增加土壤有机质含量,也不能改善水分供应状况。在草荒严重、椒树面积大时,应用药剂除草是行之有效的方法。常用除草剂种类较多,应选择国家允许使用的除草剂,用法用量可参考产品说明书。

三、合理施肥

花椒树正常生长结果需要氮、磷、钾等大量营养元素和钙、硫、镁、硼、锌、铜、锰、铁、钼等中微量元素,因地、因树合理施肥,才能达到预期的效果。

1.施肥时期

一般可分基肥、追肥。基肥施用要早,追肥施用要巧。

(1)基肥是一年中较长时期供应养分的基本肥料,通常以迟效性有机肥料为主,如腐殖酸类肥料、堆肥、厩肥、绿肥及作物秸秆等,施后可以增加土壤有机质,改良土壤结构,提高土壤肥力。基肥也可混施部分速效氮素化肥,以增快肥效。过磷酸钙、骨粉直接施入土壤中,常易与土壤中的钙、铁等元素化合,不易被吸收。为了充分发挥肥效,宜先将过磷酸钙、骨粉等与圈肥、人粪尿等有机肥堆积腐熟,然后做基肥施用。

施基肥的最适宜时间是采椒后的秋季,其次是落叶至封冻前,以及春季解冻后到发芽前。秋施基肥有充分的时间腐熟和供花椒树在休眠前吸收利用,这时根正处于生长高峰,根系受伤后,容易愈合产生新的吸收根,吸收能力强,可以增加树体的营养储备,满足春季发芽、开花、新梢生长的需要。落叶后和春季施基肥,肥效发挥慢,对花椒树开花坐果和新梢生长的作用较小。

(2)追肥又叫补肥,是在施基肥的基础上,根据花椒树各物候期的需肥特点补给肥料。一般在生长期,特别是萌芽前和开花后进行。追肥以速效性肥料为主,幼树和结果少的树,在基肥充分的情况下,追肥的数量和次数宜少;养分易流失的土壤,追肥次数宜多。

2.施肥量

花椒施肥量,常因品种、树龄、树势、结果量和土壤肥力水平不同而异。幼龄期需肥量少,进入初结果期后,随着结果量的增长,施肥量也需增加。肥料施入土壤后,由于土壤固定、侵蚀流失、地下渗漏或挥发等原因不能完全被吸收,肥料利用率一般氮为50%、磷30%、钾40%。

发芽前,在降雨后或有浇灌条件的园地可施速效肥1次,可沿树冠在地面投影线的边缘挖宽30厘米、深40厘米的环状沟施肥。老龄树每株施氮肥1千克、磷肥2.5千克;盛果期树每株施氮肥0.8千克、磷肥0.75~1千克,挂果幼树每株施氮肥0.25~0.5千克、磷肥1千克。将化肥均匀撒入沟中,用熟土覆盖后再用生土填压。7~8月份以同样的方法和数量施肥。于秋末冬初在树冠下地面的相同部位开沟或挖穴施有机肥,施肥量按老龄树8~10千克、盛果期树5~8千克、挂果幼树5千克施入。

生产中要注意,速效肥应在浇水前或降雨前后开沟施入,施肥量不能太大。浇水量要适中,浇水应在早晨或下午进行。基肥主要为农家肥或商品有机肥,配以少量磷肥。农家肥采用腐熟的牲畜、人尿和农家沤制的肥料,忌施生肥,以免滋生地下害虫。施肥量应依土壤肥力状况、树体大小等决定。瘠薄地块施肥量应加大,小树施肥量宜小,大树施肥量宜大。

3.施肥方法

基肥采用埋施,可与扩盘一同进行。全园施肥适用于成年花椒树和密植花椒树,即将肥料先均匀撒于地上,然后翻入土中,深度20厘米左右,一般结合秋耕和春耕进行,也可结合浇水施用。全园施肥,根系各部分都能吸收养分,而且可以机械化作业。但因施肥较浅,易导致根系上浮,降低树体抗旱性。

除全园施肥外,还可开沟施肥,如环状施肥、放射状施肥、条状施肥和穴施等。

(1)环状施肥。是以树干为中心,在树冠周围挖一环状沟,沟宽20~30厘米,深度要因树龄和根系分布范围而定。幼树在根系分布的外缘挖沟时可深些;大树根系已扩展很远,在树冠外围挖沟,一般以深20~30厘米为宜。环状沟沿树冠垂直投影外缘开挖,逐年向外扩展。挖好沟后,将肥料与土混匀施入,覆土填平。以后每年随根系的扩展,环状沟也应扩大。

(2)放射状施肥。开沟时,在树冠下距树干0.5~1米处,开始向外挖放射沟6~10条。沟的深度、宽度与环状沟相同,但需注意由树干部位向外逐渐加深,避免伤及大根,沟的长度可到树冠外缘。施肥后覆土填平。每年挖沟时,应变换沟的位置。此法伤根较少,而且施肥面积大,适于成年椒树应用。缺点是矮干树操作不方便,而且易伤大根。

(3)条状施肥。在花椒树行间开直条沟施肥,沟长同树冠直径。开沟时注意将表土与底土分开放置,沟开好后,农家肥、磷肥与表土拌匀填入沟内,将生土覆于沟的上部。在宽行密植的椒园常采用此法,便于机械化施肥,缺点是伤根多。

(4)穴状施肥。施肥前,在树冠距主干2/3处以外,均匀挖若干小穴,穴的直径50厘米左右,将肥料施入,然后覆土。这种施肥方法多在椒粮间作园采用,或机械不便与劳动力紧缺时采用。

(5)肥水一体化。是现代化果园的肥水管理模式,即浇水与施肥相结合,肥料分布均匀,既不伤根又保护耕作层土壤结构,节省劳力,肥料利用率高。树冠密接的成年椒树、密植椒园及旱作区采用此法更为合适。标准化的肥水一体化投入太高,现在的经济条件推广普及难度较大,椒农朋友可采用简易化的肥水一体化进行操作。

方法是:用塑料桶装水,将水溶肥按规定浓度溶解稀释后,以喷雾器的水泵做动力,用水管连接追肥枪,将肥料水溶液注射到根际土壤中,达到既施肥又灌水的目的。

(6)根外施肥。也叫叶面喷肥,将肥料溶解到水中,再喷到植株上,这种方法称为根外施肥,简称叶面施肥。根外施肥的优点是肥效快,2小时后即可被吸收利用,而且在各类新梢中分布均匀,因此对弱枝更为有利。易被土壤固定的元素如磷、钾、铁、锌、硼等,用叶面施肥效果快而节省肥料。叶面追肥还可结合喷药进行,节省劳力。

叶面喷肥应注意的问题:①根据花椒树各个时期的需肥特点选择适宜的肥种。花期以氮、磷肥为主,同时喷硼肥、稀土和赤霉素等;果实膨大期以磷、氮肥为主;生长后期以钾肥为主。②浓度不宜过大,以免造成药害。应采用低浓度喷雾法,一个施肥期隔7~10天喷施1次,连喷2~3次。叶背、叶表都要喷,喷药量以叶尖即将滴水为宜。③喷施时间应在上午10时以前和下午4时以后,以免气温高,影响施肥效果和导致叶片受害。

第七章　主要病虫害防治

一、花椒蛀干害虫

花椒树蛀干害虫主要是天牛幼虫和吉丁虫幼虫。幼虫蛀干后造成树体流胶、腐烂、枯死,危害重、打药难。天水市花椒园蛀干害虫多为花椒窄吉丁虫。

危害特点:成虫咬食花椒枝叶、产卵繁殖,幼虫钻蛀树干,上下蛀食,引起椒树枯死,造成花椒减产,为害严重。

(一)花椒虎天牛

1.形态特征

虎天牛成虫体黑色,长19~24毫米,全身密布黄色绒毛,触角11节,为体长的1/3,每个鞘翅中部有2个黑斑。卵长椭圆形,长约1厘米,初产白色渐变为黄褐色。初孵幼虫头淡黄色,体乳白色,老龄幼虫体长20~25毫米,体黄白色。蛹初乳白色渐变为黄色(图3-17)。

花椒-图3-17　花椒虎天牛

2.发生规律

花椒虎天牛两年发生1代,以幼虫或蛹在虫道内越冬。蛹于5月中旬开始陆续羽化为成虫,6月下旬多因被害株枯死从虫道中迁飞到未受害株取食椒叶。成虫晴天相对活跃,雨前闷热时最为活跃,7月中旬多在树干高1米处交尾,并产卵于树皮裂缝深处,每处1~2粒,一头雌虫一生可产卵

20~30粒。一般8月上旬至10月中旬卵孵化为幼虫蛀入树干皮部越冬。第2年3月幼虫继续为害,4月间从蛀孔处流出黄褐色黏液,俗称"花椒油",形成胶疤。5月份幼虫蛀食木质部,并由虫道(透气孔)排出粪便和木屑的混合物。6月,受害椒树开始枯萎。幼虫共5龄,以老熟幼虫在蛀道内化蛹。到第3年6月间幼虫老熟并化蛹。

(二)桃红颈天牛

(1)为害方式:幼虫在木质部蛀隧道,造成树干中空,引起树势衰弱,严重时造成树体死亡。

(2)形体特征:成虫体长28~37毫米,前胸大部分为棕红色,有光泽。卵圆形,乳白色,长6~7毫米,初孵幼虫乳白色,老熟幼虫头黑褐色,体长50毫米左右。

(3)生活史:一般2年1代,5~6月老熟幼虫作茧化蛹,6~7月份成虫羽化。从树干中钻出交尾,卵多产在主干、主枝的树皮缝隙中。卵期8天左右。幼虫孵化后向下蛀食韧皮部,第2年7~8月份,幼虫长至30毫米后,头向上往木质部蛀食。到第3年5~6月份幼虫老熟化蛹,蛹期10天左右羽化为成虫。

(三)桔褐天牛

(1)形态特征:成虫体色黑褐,有光泽,体长26~51毫米,宽10~14毫米。

(2)生活史:3年1代,以幼虫越冬3次,每年3月底至11月份活动,每天把所蛀木屑送出洞外。老熟幼虫在虫道末端筑室化蛹,蛹期20天,羽化后成虫钻出洞外,寿命1~2个月,5~8月均可见到成虫,但以6~7月最多。成虫白天隐蔽,黄昏后活动、交配、产卵,卵散产于树皮裂缝或伤口处,卵期10天左右,初孵幼虫先在皮下蛀食,6周后即蛀入木质部。

(四)花椒窄吉丁虫

又叫花椒小吉丁虫。幼虫危害干枝、根颈,成虫取食叶片。天水市花椒园蛀干害虫多为花椒窄吉丁虫(图3-18、图3-19)。

花椒-图3-18　花椒窄吉丁虫(成虫)

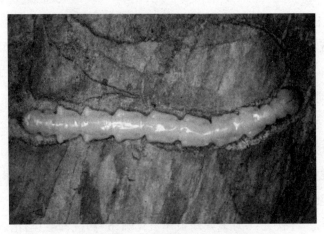

花椒-图3-19　花椒窄吉丁虫(幼虫)

1. 危害特点

幼虫蛀入3年生以上或干颈1.5厘米以上的花椒树的根颈、主干、主侧枝的皮层下,蛀食形成层和部分边材,并逐渐蛀入木质部危害。虫道迂回曲折,盘旋于一处,充满虫粪,致使被害处的皮层和木质部分离,被害枝干大量流胶,引起皮层腐烂、干枯、剥落。严重影响营养运输,可导致叶片黄化乃至整个枝条或树冠枯死。

2. 形态特征

雌成虫体长8~10毫米,雄成虫体长7~9毫米,体窄长,鞘翅铜色有光泽,每个鞘翅上有4个"V"形蓝紫色斑,鞘翅末端锯齿状。触角黑褐色,锯齿状,11节,触角周围及触角上生有白色毛。卵扁椭圆形,长约1毫米,初产为乳白色,后变成淡黄色或红褐色,多散生于树干50厘米以下部位树皮的小裂缝、小坑道和翘皮损伤处。初孵幼虫体白色,体细如线,长约2毫米;经第一次越冬的幼虫体长逐渐达到1.5厘米以上,扁平,乳白色,头部小,前胸膨大;腹部末节有1对黄褐色或深褐色的锯齿状钳状突刺。

蛹为裸蛹,体长8~10毫米,初蛹白色,后从胸部出现黑色,蛹期30~40天。

3. 发生规律

天水市1年1代,以低龄幼虫在皮层下或大龄幼虫深入木质部3~6毫米处越冬。第二年春季花椒萌芽时,继续在隧道内活动危害。6月上旬成虫开始羽化出洞,下旬达盛期。7月开始产卵于椒树下部皮缝处,下旬卵开始孵化,8月上旬为幼虫孵化盛期,初孵幼虫蛀入皮层,蛀食数月后越冬。成虫有假死性和趋光性,喜热,以上午10~11时活动最为活跃,飞行迅速,成虫寿命20~30天,卵呈块状,产于主干30厘米以下粗糙表皮、小枝条基部等处。初孵幼虫常群集于树干表面的凹陷或皮缝中,经5~7天分散蛀入皮层,隔1~3厘米开一个月牙形通气孔,并自通气孔流出褐色胶液,20天左右形成胶疤。

(五)花椒蛀干害虫防治方法

1. 农业防治

及时剪除濒临枯死的花椒树和枝条,集中烧毁,消灭虫源。掌握成虫产卵及低龄幼虫危害造成流胶的特征,及时刮除卵块和锤击幼虫,并用石硫合剂或愈合剂涂刷伤口。

人工捕杀:6~7月间夜晚,用手电照明捕杀成虫。人工钩杀:用铁丝钩伸入较浅的虫孔中,钩杀幼虫。

2.化学防治

(1)秋季越冬前,用国光涂白剂(或1份硫黄、10份生石灰和40份水配制成涂白剂)涂刷树干和主枝基部,防止成虫在树体上产卵。

(2)蛀干幼虫防治

花椒窄吉丁幼虫:花椒萌芽期或采收后,树干喷淋"'透翠'蛀干害虫套装"(兑水15千克)两次,时间间隔一周,喷淋高度150厘米,杀死侵入树干内的幼虫。

当侵入皮层的幼虫较少时,采收后用刀刮去胶疤及一层薄皮,用上述药剂涂抹。

或在农历二月开始防治,用螺虫乙酯加杀虫单掺混少许煤油,将药兑好用它刷涂在椒树的伤口,收麦前、摘椒后各一次,疗效很好。

天牛幼虫:老熟幼虫,在刮除胶斑后用棉球沾40%毒死蜱乳油或40%马拉松乳油30倍液塞入虫孔,用湿泥封闭熏杀,此法简便易行,效果显著。

(3)成虫防治

成虫羽化出洞高峰期,喷洒23%攻牛微胶囊悬浮剂1500倍液杀灭成虫;可选用的其他药剂还有2.5%联苯菊酯800倍液、2.5%溴氰菊酯乳油2000倍液、10%氯氰菊酯乳油1500倍液。

二、花椒蚜虫

生物学分类中属棉蚜,俗称油旱、旱虫等。主要危害花椒嫩叶、嫩梢、花穗等。

1.危害特点

成虫、若虫群集于花穗、新梢、嫩叶等幼嫩部位刺吸汁液,致使嫩芽、叶和花器官皱缩,光合受阻、落花落果。同时,蚜虫排泄物(油脂,俗称蜜露)使叶片表面油光发亮、着药困难,并容易诱发煤污病,进一步影响叶片的正常光合作用(图3-20、图3-21)。

花椒-图3-20　花椒蚜虫为害叶片

花椒-图3-21　花椒蚜虫为害果实

2.形态特征

成虫无翅雌蚜：体长1.5~1.9毫米,夏季大多黄绿色,春秋季大多深绿色、黑色或棕色,腹管黑色,圆筒形。

有翅雌蚜：体长1.2~1.9毫米,体黄色、浅绿色或深绿色,腹管黑色,圆筒形。

卵：椭圆形,长0.45~0.69毫米,除产橙黄色渐变为漆黑色。若蚜夏季淡黄色,秋季灰黄色,有翅若蚜翅芽后半部灰黑色,体较无翅若蚜细瘦。

3.发生规律

花椒蚜虫以成虫和若虫为害,常群集在寄主植物嫩叶背面和嫩茎上刺吸汁液。花椒蚜虫生活史较复杂,一年发生约20余代,以卵在干、枝皮缝或芽缝中越冬。翌年4月树体萌芽后开始孵化,约在5月上旬孵化结束。初孵幼蚜群集在叶或芽上为害,经10天左右发育为干母,干母可胎生无翅胎生雌蚜,以孤雌生殖方式继续进行繁殖,5月下旬开始出现有翅胎生雌蚜并迁飞扩散。6~7月间由于温度、湿度条件适合,繁殖加快,虫口密度迅速增长,严重为害树梢、叶背、叶柄,并向其他植株扩散。8~9月份发生数量逐渐减少。10~11月出现有性蚜,交尾后产卵,以卵态越冬。每头雌蚜产卵1~6粒。

主动传播靠爬行和有翅蚜飞翔,被动传播主要包括人畜携带、工具携带、风雨传播、随苗木、接穗等繁殖材料传播等。

4.防治方法

(1)农业防治。冬春季刮刷树干上的老翘皮并烧毁,消灭越冬卵。保护和利用天敌(七星瓢虫、食蚜蝇、寄生蜂、草蛉等),天敌对蚜虫有一定的控制作用,化学防治时注意保护天敌。当瓢蚜比为1:(100~200),或蝇蚜比为1:(100~150)时可不用药,充分利用天敌的自然控制作用。一头成虫或幼虫日食蚜量平均可达50~100余头,蜘蛛捕食量更多,在70~200头之间。所以,要认真保护好花椒蚜虫的天敌。

（2）休眠期防治。

可结合叶螨、蚧壳虫的防治，在果树发芽以前使用3~5波美度石硫合剂或含油量5%的矿物油乳剂清园，杀死越冬的蚜卵，降低当年繁殖基数。

（3）生长期防治

花椒蚜虫一般在花芽萌动期开始孵化，展叶初期（抽梢3厘米左右，温家湾经验），孵化已达盛末期。防治的关键是在越冬卵孵化盛期细致喷药，一般在4月中旬至5月上旬。要求淋洗式喷布，做到枝、叶、芽全面着药，力争全歼，不留后患。

选用烟碱类药剂，比如吡虫啉、啶虫脒、抗蚜威、噻虫嗪、噻虫啉、氟啶虫酰胺等，加长效性药剂比如氯氟氰菊酯、联苯菊酯、丁硫克百威等，加渗透剂有机硅交替喷雾防治。

三、花椒凤蝶

又名柑橘凤蝶、黄黑凤蝶，危害叶和嫩芽。属鳞翅目凤蝶科。除为害花椒等一些芸香科植物外，主要为害柑橘和甜橙。

1.危害特点

幼虫取食花椒幼嫩叶片，造成缺刻或孔洞，严重时将幼树叶片全部吃掉，仅留叶柄，严重影响枝梢和植株正常生长。

2.形态特征

春夏两种，春型淡黄绿色、夏型大多暗黄色，体长21~30毫米，翅展69~105毫米，雄虫较小。前翅近外缘有8个黄色月牙斑，基部有8个黄斑；臀角处有1个橙黄色圆斑，有尾突。

卵，球形，直径1毫米，初产时淡白色渐变为黑色。

幼龄幼虫头尾黄白色间绿褐色，极似鸟粪；成龄幼虫黄绿色，后胸背两侧有眼状斑，后胸和第一腹节间有蓝绿色带状斑，腹部4节和5节两侧各有一条蓝黑色斜纹分别延伸至5节和6节，背面相交；老熟幼虫体表光滑，体长40~50毫米（图3-22）。

初孵幼虫取食嫩叶，将叶咬成小孔。随虫体长大，咬叶成缺齿形，老龄幼虫一日能食几张叶。幼虫受惊动由前胸前缘伸出黄色或橙黄色肉质丑角，放出强烈臭气趋敌。老熟幼虫吐丝做垫，以尾足钩住丝垫，然后吐丝缠绕胸、腹而化蛹。蛹与枝近于同色，起自然保护色的作用。

蛹，长30~32毫米，菱角形，淡绿色，待孵化时呈暗褐色（图3-23）。

3.发生规律

1年发生2~3代，以蛹附着在枝干及其他隐蔽场所越冬。4月份开始羽化，成虫白天活动，飞行力强，吸食花蜜，成虫将卵产在嫩芽上和叶背，卵期约7天。卵孵化后幼虫取食为害。老熟幼虫5月份化蛹，6、7月发生的为春型，7月后发生的为夏型。

发生期世代重叠，4~10月均能看到成虫、卵、幼虫和蛹。

花椒-图3-22　花椒凤蝶(幼虫)

花椒-图3-23　花椒凤蝶(蛹)

4.防治方法

(1)农业防治

秋末冬初及时清除越冬蛹,5~10月人工摘除幼虫和蛹,集中烧毁。

(2)生物防治

以菌治虫:用含活芽孢100亿/克的苏云金杆菌或青虫菌悬浮液,或含活孢子50亿~100亿/克的白僵菌可湿性粉剂防治。

以虫治虫:将寄生蜂寄生的越冬蛹,从花椒枝上剪下来,罩上纱网,放置于避风雨处。寄生蜂羽化后放回椒园,使其继续寄生,控制凤蝶发生数量。

(3)药剂防治

低龄幼虫期喷洒40%毒死蜱乳油1000倍液、高氯·马拉硫1500倍液或20%氰戊菊酯乳油2000倍等菊酯类药剂防治。

四、花椒跳甲

主要有花椒红胫跳甲、花椒铜色潜跳甲、花椒桔啮跳甲。同属叶甲科,跳甲亚科,前两者为桔潜跳甲属,后者为桔啮跳甲科。花椒跳甲俗称土跳蚤、椒狗子、折花虫、折叶虫、霜杀虫等。天水市主要为铜色潜跳甲危害

1.危害特点

以幼虫蛀食幼嫩的花椒花序梗和复叶柄,致花序、复叶萎蔫变褐下垂,继而黑枯死亡(遇风雨则落)。已成为花椒生产上毁灭性的害虫。

潜叶甲幼虫会潜入叶内,取食叶肉组织,使被害叶片出现块状透明斑,当受害叶片发黄枯焦时迁移到健康叶上继续取食。危害严重时,受害树的叶片被取食殆尽,椒叶全部焦枯,似火烧状,对翌年花椒增产影响极大。

花椒跳甲取食危害幼果,可造成落果。

2.形态特征(铜色潜跳甲)

成虫卵圆形,体长3~3.5毫米,虫体古铜色光泽,稍带紫色,体腹面、足和触角棕红色,体基部向后拱起呈弧状。

卵长卵圆形,长约0.6毫米,宽约0.3毫米,初产金黄,之后渐变为黄白色。幼虫体长5~5.5毫米,初孵淡白色,老熟时黄白色,头、足、前胸背板及臀背板均为黑褐色。

3.发生规律

该虫1年发生1代,以成虫在花椒树冠下距主干1米范围内、7厘米表土层内越冬。少数在花椒树老翘皮、树冠下杂草、枯枝落叶里越冬。

第2年花椒树芽萌动时,陆续出土上树危害,花椒显蕾期为成虫出土盛期。成虫出土后成活30天左右,晴天、无风、温度高的中午在花椒叶片上活动,遇到温度低、刮风、降雨天气,则潜伏在叶背、翘皮、石块或土块下。

成虫有群集性和假死性,且活泼善跳。花序梗伸长期至初花期为产卵盛期,成虫卵散产于花序梗或羽状复叶柄基部,卵期6~8天。4月底至5月初,即开花盛期至落花初期,是卵孵化为幼虫进入危害的盛期(孵化盛期),幼虫期15~30天。幼虫6月上旬老熟后进入地面以下3厘米左右的湿土层内化蛹,6月中旬新一代成虫出现,椒果膨大期为盛期,8月中旬成虫陆续潜伏土中越冬。

4.防治方法

原则:阻杀成虫(花椒萌芽前,入土化蛹期)+喷杀幼虫(卵孵化盛期)。

(1)农业措施

翻耕树盘+追肥+覆黑膜。冬春翻耕树盘,萌芽前覆黑地膜,前者利用低温和鸟食、后者利用闷杀作用降低越冬成虫基数(结合春季追肥进行)。6月可结合中耕除草,翻晒虫蛹。8月下旬气候渐凉,成虫多在嫩梢处危害,很不活跃,利用人工振落,进行捕捉,效果良好。

（2）地面药剂防治

春季花椒树发芽前成虫尚未出土时，在距树干1米范围内施药治虫，用40%毒死蜱500倍液对树冠下土壤喷雾，施药后，需将地面用齿耙耧耙几次，深5~10厘米，使药土混合，提高防治效果。

（3）喷杀幼虫（可结合防治蚜虫，加啶虫脒/吡虫啉）

4月底至5月初卵孵化盛期，在树冠喷洒2.5%溴氰菊酯乳油或20%氰戊菊酯乳油3000倍液或10%氯氰菊酯乳油2000倍液。

五、花椒锈病

又名花椒鞘锈病、花椒粉锈病等，危害叶片。

1.病状识别

发病初期，在叶片背面出现圆形点状不规则排列的淡黄色或锈红色斑（夏孢子堆），叶片正面出现水渍状褪色斑点，逐渐扩大，呈黄褐色疱状。严重时可导致椒树叶片枯黄早落。秋季在病叶背面出现橙红色或黑褐色凸起的冬孢子堆（图3-24）。

花椒-图3-24　花椒锈病

2.发病规律

病原为担子菌门花椒鞘锈菌（花椒鞘锈菌为专性寄生菌，至今尚未发现有性阶段）。7月下旬至8月上旬开始大量发病（普发期），9月下旬至10月上旬为发病高峰期，病菌夏孢子借风雨传播侵染，阴雨潮湿天气发病重，少雨干旱天气发病轻（在夏、秋季多雨、湿度大的情况下有利于锈病的侵入和流行，病情指数与气温呈负相关，与相对湿度有一定的相关性），树势强壮发病轻，树势衰弱发病较重，通风透光不良的树冠下部叶片先发病，以后逐渐向树冠上部扩散。

3.防治方法

（1）农业防治

在大红袍主栽品种中混栽抗病花椒品种（枸椒等），减弱锈病的流行和传播。

通过水肥管理增强树势,于冬春清园时彻底扫除病枝落叶,集中烧毁,消灭越冬菌源。

(2)药剂防治

冬春季清园。树体喷施45%晶体石硫合剂100~150倍液或3~5波美度石硫合剂。

6~7月份病害初侵染期至发病初期,叶面喷施15%三唑酮可湿性粉剂800倍液,或43%戊唑醇3000倍液,或25%丙环唑4000倍液,或40%氟硅唑乳油5000倍液,10~15天喷施1次,喷施2~3次,能有效控制锈病的发生;或12%的腈菌唑1000倍液,或10%苯咪甲环唑1000倍液控制夏孢子堆产生,果园周边柏类植物都要一同喷药。也可在未发病时用波尔多液喷药保护。

六、花椒炭疽病

又名黑果病。危害果实、叶和嫩梢。造成花椒落果、落叶、嫩梢枯死,对翌年坐果有很大影响。

1.症状识别

主要危害果实,发病初期果面出现数个分布不规则的褐色小点,后期病斑变成深褐色(并伴随椒皮开裂、落果),圆形或近圆形,中央下陷;天气干燥时,病斑中央灰色,上具褐色至黑色轮纹状排列的粒点;阴雨高温天气,病斑小黑点呈粉红色小突起;叶片、新梢染病,呈褐色至黑色病斑(图3-25)。

花椒-图3-25　花椒炭疽病

2.发病规律

病原为半知菌类胶孢炭疽菌。病菌在病果、病叶及病枯梢中越冬,翌年6月产生分生孢子,借风、雨、昆虫传播和多次侵染危害,6月下旬开始发病,8月为发病盛期,花椒园通风透光不良、树势衰弱、高温高湿时易于病害大流行。

3.防治方法

(1)农业防治

加强椒园的综合管理,科学修剪,均衡施肥,雨后及时排水。保持椒园通风、透光良好,促进花椒树健壮生长,增强树体抗病能力。

冬、春季彻底清除椒园病残枝和落叶,烧毁或深埋,以减少越冬菌源,抑制病害发生。

(2)药剂防治

花椒萌芽前树体喷洒45%晶体石硫合剂100~150倍液或3~5波美度石硫合剂,可预防多种花椒病虫害。

幼果期预防:落花后10~20天喷洒80%代森锰锌800倍液或70%甲基硫菌灵800倍液,或喷施索利巴尔(成分:多硫化钡,替代石硫合剂的理想药剂)。

发病初期(转色期)防治(结合防治锈病):喷施25%吡唑醚菌酯1500倍液或43%戊唑醇3000倍液,或25%丙环唑5000倍液或45%咪鲜胺2000倍液,对花椒炭疽病有很好的防治作用。

七、流胶病

流胶病发生的原因主要是天牛和吉丁虫幼虫危害和冻害等。

1.症状识别

该病在苗期就开始发生,成年期发生较为普遍。椒树主干上流出黄色黏液,并逐渐增多,变为黄褐色胶汁,故称为流胶病。该病危害的椒树,先从局部死亡,随后逐步扩大至全株死亡(图3-26)。

花椒-图3-26 花椒流胶病

2.防治方法

(1)农业防治

增施有机肥,强壮树势,改良土壤。

（2）化学防治

清园：减少越冬病原及虫害，冬季清理花椒园应彻底，将病虫枝叶集中烧毁或深埋；早春和秋末各喷一次5波美度石硫合剂或100倍等量式波尔多液，防治越冬病害；冬前树干涂白，防止冻害。另外，对树盘、根茎周围的表土要及时更换，可减少根茎病虫害的发生。

树冠喷药：3月下旬初发期，喷1500倍甲基硫菌灵等杀菌剂（结合防治蚜虫和花椒跳甲）；5月中旬和7月下旬两次发病高峰期，喷水或者在雨后刮除胶质，隔一周喷一次1000倍的氯溴异氰尿酸或者辛菌胺（大浓度只喷树干），交替使用，连喷2~3次，预防浸染性病菌蔓延。

树干淋刷：刮除胶疤，露出树皮绿色组织，以杀菌剂+内吸性杀虫剂+营养肥+愈合剂的配方，配置药液涂刷病斑部位。

杀虫剂选择内吸性强的螺虫乙酯、噻虫嗪、杀虫单、毒死蜱等，推荐药剂施用浓度为商品建议浓度的30~40倍。

杀菌剂选择戊唑醇、苯醚甲环唑、吡唑醚菌酯、辛菌胺、甲基硫菌灵、丙环唑等，推荐药剂施用浓度为商品建议浓度的10倍。

可选择以下配方：

方案一：刮病斑+涂石硫合剂

方案二：高氯马拉硫磷+柴油（1∶100）

方案三：有机磷农药+杀菌剂+35倍螯合氨基酸微肥

方案四：有机磷农药+伤口愈合剂（甲基硫菌灵+萘乙酸）

方案五：本翠（有机水溶肥料）+杀虫剂+杀菌剂

杀虫剂、营养肥可根据主干害虫发生情况和树体生长势判断添加与否。虫害严重时，及时用内吸作用的药剂（螺虫乙酯、噻虫嗪等）在树干涂抹防治。对于已发生的病斑要及时刮除，再涂抹石硫合剂保护，发现枝干上有蛀孔时，应及时用钢丝或竹签捅进，刺死活虫或用棉球蘸高氯马拉硫磷50倍液后塞进蛀孔，外面用软泥涂封，熏死蛀虫。

八、花椒煤污病

又叫花椒烟煤病。会使花椒树的叶片、枝梢、果实受到侵害，其表面产生一层暗褐色至黑褐色霉层，以后霉层增厚成为煤污状。由于病原种类不同，后期霉状物各异，如霉层上散生黑色小粒点（即分生孢子器或团囊壳）或刚毛状长形分生孢子器突起物。严重发生该病的果园，树冠如被盖上一层煤灰。图3-27。

防治方法：主要防治蚜虫、介壳虫，因为其分泌物为烟煤病最有效的营养。

1.农业防治

加强果园管理，坚持合理施肥，适度修剪，清洁果园，以利通风透光，增强树势，减少发病。

花椒-图3-27　花椒煤污病

2. 药剂防治

①用药防治蚜虫、介壳虫、粉虱等刺吸式口器的害虫,减少发病因素。②对发病较重的椒园,在发病初期,连续用药2次控制,相隔10天左右喷1次。可以结合锈病和炭疽病防治,选用45%戊唑·丙森锌可湿性粉剂1000~1500倍液等。

第四篇

核桃高质高效栽培技术

第一章　优良品种

一、早实类型

(一)丰辉

山东省果树研究所1978年杂交育成,亲本为上宋6号×阿克苏6号,1989年定名。

坚果性状:坚果长卵圆形,果基圆,果顶尖,纵径4.36厘米,横径3.13厘米,平均坚果重9.4克。壳面光滑,有浅刻沟,浅黄色;缝合线窄而平,结合紧密,壳厚1.1毫米,可取整仁。核仁充实饱满、色浅美观,味香而不涩,出仁率51.1%,脂肪含量为62.8%,蛋白质含量为22.9%,坚果品质上等。

栽培习性:树势弱,幼树树姿较直立,树冠呈圆形。分枝力较强,枝条髓心大。侧生混合芽比率88.9%,雌花多三生,坐果率70%。结果早,嫁接后第二年开始结果,4年后开始出现雄花,雄先型。丰产性强,树势易衰弱,修剪时应注意及时短截结果枝,保持树势旺盛。天水栽培区域9月上旬坚果成熟。盛果期需要较高肥水条件。

(二)鲁光

山东省果树研究所1978年杂交育成,亲本为新疆卡卡孜×上宋6号,1989年定名。

坚果性状:坚果长圆形,果基圆,果顶微尖。纵径4.32厘米,横径3.72厘米,平均坚果重12.1克,壳面光滑美观,浅黄色;缝合线平,结合较紧密,壳厚1.1毫米,可取整仁。核仁充实饱满、色浅,味香而不涩,出仁率57.5%。核仁脂肪含量66.4%,蛋白质含量20.0%,坚果品质优。

栽培习性:树势中庸,树姿开张,树冠半圆形。分枝力较强,枝条粗壮。侧生混合芽比率80.8%,雌花多双生,坐果率65%左右,雄先型。结果早,嫁接苗第二年开始结果,大小年不明显,雄花3~4年开始出现。天水9月中旬坚果成熟。盛果期需要较高肥水条件。

(三)元林

山东省林科院侯立群和泰安市绿园经济林果树研究所王钧毅利用人工杂交育成,其母本为早实品种元丰核桃,父本为美国强特勒核桃。2007年通过省级鉴定,2008年通过部级验收。

坚果性状:坚果方圆形,平均坚果重14.4克左右,壳面光滑,缝合线紧,壳厚1.2毫米,取仁易,可取整仁,内种皮淡黄色,出仁率47.9%。

栽培习性:元林核桃发芽晚,较香玲核桃等品种晚发芽5~7天,可避过早春晚霜危害。树势旺盛,树姿直立,树冠成圆头形,侧芽结果率达90.2%,平均每果枝坐果1.4个。天水市9月中旬坚果成熟,盛果期需要较高肥水条件。

(四)香玲

山东省果树研究所杂交育成,亲本为上宋6号×阿克苏9号,1989年定名。

坚果性状:坚果圆形,果基较平,果顶微尖,纵径3.94厘米,横径3.29厘米,平均坚果重9.9克。壳面光滑美观,浅黄色,缝合线窄而平,结合紧密,壳厚0.9毫米,可取整仁。核仁充实饱满,味香不涩,出仁率51.9%,核仁脂肪含量65.5%,蛋白质含量21.6%,坚果品质上等。

栽培习性:树势较旺,树姿较直立,树冠半圆形。分枝力较强,枝条髓心小。混合芽近圆形,大而离生,有芽座。侧生混合芽比率81.7%,雌花多双生,坐果率60%。结果早,嫁接成活率高,嫁接后第二年开始结果,3~4年出现雄花,雄先型,有大小年。天水9月上旬坚果成熟。盛果期需要较高肥水条件。

(五)元丰

山东省果树研究所1975年从山东省邹县草寺新疆早实核桃实生园中选出,1979年通过省级鉴定并定名。

坚果性状:坚果形状卵圆形,果顶微尖,果基平圆,纵径3.8厘米,横径2.9厘米,平均坚果重16.3克,壳面光滑美观,色浅,缝合线平,结合紧密。壳厚1.2毫米,可取整仁或1/2仁,出仁率49.7%,核仁充实饱满、白色,味香微涩。坚果外观美,整齐度高,品质中上。

栽培习性:生长势强,树姿较开张,新梢平均生长量为125厘米,平均粗度为2.2厘米,分枝力较强,枝条粗壮。6年生树高平均4.32米,干周36.3厘米,冠幅为4.4米×4.3米。元丰核桃为雄先型,2~3年开始出现雄花,侧生混合芽比率为64%,雌花多双生,以中、长结果枝为主,结果早,嫁接苗建园第二年开始结果,盛果期大小年结果现象不明显。天水坚果9月中旬成熟。盛果期需要较高肥水条件。

(六)辽宁4号

辽宁省经济林研究所杂交育成,杂交组合为辽宁朝阳大麻核桃×新疆纸皮11001优株。

坚果性状:坚果圆形,果基圆,果顶圆并微尖,平均坚果重11.2克,坚果三径(纵径×横径×侧径)3.63厘米×3.56厘米×3.59厘米,壳厚1.1毫米,核纹浅,缝合线窄而平,结合紧密;易取整仁,出仁率59.7%,核仁饱满,仁色黄白,内隔膜膜质,内褶壁退化;坚果品质优,风味佳。

栽培习性:雄先型,树势较旺,果枝平均坐果1.6个,多双果,坐果率75%,成县3月下旬萌芽,9月上旬果实成熟,11月中旬落叶;适应性强,丰产性好,较耐瘠薄。盛果期需要较高肥水条件。

(七)豫丰

河南省林科院从早实核桃实生后代中选育而成,属雄先型短枝型品种。

坚果性状:坚果椭圆形,壳面光滑,缝合线微隆,结合紧密,壳厚1.2毫米,平均坚果重12.4克,核仁饱满、浅黄色,味香不涩,可取整仁,出仁率56.3%,品质优良。

栽培习性:树姿开张,树冠半圆形。枝条粗壮,皮光滑,一年生枝绿色,髓心小,多年生枝灰白色,混合芽饱满,节间短,平均2.5厘米,短枝性状明显。混合芽大而多,连续结果能力强,侧生混合芽结果能力强,稳产性状突出,多为双果,多可达6果,易丰产。嫁接后第二年开始开花结果,五年进入丰产。适宜树形为主干疏层形,修剪上应及时回缩更新,防止枝条光秃,同时控制结果量。天水9月中旬果实成熟。盛果期需要较高肥水条件。

二、晚实类型

(一)清香

原产日本,由日本清水直江从晚实核桃实生群体中选出。20世纪80年代初由河北农业大学郗荣庭教授引入中国。

坚果性状:坚果椭圆形,外形美观,缝合线紧密,坚果大,平均坚果重15.5克,出仁率53%,仁色浅黄,风味佳。

栽培习性:树体中等大小,树姿半开张,幼树期生长较旺,结果后树势稳定,一般仅顶芽结果,多为双果,9月中旬果实成熟。

(二)礼品1号

辽宁省经济林研究所实生选出,亲本为新疆晚实纸皮核桃。

坚果性状:坚果长圆形,果基圆,果顶微尖,坚果大小均匀,果形美观。纵径3.5厘米,横径3.2厘米,侧径3.4厘米,平均坚果重9.7克。壳面光滑,色浅,缝合线窄而平,结合不紧密,壳厚0.6毫米,易取整仁,核仁饱满、色浅,出仁率70%。

栽培习性:树势中庸,树姿开张,分枝力中等。混合芽圆形或阔三角形,肥大饱满。嫁接树三年开始出现雌花,6~8年后出现雄花。每雌花序着生2朵雌花,坐果率50%以上,多单果或双果,为雄先型。适宜树形为自然圆头形,修剪时应及时回缩果枝,复壮树势。9月中旬果实成熟。

(三)礼品2号

辽宁省经济研究所实生选出,亲本为新疆晚实纸皮核桃。1989年定名。

坚果性状:坚果大,长圆形,果基圆,果顶微尖,纵径4.4厘米,横径3.6厘米,侧径3.7厘米,平均坚果重13.5克。壳面光滑,色浅,缝合线窄而平,结合较紧密,壳厚0.7毫米,易取整仁。核仁充实饱满、色浅,出仁率67.4%。

栽培习性:树势中庸,树姿半开张,分枝力较强,中短枝形。混合芽圆形或阔三角形,无芽座。每雄花序着生2朵雌花,少有3朵,坐果率70%以上,多双果,雌先型,天水9月中旬坚果成熟。

(四)晋龙1号

山西省林业科学研究所实生选出,1991年定名。

坚果性状:坚果近圆形,果基微凹,果顶平;纵径3.71厘米,横径3.76厘米,侧径3.98厘米。平均坚果重14.85克。壳面较光滑,有小麻点,色较浅,缝合线窄而平,结合紧密,壳厚1.1毫米,易取整仁;出仁率61%左右,核仁色浅味香,充实饱满,脂肪含量为64.9%,蛋白质含量为14.32%。

栽培习性:幼树树势较旺,结果后逐渐开张。分枝力中等,顶芽及第二、三个芽可形成混合芽。

嫁接后第三年开始开花,四年始有雄花,在晚实核桃类群中表现早果。每雌化序多着生2朵雌花,坐果率65%,雄先型。适宜树形为自然圆头形,天水9月中旬坚果成熟。该品种抗逆性较强,较抗晚霜。

(五)晋龙2号

山西省林业科学研究所从汾阳市实生核桃园中选出。

坚果性状:坚果圆形,壳面光滑,色浅美观,缝合线窄而平,结合紧密,壳厚1.22毫米,横隔膜膜质,可取整仁,坚果重15克,出仁率56%,风味香甜,品质上等。

栽培习性:树冠中大,树势旺盛,分枝力中等,雌花序多着生2~3朵雌花,坐果率65%,雄先型。天水9月中下旬果实成熟。耐寒、抗旱、抗病性强。

第二章　苗木繁育

一、砧木繁育

(一)砧木选择

砧木可选择普通核桃和野核桃。

普通核桃：用普通核桃作为砧木嫁接优良品种的"本砧"，亲和力强，嫁接口易愈合，嫁接成活率高，苗木生长旺盛，生长结果良好，不会出现早衰现象。普通核桃生产量大，易于收集。

野核桃：主要分布在山区，嫁接亲和力好，适宜于天水南部山区多雨高湿地区。野核桃价格便宜，成本较低。

(二)砧木种子采集

提前1~2年选好采种母树，以向阳山坡、无病虫害、果实饱满、壳薄、大小年不明显、产量高的壮年核桃树作为采种母树，留种果实比商用果实晚收10天左右。

(三)砧木种子贮藏

贮藏前将退去青皮的坚果放在干燥通风的地方阴干，切忌烘干或在水泥地面晒干，晾至坚果隔膜一折即断，种皮与种仁不易分离时便可收藏，将阴干种子装入透气袋或箱中，堆放在通风、阴凉、干燥、光线不能直射的房间内，贮藏期间经常检查，避免鼠害和霉烂、发热等现象发生。有条件的地方可放在0℃冷库中，少量种子可放在冰箱冷藏室中。春播种子，采果脱皮后，用水浮去空壳及不饱满种子，摊在阴凉干燥通风处晾3~4天，即可贮藏。

(四)育苗地准备

1.圃地选择

选择交通便利、地势平坦、背风向阳、排灌方便、土壤中性或微偏碱、土层深厚疏松肥沃、无污染的壤土、沙壤土作为育苗地，过于黏重地不宜作为育苗地。

2.圃地整理及做苗床

秋季深翻土壤30厘米，以减少病虫基数，播前每亩施5%的辛硫磷颗粒剂1千克、腐熟农家肥2000~3000千克，然后旋耕耙细，育苗畦埂宽40厘米，高10~15厘米，长度依地块而定，耧平备播。

（五）播种

1.播种量

由于核桃叶片较大，每亩砧木播种8000~9000粒，依种子大小确定，一般亩播种量为60~100千克，准备种子时多准备5%，以便剔除霉烂、空壳种子。

2.催芽

春播前采用冷浸日晒破壳法处理干藏种子。播种前用冷水浸泡，要求核桃种子全部浸入水内，中间换水一次，每天搅动，15~20天后选晴天，捞出排成一薄层于水泥地上，在阳光下晒1天，选裂口的种子播种，没裂口的继续冷浸1~2天后，捞出在阳光下再晒，循环处理，一般出苗率可达90%以上。

3.播种

在4月中旬播种上述方法处理过的种子，播前起垄覆膜，墒情较差时，沿黑膜浇小水，然后按株距点播，点播时让种子缝合线与地面垂直，露白处位于一侧，切勿朝下，入土深度：种子上部离地面5厘米，播种行距40厘米、株距20厘米。播后覆土。

（六）砧木苗苗期管理

及时放苗。春季覆膜点播后20天左右种子陆续发芽，每天对苗圃地进行检查，及时放苗，以防烧苗，再用细土压实膜孔，防止水分散失。

中耕除草。杂草与苗木争肥争水，遮挡阳光，有些杂草传播病虫害，及时中耕疏松表土，防止土壤板结和杂草生长，为砧木健壮生长提供一个良好的环境。

二、嫁接（芽接法）

嫁接采用方块芽接撕裂放水法最佳。方块芽接嫁接在天水最佳时间为6月上中旬。

（一）切削砧木

用单刃刀在砧木平直光滑的部位，上下平行分别割一刀，宽度1.5~2.0厘米，深达木质部。然后，从左侧边缘处纵切一刀，深达木质部并连接上下刀口，挑起皮层将其撕下，最后在切口右下角用手向下撕一缺口，以利排水。

（二）切取芽片

选取与砧木粗细相当的新梢作为接穗，在中上部饱满芽上下分别横割一刀（芽体居中），深达木质部，宽度略小于砧木切口，然后在左右侧各纵切一刀，深达木质部并连接上下刀口，最后用拇指和食指捏住叶柄基部向右侧稍用力将芽片撕下，芽片内面凹陷处需带一点木质部（称为生长点）。

（三）嵌芽与绑缚

取下芽片后，立即将芽片左侧和砧木左侧、芽片上端和砧木上端形成层对齐嵌入切口，用塑料条从下往上将芽片缠紧，仅留叶柄。

三、嫁接苗管理

芽接后采用两次剪砧法，在芽接的同时进行第一次剪砧，保留接芽上一片复叶。待接芽膨大顶出嫁接膜后再剪去所留一片复叶，及时抹去砧木上的萌芽，在苗木生长期每亩分2次追施氮肥10~15千克，8月中旬后控制氮肥。追施磷钾复合肥，控制苗木后期旺长，促使苗木组织充实，提高抗性，以利越冬。结合喷药进行叶面喷肥，前期喷0.3%的尿素，后期喷0.3%的磷酸二氢钾。整个苗木生长期可喷50%多菌灵可湿性粉剂700倍液或70%的甲基托布津可湿性粉剂600~800倍液防治核桃褐斑病等，并及时松土和清除各种杂草，以促进土壤透气性和肥料的有效利用，提高苗木质量。

第三章 标准化建园

一、园址选择

按照NYIY395"农田水源环境质量检测技术规范",NYIY396"农田环境空气质量检测技术规范"要求,选择符合绿色果品生产要求的地方建园,在天水市选择海拔1800米以下,背风向阳的山坡地或浅山台地建园,不与粮田争地,同时,要求园地土层深厚肥沃。

二、品种搭配与栽植密度

核桃树是雌雄同株异花不同熟果树,雌雄花期差异大,自花结实率低,建园时必须配置足够的授粉树,选择授粉树的原则是雄先型配置,雌先型则雌雄花期相遇。主栽品种与授粉品种比例为4:1或5:1,授粉品种与主栽品种相隔距离在100米左右也能授粉。

核桃连片集约栽培模式:早实核桃山坡地或浅山台地栽植,株行距以4米×5米为宜,即亩栽33株,川地栽植株行距以5米×6米为宜,即亩栽22株。晚实核桃山地建园株行距以5米×6米为宜,即亩栽22株,川地栽植株行距以6米×7米为宜,即亩栽16株。

三、整地

浅山台地按深、宽各1米开挖定植穴,坡地可按方1米挖成鱼鳞坑,开挖时表土和底土分别堆放,回填时每个树穴先施入秸秆或杂草2.5~5千克,腐熟有机肥15~25千克,其上回填表土,最后填入底土,随后灌足水沉实。

四、定植

选择优质健壮嫁接苗是建园的关键环节之一。应以根系完整、苗木壮实、无损伤、芽体饱满、苗高大于1.5米的健壮苗为好。栽植前修剪根系,剪除病虫根、断根,尽量保留须根,要求剪口齐平光滑。

秋季定植宜在11月上旬至12月上旬进行,定植时在沉实的树穴中心位置挖20~30厘米深坑,扶正苗木,舒展根系,分层回填湿土踏实,核桃苗根颈部略高于地面2~3厘米,过深过浅都影响树体生长,栽后及时浇足水。秋栽的需埋土防寒,将树苗用报纸做成纸筒套其枝干,外用土堆成高50~60厘米的土堆,确保幼树安全越冬。

春季定植宜在3月进行,在土壤解冻后及时栽植,方法与秋季栽植相同,整理好树盘后应及时覆盖地膜,保水增温,提高成活率。

五、定干

核桃幼树定干1~1.2米为宜,对苗高不足80厘米的可在饱满芽处短截,促其生长,第二年再行定干。

第四章 整形修剪

一、修剪时期

核桃树从落叶期至翌年萌芽期为伤流期,伤流期修剪会造成树体养分和水分流失,不利于树体生长结果,因而不能冬季修剪。核桃树修剪的时期为结果树在果实采收后到落叶前。幼树在春季萌芽前后,天水市在3月15~25日为宜。

二、丰产树形

核桃树为乔木树,生长结果周期长,培养骨架牢靠,树体健壮的树形是实现核桃优质丰产的基础。

(一)主干疏层形

这是适宜山地集约栽培的核桃树树形。树体结构:干高80~100厘米,第一层主枝3个,层内距30~40厘米;第二层选留2个主枝,层间距为100厘米左右,层内距20~30厘米;第三层选留1~2个主枝,层间距80厘米,层内距20~30厘米,各层主枝应留3~4个侧枝,树高为5~6米。

整形过程:主干疏层形幼树定干80~120厘米,早实核桃定干取低值,晚实核桃定干取高值,对苗高不够定干高度的可在饱满芽处短截促其生长,第二年再行定干。对定干后的幼树当年可抽生3~5个分枝,第二年萌芽前以剪口直立向上的为中干延长枝,在70~80厘米饱满芽处短截,选留3个方位好的为主枝,剪留长度为40~50厘米,剪口芽选留背后芽或侧生芽,主、侧枝拉成70°~80°,辅养枝80°~90°,以后几年照此修剪,4~5年即形成树冠。

(二)自然开心形

适宜树冠开张、干性较弱以及在土壤瘠薄、肥水条件较差地区栽培的核桃树树形。

树体结构:主干高度为80~120厘米左右,没有中心干,有3~4个主枝轮生于主干上,不分层,各主枝间距离20~30厘米,每个主枝上选留2~3个侧枝,侧枝间距离80厘米。

整形过程:对定植后的核桃幼树,需要定干,高度为80~120厘米,早实核桃定干取低值,晚实核桃定干取高值,对苗高不够定干高度的可在饱满芽处短截促其生长,第2年再行定干。选择剪口下方位好的枝条作为主枝培养,2~3年内完成3~4个主枝的培养,在培养主枝的同时,开始培养侧枝,侧枝距主干距离为50~80厘米,一般每个主枝配备3~4个侧枝,并根据空间大小培养枝组。

三、不同树龄时期的修剪

（一）幼树期

核桃幼树期的修剪主要是培养良好的树形和牢固的树体结构，有效控制各类枝条的合理分布，使其有充分的生长发育空间，为早果、丰产打好基础。

骨干枝培养：采用短截方法增加枝条数量，培养主枝、侧枝，并及时开张角度，形成牢固的树体骨架，对竞争枝应及时疏除。

结果枝组培养：在主枝、侧枝的中后部、内膛配置大型结果枝组，在主枝、侧枝的中部和内膛配置中小型结果枝组，可采用先放后缩或先截后放的方法培养。对细弱二次枝可疏除；对健壮充实的二次枝通过摘心或轻度短截，促进分枝，早实核桃可利用这一特性提早挂果并逐步培养成结果枝组。对扰乱树形、影响光照的徒长枝应及时疏除，有生长空间时可通过摘心、短截培养成结果枝组。

"倒拉"现象的处理：核桃树普遍存在背后枝长势强于背上枝，影响延长头的生长，甚至造成延长头枯死，导致树形紊乱，形成"倒拉"现象。对已经形成"倒拉"现象，长势强的背后枝可用换头方式代替原头，如背后枝长势较弱，可逐步改造成结果枝组。

（二）结果期

核桃树进入结果期后，易形成树冠郁闭，通风透光不良，树体营养不足，经常造成大小年结果现象，冠内出现枯枝。此期修剪的重要任务是调整营养生长和生殖生长的关系，改善冠内光照条件，培养复壮结果枝组，保持丰产优质。

调整骨干枝和外围枝：进入结果期的核桃，大树树冠外围枝增多，易形成树体郁闭，冠内光照条件差，主枝后部易光秃，结果部位外移，应及时疏除徒长直立枝、交叉枝、外围密生枝以及细弱下垂枝，回缩过长过弱的骨干枝，以保持骨干枝的健壮生长，改善冠内光照条件，促进混合芽的形成。

培养复壮结果枝组：对结果枝适当回缩至强壮分枝处，去弱留强，疏花疏果，复壮结果枝组，还可利用徒长枝培养新的结果枝组，同时，对内膛过密、交叉、重叠、细弱、干枯枝及时疏除。

（三）衰老期

此期核桃树树势衰弱，新梢较少，干枯枝增多，修剪上采取回缩骨干枝、短截延长枝、疏除细弱枝、减少结果量，并对徒长枝进行拉枝、摘心，培养新的结果枝组，对二次枝充实健壮时摘心，促其成花结果，不充实可疏除。

山地集约栽培的核桃树树形以主干疏散分层形为宜。其结构为干高80~100厘米，第一层主枝3个，层内距30~40厘米；第二层选留2个主枝，层间距为100厘米左右，层内距20~30厘米；第三层选留1~2个主枝，层间距80厘米，层内距20~30厘米，各层主枝应留3~4个侧枝，树高为4~5米。

第五章　花果管理

一、保花保果

在核桃花期喷施0.3%的硼砂或0.3%的尿素+0.5%的白糖,可提高坐果率。人工授粉的具体方法是,从健壮成年树上采集将要散粉的雄花序,摊放在室内20℃~25℃的环境下,待花粉散出后,筛出花粉装瓶,置于2℃~5℃的条件下保存备用。授粉的最佳时期是,雌花柱头呈倒"八"字形张开时。人工授粉时,可将花粉用5~10倍的滑石粉或淀粉稀释,用喷雾器喷授,或将稀释后的花粉装入纱布袋进行抖授。

二、疏花疏果

对栽后2~3年生的早实核桃幼树,可疏除雌雄花和幼果,以减少养分消耗,促进幼树生长,并对细弱枝的幼果宜早疏除。早实核桃3~4年生幼树株留果量70~120个,盛果期树株留果量为500~800个。晚实核桃5~6年生初结果期树株留果量100~200个,盛果期树株留果量为800~1500个。早实核桃常出现二次花,应及时疏除以节省养分。

三、防冻防霜

低温冻害和霜冻是威胁天水农业生产的常见自然灾害,核桃花期经常遭受低温冻害和霜冻的侵袭,轻者减产,重者绝收,严重影响果树正常生长和农民增收,做好低温冻害和霜冻的预防是核桃管理中的一项长期任务。天水市4月上中旬气候具有不稳定性,每年均出现降温和霜冻天气,一般2~4年发生1次严重的低温冻害和晚霜危害。在预防霜冻方面,可在果园上风口,每亩堆集5~8处作物秸秆和杂草,注意收听当地天气预报,在有霜冻发生的凌晨,当气温降至零度时,点燃草堆生烟,使树冠上部形成烟幕层,防止水霜降落树体。成片核桃园,可安装果园防霜机防霜。

第六章　病虫害防治

一、核桃黑斑病

核桃黑斑病是一种细菌性病害,主要为害幼果和叶片,也可为害嫩枝及花序。核桃幼果受害后,在果面上出现黑褐色小斑点,无明显边缘,以后逐渐扩大成近圆形或不规则形漆黑色病斑,并下陷,外围有水渍状晕圈,果实由外向内腐烂。幼果发病,因果壳尚未硬化,病菌可扩展到核仁,导致全果变黑,早期脱落。当果壳硬化后,发病病菌只侵染外果皮,但核仁也会不同程度受影响。表面上似乎完好,但成熟后,果仁呈现不同程度干瘪。叶片受害后,首先在叶脉及叶脉分枝处出现黑色小点,后逐渐扩大成近圆形或多角形黑褐色病斑,大小3~5毫米,外缘有半透明状晕圈,病斑在叶背面呈油渍状发亮。严重时,病斑连片扩大,叶片皱缩、枯焦,病部中央变成灰白色,有时呈穿孔状,致使叶片残缺不全,提早脱落。枝梢上病斑呈长圆形或不规则形,褐色凹陷,有时环枝梢一周,造成干枯或节间干裂症状。

防治方法:对园内病果、病叶、病枝集中深埋销毁;在发芽前全园喷3~5波美度石硫合剂,落花、采果后喷3%噻霉酮(细刹)可湿性粉剂1500倍、或20%苯醚甲环唑微乳剂1000倍或50%退菌特可湿性粉剂600倍液。

二、核桃枝枯病

核桃枝枯病是核桃的主要病害之一。在甘肃核桃主要产区均有发生,尤其在早实核桃上较普遍,主要为害枝干,造成枝干病死。植株感病率一般为20%左右,重的可达70%,病株不但使核桃产量降低,而且树冠也逐年缩小。

防治方法:喷施80%朴海因可湿性粉剂1000倍、或50%氯溴异氰尿酸可湿性粉剂1000倍或3%噻霉酮(细刹)可湿性粉剂1000倍液。

三、核桃腐烂病

核桃腐烂病又称核桃烂皮病、黑水病,真菌感染病害。春季为发病高峰期,管理粗放、土层瘠薄、排水不良、肥水不足、树势衰弱或遭受冻害易感染此病。主要危害枝干和树皮,导致树皮呈灰色病斑,水渍状,手指压时流出液体,有酒糟味;后期病斑纵裂,流出大量黑水;病斑上散生许多小黑点,湿度大时从小黑点上涌出橘红色胶质物。主干染病初期症状隐蔽在韧皮部,外表不易看出,当看出症状时皮下病部已达20~30厘米以上,流有黏稠状黑水,常糊在树干上。枝条染病表现为失绿,皮层充水与木质部分离,枝条干枯,产生小黑点;剪锯口处发生明显病斑,沿梢部向下或向另一枝蔓延,环绕一周后形成枯梢。

防治方法:增施有机肥料,合理修剪,增强树势,提高抗病能力。落叶前对树冠密闭树疏除部分大枝,生长期间疏除下垂枝、老弱枝,恢复树势,对剪锯口用1%硫酸铜消毒。春季或生长期发现病斑随时刮治,刮治范围控制到比变色组织大1厘米,略刮去好皮即可。刮后涂抹4~6波美度石硫合剂,刮下病皮,集中销毁。冬季先刮净病斑再涂刷涂白剂,减少冻害和日灼。

四、炭疽病

主要危害果实,一般在6~7月间发病,发病早晚与降雨有密切关系,川水地树冠郁闭、通风透光不良、发病较重,山坡地通风透光良好,发病较轻。防治上加强栽培管理、合理修剪、改善果园通风条件、增加树冠光照,可减轻发病。及时清理病枝、病叶、病果,减少病菌来源。

药剂防治:在6~7月发病前喷50%退菌特1000倍液。

五、核桃举肢蛾

核桃举肢蛾又称核桃黑,是专性蛀食核桃果实的害虫。以幼虫为害果实。在果皮内打道串食,虫道内充满虫,入孔处出现水状果胶,初期透明,后期变成琥珀色,被害处果肉食成空洞,果皮变黑,逐渐下陷干缩,全果被食空则变成黑核桃,脱落或干缩在树上,幼虫还取食果柄,引起早期落果,影响核桃产量。幼虫7~8月为害,当果径2厘米左右时咬破果皮钻入青皮层内为害,幼虫不转果为害,为害期30~45天,在阴坡、沟谷园地较严重,管理粗放、树势较郁闭、较潮湿环境发生较严重。

防治方法:晚秋至次年春季,在树冠外围深翻土壤,破坏幼虫越冬场所。每年6月上旬至8月上旬幼虫脱果前及时摘除变黑病果,摘拾黑果集中销毁或深埋。成虫出土前树盘覆土2~4厘米或地面撒药,每亩撒杀螟松粉2~3千克;小麦即将收割时树冠喷药,隔10~15天喷1次,连续喷2~3次,药剂可选用15%吡虫啉3000~4000倍液。

六、核桃潜叶蛾

核桃潜叶蛾属鳞翅目细蛾科,是一种严重为害核桃幼树叶片的潜叶类害虫,成虫产卵于嫩梢或者叶脉边缘,幼虫潜入叶片阳面,主要取食核桃的叶肉,在叶片的上下表皮之间一边取食一边钻入叶肉中,早期形成一条弯曲的银白色虫道,虫道宽度1~2毫米,虫道的取食方向一直弯曲向前,在幼虫暴食期,集中取食不再向前延伸,并在叶片中使表皮与叶肉形成片状分离,排泄物呈黑色颗粒状,集中堆积在虫道的一边。另一方面,潜叶蛾的幼虫在取食时可以穿蛀叶片的中脉,取食的地方,叶片仅留下上下表皮,造成叶片表层与叶片脱离的为害症状,后期叶片受害部位卷曲、干枯、变黄、脱落。

防治方法：喷施25%灭幼脲三号悬乳剂1500倍液、或2.5%溴氰菊酯乳油3000倍液，在防治过程中，采用不同的农药进行交替施药，在核桃潜叶蛾成虫羽化盛期和产卵期施药，要求均匀喷雾，以达到最佳防治效果。

七、金龟子

危害核桃幼芽及幼叶的有黑绒金龟子、苹毛金龟子、小青花金龟子，新栽幼树萌芽前，在枝干上套上塑料袋封口，以防危害幼芽及幼叶。幼树可在早晚震动树干，落地捕杀，严重时，树体喷5%氯氰菊酯1000倍液防治。

八、桃蛀螟

幼虫蛀入果实青皮及坚果内，造成果实腐烂而不能食用，在5月下旬至6月上旬成虫发生期喷5%氯氰菊酯1000倍液，7天喷一次，连喷2~3次，可得到控制。

第七章　土、肥、水管理

一、合理间作

核桃幼树定植后3年内,树带留1~1.5米的树体生长空间,行间合理间作蔬菜、药材、牧草、洋芋等低秆作物,以短养长,弥补前期收益。

二、土壤培肥

(一)扩穴换土

幼树定植后数年内,需逐年向外深翻扩穴,直至株间全部翻完为止。每年向外扩穴50厘米,深度50厘米,需3~4年可完成全园深翻。结合深翻、扩穴增施有机肥、农作物秸秆、杂草等。

(二)穴贮肥水

果树穴贮肥水是解决山区、干旱地区果园缺水缺肥矛盾的有效措施。

(1)处理草把。将玉米秸、麦秆或杂草切成30~35厘米长的段,捆成直径为15~25厘米的草把,然后放入10%的尿素液或鲜尿中浸泡1天半,让其吸足水肥。

(2)挖穴数量。根据树冠的大小,确定挖穴数量,一般10年生的核桃树可挖2~4个穴。穴直径30厘米,深40厘米,施肥穴在树冠垂直投影下向内20~30厘米。

(3)埋草把。将充分浸泡的草把子垂直放入穴内,再施入复合肥0.25~0.5千克,然后浇水,每穴浇水4~5千克。

(4)覆膜。最后用薄膜覆盖整个树盘,穴口比树盘低1~2厘米。下次浇水时,用木棍戳孔,每穴浇水4~5千克。需追肥时,把化肥溶于水中后再浇施,浇后用土块压孔,防止风吹破薄膜。

(三)果园覆草

果园覆草是针对天水市山区果园肥力低、灌溉条件差、果园干旱的实际而采取的土壤管理技术。果园覆草技术就是将作物秸秆、杂草等覆盖全园或行内,它具有培肥、保水、灭草、免耕、省工和防止土壤流失等多种效应,能改善土壤生态环境,养根壮树,促进树体生长发育。在果园覆草2~3年后,秸秆腐烂,大量的腐烂秸秆能明显提高土壤有机质和养分含量,有利于改善土壤理化性状和团粒结构的形成,促进了根系对土壤肥水的吸收和利用,从而提高了果品产量及品质。覆草一般在春季进行,全园覆草亩用秸秆量3000~4000千克,行间覆草亩用秸秆量1500~2000千克,以后每年增加覆草,厚度保持在15~25厘米。

三、配方施肥

（一）配施基肥

10月中旬至11月下旬，每亩施腐熟的有机肥2000~3000千克，氮7千克、P_2O_5 10千克、K_2O 7千克，放射沟深30~40厘米，宽30厘米。在施肥坑中先填入杂草，再施肥料。

（二）追肥

发芽前，每亩追施氮10千克、P_2O_5 7千克、K_2O 3千克，硬核期（6月下旬）亩施氮7千克、P_2O_5 7千克、K_2O 7千克。

四、灌水

有灌溉条件的果园，全年灌水4次，即在发芽前、落花后（5月中旬）、硬核期（6月下旬）、核仁发育期（7月上中旬），结合灌水追肥，确保树体对肥水的需求。

第八章　适期采收

核桃果实采收过早,影响产量,降低品质,采收过晚,果实霉烂,影响品质、贮藏营养积累和树体恢复,因此,核桃果实应适期采收,通常判断核桃果实青果由绿变黄,五分之一青皮自然开裂视为完全成熟,即可采收,天水市正常年份9月中旬为核桃采收期。

在天水核桃果实采收主要是人工采收。在核桃成熟时,用长杆击落果实。采收时由上至下,由内而外顺枝进行,以免损伤枝芽,影响下年产量。

如需青果贮存,需保证青皮完整,无机械伤口。

第九章　采后处理

一、脱皮与清洗

生产中核桃脱皮的常用方法,一是果实采收后堆放在干燥阴凉处,按50厘米左右的厚度堆积,用麻袋覆盖或在果堆上加一层10厘米左右厚的干草或树叶,保持一定的温湿度,一般堆沤3~5天,当青果皮离壳或开裂达50%以上时,即可用棍敲击脱皮。对未脱皮者可再堆沤数日,直到全部脱皮为止。二是果实采收后,用300~500倍的乙烯利液喷洒后,覆盖塑料薄膜,5~7天青皮离壳或开裂达90%以上,青皮不腐烂,不染种壳,可轻松掰开。脱青皮后的核桃应及时用水清洗,洗去残留在坚果表皮的烂皮、污染物、泥土,以提高坚果的外观品质和商品价值,薄皮核桃不进行漂白处理,保持原有风味。

二、风干晾晒

脱皮清洗后的坚果及时进行风干晾晒,干后储藏,避免长时间堆放致使核桃霉烂变质,以保证核桃仁的品质。

三、严格分级

核桃干果直径30毫米以上为1级,28~30毫米为2级,26~28毫米为3级。

四、精细包装

核桃包装一般用麻袋或编织袋包装长途运输,超市销售可用礼品盒或塑料袋包装。

第十章　高接换优

实生树是造成核桃结果晚、产量低、品质差、效益低的主要原因。高接换优是彻底解决核桃劣质品种变良种,低产低效变高产高效的一项有效技术措施,经过天水市果树研究所核桃课题组多年试验研究,总结出天水核桃树高接换优宜采用"插皮舌接法"。

一、核桃接穗的采集与贮存

接穗采集:以2月下旬至3月上旬为宜,采穗时,选择良种母树树冠外围的粗壮发育枝,要求芽体饱满,无病虫害,粗度在1.2厘米以上,髓部要小;剪除不充实和无芽的盲梢部分,按品种和规格整理成50条一捆,外套密封保鲜袋(或地膜);袋外挂上品种标签,标明品种、采集地点和采集时间等;及时置入冷库(0℃~2℃)贮藏备用。没有冷藏条件的地方,接穗的贮藏可用简易的背阴湿沙贮藏法。其操作要点是:在建筑物背阴处挖坑,深60厘米,宽100厘米,长度依据接穗数量多少而定。将打好捆的接穗平放在坑内,填充干净的细河沙,贮穗过程中注意观察,保持沙的适宜湿度,同时不能积水,不能踩压。

二、高接时间

在天水范围内,嫁接适期在4月中旬至5月初。此时气温稳定在15℃~20℃,砧木芽刚刚开始生长,接穗处于半休眠状态,改接后砧穗极易愈合,成活后生长旺盛。

三、嫁接方法

核桃实生树高接换优的方法为插皮舌接法。大树高接前,在树干基部用手锯放水,锯口在主干两侧上下错落,间距10厘米左右,锯口深度约为主干直径的1/4~1/5,目的是将伤流彻底排出。改接时,选择大树适宜嫁接的光滑部位截锯,锯面削平,然后在表皮光滑处削去老皮,长度6~8厘米,露出绿皮,嫁接处截面口削少许,将长15厘米左右的接穗削成舌形削面(长5~7厘米),以削过髓心为宜,便于接穗插入;然后将接穗削面木质部于皮层揭开,将接穗木质部插入砧木木质部与皮层之间,接穗皮层覆于砧木上削的舌状面上,接穗削面与砧木切口要密切接触,最后用塑料薄膜将嫁接部位绑紧。接口粗度在5厘米以下插1~2个接穗,粗度在5厘米以上插入2~3个接穗,每株改5~8个头。

四、接后管理

接后7~10天应注意观察,若放水不彻底,造成接口积水,应重新放水,必要时进行重接,改接成活后,及时抹除砧芽,绑缚支柱以及适时松绑等,对生长旺盛的新梢要及时绑缚支柱防风折,加粗生长后,应及时松绑,接口继续保湿,以利充分愈合。嫁接后当年有接穗上着生果实的,将果实疏除,以节约养分,迅速扩冠。6月下旬新梢长到50厘米时,为促进分枝、早成花、早结果,留40厘米摘心。7~9月份,新梢增粗迅速,应注意接口除绑,防止塑料绳绞缢。

附核桃优质高效栽培周年管理表和农药配比速查表。(表4-1,表4-2)

表4-1　核桃优质高效栽培周年管理表

时间	物候期	管理技术要点	注意事项
1~2月	休眠期	采集接穗。 刮老树皮,兼治腐烂病。 喷5波美度的石硫合剂,防止核桃黑斑病和核桃炭疽病等多种病虫害。 清除石块下越冬的刺蛾、核桃瘤蛾、缀叶螟茧及土缝中的舞毒蛾卵块。	敲击树干、清理翘皮缝中的刺蛾茧、舞毒蛾卵块,工作要求细致。
3月	萌芽期	伤流过后,开始修剪。合理灌水追肥(复合肥为主)。 树上挂半干枯核桃诱集黄须球小蠹成虫产卵。对有核桃黑斑病、核桃炭疽病和核桃腐烂病的核桃树喷3~5波美度石硫合剂;用50%甲基托布津50~100倍液涂刷树干,防治腐烂病感染。	在坡地和旱地,可采取覆膜等保墒技术。 注意树上挂半干枯核桃枝防治黄须球小蠹,成虫产卵后,在6月中旬或成虫羽化前,要全部收回烧毁。
4月	萌芽、开花、展叶期	合理灌水追肥,此时可进行高接换优。 早晨振动树干,人工捕杀金龟子成虫。喷25%西维因或50%杀螟松乳剂800倍液,防治舞毒蛾和尺蠖幼虫。剪除不发芽、不展叶的虫枝,消灭核桃小吉丁虫、黄须球小蠹。雌花开花前后,喷50%甲基托布津或40%退菌特可湿性粉剂500~800倍液;中下旬,喷波尔多液(1∶0.5∶200)1~3次,防治黑斑病;用40%退菌特可湿性粉剂800倍液与波尔多液(1∶2∶200)交替喷洒,防治核桃炭疽病;用50%甲基托布津,或65%代森锌200~300倍液,涂抹嫁接、修剪伤口,防止腐烂病菌侵染,生长期隔半个月左右喷一次。	消灭核桃小吉丁虫、黄须球小蠹。剪除的虫枝要集中烧毁。 核桃炭疽病、黑斑病和腐烂病,在生长期半个月左右喷药防治一次

续表 4-1

时间	物候期	管理技术要点	注意事项
5月	果实膨大期	核桃举肢蛾：树盘覆土，阻止成虫羽化出土；喷50%辛硫磷2000倍液、或25%西维因600倍液或地面撒施杀螟松粉和西维因粉。 桃蛀螟：用黑光灯、糖醋液诱杀成虫；用50%杀螟松乳油1000倍液杀成虫、卵和幼虫。	对核桃举肢蛾严重的果园，半月左右喷药一次，连喷3~4次。
6月	花芽分化及硬核期	花芽分化前(6月上中旬)追肥(以复合肥为主)。叶面喷肥，增加磷、钾含量。 人工捕杀云斑天牛成虫，用灯光诱杀成虫，用棉球蘸5~10倍敌敌畏液塞虫孔。核桃溃疡病、枝枯病和核桃褐斑病：树干涂白；喷100倍石灰倍量式波尔多液，或50%甲基托布津800倍液。	
7月	种仁充实期	进行夏季修剪。高接树除萌，绑支架。 捡拾落果，采摘核桃举肢蛾、桃蛀螟幼虫虫害果。人工捕杀、灯光诱杀云斑天牛。喷200倍石灰倍量式波尔多液，或50%甲基托布津800倍液防治核桃褐斑病。	防治核桃举肢蛾、桃蛀螟幼虫；捡拾落果，采摘虫害果，集中深埋。
8月	成熟前期	进行夏季修剪。高接树除萌，绑支架。 用糖醋液诱杀桃蛀螟成虫。喷50%甲基托布津800倍液防治核桃褐斑病。	
9月	采收期	9月中旬采收，采后青果用300~500倍乙烯利处理脱皮。采收后施基肥。 核桃小吉丁虫幼虫、黄须球小蠹成虫、核桃黑斑病、炭疽病、枝枯病：剪除枯枝或叶片枯黄或落叶枝；采果后结合修剪，剪除枯死枝和病虫枝。	防治核桃小吉丁虫幼虫、黄须球小蠹成虫等，剪除病虫枝集中烧毁。
10月	落叶期	落叶前进行修剪。常用树形有主干疏层形和自然开心形，主干疏层形留6~7个枝，分2~3层。对结果后的大树，使结果枝组间保持0.6~1米距离。盛果期以疏除病虫枝、过密枝、重叠枝和下垂枝为主。结合修剪采集接穗。 核桃腐烂病、枝枯病和溃疡病：刮除病斑，刮口涂抹50%甲基托布津，或3波美度石硫合剂，或1%硫酸铜液，或10%碱水消毒伤口；树干涂白防冻。	防治核桃腐烂病、枝枯病、溃疡病，刮皮范围应超出生病组织1厘米左右；刮口要光滑严整；刮除的病皮要集中烧毁。
11~12月	休眠期	冬灌(封冻前灌水)有利于幼树越冬。幼树越冬前要防寒(树干涂白、根部培土等)。 清园(铲除杂草，清扫落叶、落果并销毁)，树盘翻耕，刮除粗老树皮，清理树皮缝隙。	刮下的树皮，铲除的杂草、落叶等，要集中烧毁。

表4-2　农药配比速查表

用药量 （毫升或克）	兑水量（升）						
	10	15	30	40	45	50	500
稀 释 倍 数 100	100.0	150.0	300.0	400.0	450.0	500.0	5000.0
200	50.0	75.0	150.0	200.0	225.0	250.0	2500.0
300	33.3	50.0	100.0	133.3	150.0	166.7	1666.7
400	25.0	37.5	75.0	100.0	112.5	125.0	1250.0
500	20.0	30.0	60.0	80.0	90.0	100.0	1000.0
600	16.7	25.0	50.0	66.7	75.0	83.3	833.3
700	14.3	21.4	42.9	57.1	64.3	71.4	714.3
800	12.5	18.8	37.5	50.0	56.3	62.5	625.0
900	11.1	16.7	33.3	44.4	50.0	55.6	555.6
1000	10.0	15.0	30.0	40.0	45.0	50.0	500.0
1500	6.7	10.0	20.0	26.7	30.0	33.3	333.3
2000	5.0	7.5	15.0	20.0	22.5	25.0	250.0
2500	4.0	6.0	12.0	16.0	18.0	20.0	200.0
3000	3.3	5.0	10.0	13.3	15.0	16.7	166.7
3500	2.9	4.3	8.6	11.4	12.9	14.3	142.9
4000	2.5	3.8	7.5	10.0	11.3	12.5	125.0
4500	2.2	3.3	6.7	8.9	10.0	11.1	111.1
5000	2.0	3.0	6.0	8.0	9.0	10.0	100.0

注：水剂"毫升"，粉剂"克"。

第五篇

桃高质高效栽培技术

第一章　园地选择与规划

　　桃树喜光性强、耐旱、怕涝，是一种速生丰产果树。可根据当地的地形、土壤、气候、交通、水源等条件，结合桃的生物学特性选择园址。在阳光充足、地势高燥、土层深厚、水源充足且排水良好的地块规划建园。表5-1。

一、园地选择

1.海拔高度

　　天水桃园应选择在海拔1000~1450米。其中以1000~1300米为最适宜区；1300~1450米(也包括1000米以下的麦积区东部渭河沿岸)为适宜区；1450~1550米为较适宜区；1550米以上为不适宜区。但在不适宜区内也可以选择小气候条件好的区域栽植。

2.温度要求

　　桃树要求年平均气温8.0℃以上；冬季休眠期低于7.2℃以下的达到35天以上；花期温度12℃~18℃，其积温(≥10.0℃以上的有效积温)为3500℃以上；6~8月份平均温度为18℃~24℃，且日较差≥10.0℃。

3.土壤条件

　　(1)土壤选择：选择土层深厚、土质疏松、通气性良好的黄绵土或砂壤土建园。特别是油桃，在海拔较高、地势背风向阳的黄绵土上栽培，果实着色好，果面光洁，无锈斑，裂果率极低，商品果率高。桃树根系呼吸强度大，需氧量高，当土壤含氧量保持在7%~10%时，根系生长发育正常；当土壤含氧量达到15%时，根系生长发育旺盛；若土壤含氧量低于5%时，根系生长发育明显减慢；若土壤含氧量低于2%时，细根就会逐渐死亡，新梢停止生长，甚至落叶。若桃园土壤黏重，根系生长发育不良，树体易得流胶病，果品质量较差。

　　(2)土壤盐碱度：桃树耐盐碱性不如苹果、梨。其最适宜含盐量为0.08%~0.10%，土壤含盐量最高不能超过0.14%。pH值的范围为6~8，并以pH值为7时生长发育最好，若pH值大于8时，桃树常因缺铁而产生黄化。

　　(3)重茬地不能建桃园：桃树根系残留在土壤中，会分解成氢氰酸和苯甲酸，这些物质能够抑制桃树新根的生长发育，浓度高时会对新根产生毒害作用。所以重茬建园桃树生长势弱，病害多，特别是根癌病、根腐病、根线虫害发生严重，缺素症也明显增加，出现果实变小等症状，严重时会导致树体死亡。因此,老桃园砍伐后,要除尽残根,待种植2~3年其他作物后,方可栽植桃树。

4.环境要求

在有工业废水、废气、废渣、粉尘及堆放城市垃圾的地段不宜建园;容易发生晚霜危害的低洼、迎风、寒冷、气温变幅大的地段,易发生雹灾的区域不宜建园;地下水位高于1.5米的地方不宜建园,园地要有一定的灌溉条件或集雨水窖等设施。

二、园地规划的内容

1.踏勘与测量

正式规划前,对拟选园址,做实地查看地形、地貌,测量总面积并取土样做土壤有机养分、矿质元素、土壤类别等化验分析。

2.作业小区的划分

小区面积因地形、地势和气候条件、栽培方式及品种比例而划分。山地地形复杂,可按20~30亩为一个作业小区;川地50亩左右;保护地栽培的桃园10~15亩。此外,小区的划分与道路、灌排系统、采果场房等设施相适应。

3.道路规划

果园道路分为大区间道路和小区间道路。大区间道路指围绕桃园大区周围与公路相连的道路。小区间道路指作业小区四周或灌排水渠两侧的道路。

4.灌排系统

包括输水渠(设在大区间道路侧边),配水渠(设在小区道路中间或侧边)和灌排沟。如用地下水灌溉,4寸泵的灌溉面积以150~200亩为宜。天水水源不足,灌水条件较差,可配合"集雨节水"工程,在桃园道路两侧修建水窖,汇集雨水解决桃园灌溉问题。

第二章　桃树苗木的培育

一、砧木选择

1.毛桃

天水农民称为秋毛桃、秋桃或毛秋桃。其生长迅速健壮，秋播或沙藏后春播，当年夏季可进行芽接，成活率高，嫁接后幼树生长发育良好，丰产性好，其缺点是生长后期易发生缺铁性黄化。

2.山桃、甘肃桃、陕甘山桃和新疆桃

天水农民统称为水桃、酸桃、山毛桃，并且习惯将几种桃种子一起混播育苗。

山桃、甘肃桃、陕甘山桃和新疆桃砧木苗共同特点是：生长发育较毛桃砧木慢，皮层较薄且有光滑的胶质层，嫁接成活率较高，嫁接后生长发育健壮，抗干旱、耐瘠薄、耐盐碱性和抗黄叶病等均优于毛桃砧。山桃砧优于毛桃砧；甘肃桃砧又优于山桃、陕甘山桃和新疆桃砧；新疆桃做砧木有矮化现象，甘肃桃做砧木有抗线虫为害现象。

3.光核桃

原产西藏、四川，又名西藏桃，近年来天水做砧木育苗表现良好，耐寒、抗干旱，与其他种不同之处是幼苗带子叶出土。

4.毛樱桃

毛樱桃植株矮小，耐寒、抗旱，用做桃砧木具有显著矮化性，且果实能提早成熟。但不同桃品种嫁接到毛樱桃砧木上其亲和力存在差异，且单株间差异大，多数出现小脚现象，后期黄化，根蘖多，寿命短。

5.其他桃砧木品种

"西伯利亚C"为加拿大农业试验站1967年育成，做桃砧木嫁接亲和力强，可提高嫁接品种的耐寒性，树冠小，早果性能好。"筑波6号"为日本桃优良砧木，具有嫁接亲和力强，成活率高，抗盐、抗洪涝能力强等优点。"GF667"为法国波尔多果树1965年育成，为桃和扁桃的种间杂交后代，具有对含钙量高的碱性土壤特别强的忍耐力和能在旧桃园重茬栽培，不表现再植病害。"中桃抗砧1号"是中国农业科学院郑州果树研究所最新育成的桃无性系多抗砧木，不仅抗树体再植障碍，还抗土壤根结线虫，抗干旱、耐瘠薄。该砧木通过无性繁殖保持优良性状，既可以作为桃的普通砧木使用，又可以作为重茬地砧木使用。

二、品种选择与配置

桃品种很多,全国目前有700多个,天水生产上有200多个,其中栽培性状表现较好的有70多个。主栽品种应从果个大小、外观形状、肉质风味、成熟期、耐贮运、丰产性、抗逆性、适应性等综合性状的评价和市场销路来选择确定。

1.成熟期

依据天水近年市场销售情况,桃果早(包括极早熟和早熟)、中、晚熟品种的搭配比例以3:4:3或2:5:3较好。并且作为生产的主栽品种不宜过多,根据栽培规模,以3~4个为好。

2.油桃与蟠桃

天水市日照时间长,昼夜温差大,空气温度低,所产油桃果面光洁、颜色艳丽、风味较好,赢得了市场认可。因此,油桃栽培面积可扩大、发展到15%~20%。蟠桃近年来发展较快,可在城郊做观光采摘适当发展。

三、桃树苗木的培育

1.砧木苗的培育

(1)种子贮藏。山桃和毛桃的后熟期一般需经70~100天。秋播即在苗圃里通过后熟,春天播种就要用人工沙藏法满足种子对后熟条件的要求。沙藏的温度以2℃~7℃最为适宜。生产上常用露地沟藏法。在11月下旬土壤封冻前选高燥背阴处挖东西向的长沟,宽1~1.5米,深60~70厘米,将洁净细沙先铺在沟底,湿沙上铺一层种子,然后再铺一层湿沙,厚度一般为种子厚度的2~3倍。也可不分层而按种子1份湿沙15~20份的比例混合后放在沟内。沙藏后每隔一段时间要检查,以预防种子发热或霉烂。到3月中旬后要勤检查是否发芽。

(2)浸种催芽。一是用冷水催芽,适用于进行过层积处理,但在播种时仍未萌动的种子,可在播前用水浸种3~5天,每天换水一次,浸种后每天在向阳处曝晒2~3小时之后堆起来,加覆盖物保温保湿,反复数次,直到种子萌动即可播种;二是温水浸种,适用于未进行层积处理的种子,可在播前1个月左右用"两开对一凉"的温水浸种,不断搅拌至冷凉,随即用冷水浸种2~3天,再混湿沙进行短期层积处理,播前再在20℃~25℃的环境中进行催芽,直到萌动时进行播种。

(3)播种。平整地面,施足基肥,播前3~4天要浇足底水做畦或垄,进行土壤灭菌灭虫。采用宽窄行带状开沟点播,宽行40厘米,窄行20厘米。株距在8~10厘米,每亩用种量30~50千克。

(4)实生苗管理。苗出齐后隔10~15天浇水一次,土壤湿润可停止浇水。当土壤发生积水时,要及时排水。结合浇水10~15天松土锄草一次。一般追肥2~3次,在苗木速生期的前中后期进行,每次追肥5~8千克,追肥后要灌水。为提高嫁接粗度,待苗长到40~50厘米时可进行摘心。

2.嫁接及管理

(1)嫁接。秋季嫁接时间宜晚不宜早,一般可在8月中旬至9月上旬进行。春季嫁接宜在萌芽期(即3月下旬至4月上旬)进行,成活率高。芽接多采用"T"形芽接、带木质芽接法。如当年不能嫁接或芽接未活,可在第二年春进行切接。

(2)接后管理。夏秋季芽接10~15天即可检查成活情况,未成活的应及早补接。芽接苗一般在第二年春天芽萌动前1周左右进行剪砧。对接芽以外的其他萌芽要及时去除。为使苗木充分木质化,在8月下旬要对未停止生长的二次枝和主梢全部摘心。土、肥、水管理同实生苗。

(3)出圃。起苗前灌水,起苗时要尽量少伤根,并防止碰伤,运苗时要用草袋等包扎好,远距离运输要用泥浆蘸根,途中还应洒水以防失水影响成活。

第三章 适宜天水栽培的品种

一、春艳

早熟普通桃品种,原代号81-1-10,系青岛市农业科学研究所以早香玉为母本,仓方早生为父本,经试管胚培育而成。1997年从山东蓬莱园艺场引入天水市。

果实正圆形,果顶圆平,缝合线浅,两半部对称,平均单果重126克,最大单果重175克,果实底色乳白色至乳黄色,着鲜艳玫瑰红色,果面着色度达90%,茸毛中多;果肉乳白色,肉质软溶,肉厚质腻,汁液多,纤维少,香气浓,含酸少,味甜,可溶性固形物含量9.6%;黏核,核小,平均核鲜重8克,可食率93.7%。无裂果现象,品质上,风味好于麦香。树势强健,树姿半开张,新梢每年可多次分枝。幼树期以中、长果枝结果为主,易成花,自花结实,自花结果率可达92.5%,大型花,桃红色,雌雄蕊等长,花粉多,栽后第四年,平均株产28.8千克,最高株产40.4千克,折合亩产1290.7千克。在天水市3月28~30日萌芽,4月8~10日盛花,盛花期1~2天;6月28日至7月3日果实成熟,果实发育期77天,新梢开始生长在4月16日左右,11月15日后开始大量落叶,营养生长期221天。春艳桃适应性强,耐寒、抗旱性强,在瘠薄的砂壤土上生长旺盛,不落果,无生理病害,未发现有危险性病虫害发生。

综合评价:果个大,外观鲜美,品质优,耐贮运,树体适应性强,丰产性能好,是一个极具潜力的早熟品种。

二、艳光

早熟甜油桃品种,原代号为90-2-10,1990年中国农科院郑州果树所以瑞光3号(25-10)为母本,阿姆肯为父本杂交,经胚培养培育而成,1999年引入天水。

果实椭圆形,果顶圆,稍有小尖,缝合线浅而明显,两半部较对称,平均单果重90克,最大单果重135克;果实底色浅绿白,着鲜艳玫瑰红色,着色面可达80%以上,色艳美观,无裂果和锈斑;果皮中厚,不易剥离,果肉乳白色,溶质,纤维少,汁液多,风味甜,香气浓,可溶性固形物含量9.0%,品质上;黏核,核小,鲜重8.8克,可食率为90.4%,耐贮运。萌芽率、成枝力中等偏高,幼树以中、长果枝结果为主,自花结实率为30.94%,栽后四年生树干平均株产25.66千克,最高株产31.69千克,折合亩产1560.13千克。

在天水3月30日至4月2日萌芽,4月9~10日盛花,盛花期1~3天,7月2日果实成熟,果实发育期73天,新梢开始生长在4月18日左右,11月6~8日开始大量落叶,营养生长期219天。该品种适应性较强,具有较强的耐寒性,有一定的抗旱性,未见有裂果现象,来发现有危险性病虫害发生。

综合评价:艳光甜油桃果个大,色泽鲜艳,风味好,无裂果,不落果,着色好,成熟早,丰产稳产,抗逆性强。是优良的早熟白肉甜油桃品种。

三、620油桃

中熟白肉甜油桃品种,系中国农科院郑州果树研究所育成,1996年引入天水。

果实圆形或椭圆形,果顶圆,微凸,缝合线浅平,不明显,两半部基本对称,平均单果重146克,最大单果重210克;果皮底色黄白,着鲜红色条纹,着色面可达80%以上,果面光洁,无锈斑,裂果少;果皮韧性强,易剥离,果肉乳白色,果顶处有少量红色,肉质软。汁液多,纤维少,味甜质腻,有香气,可溶性固形物含量12%,品质上,其品质优于曙光、艳光品种;黏核,核鲜重7克,可食率95.2%,较耐贮运。萌芽率、成枝力中等偏高,幼树期以中长枝结果为主,栽后四年生树平均株产21.82千克,最高株产28.74千克,折合亩产1326.66千克。

在天水3月28日左右萌芽,4月5~7日盛花,盛花期1~2天,7月19日左右果实成熟,果实发育期在90天左右,新梢开始生长在4月17日左右,11月8日左右开始大量落叶,营养生长期220天左右。该品种适应性较强,在砂质壤土中生长旺盛,具有一定的抗旱耐瘠薄能力,裂果轻,未发现有危险性病虫害发生。

综合评价:620为中熟白肉甜油桃,是相同成熟期中,果个最大的油桃品种,果实色泽艳丽,裂果轻,风味浓甜,品质上乘。

四、处暑红

晚熟普通桃品种,又名"高半桃""蜜桃王",系辽宁省熊岳镇地方品种,1997年引入天水。

果实近圆形或扁圆形,果顶圆微凹,缝合线中深、明显,两半部不对称,平均单果重290.6克,最大果重646.6克;果实底色绿黄,着全面玫瑰红色,着色早,色泽艳丽,茸毛中多,果皮不易剥离,果肉白色,肉质致密,纤维少,风味浓甜爽口,有似冰糖口感,有香气,可溶性固形物含量11%,离核,核鲜重5.5克,极耐贮运,品质上。树势健壮,树姿半开张,复花芽多,各类果枝均能结果,以中、长果枝结果最好,易形成花芽,但花粉量少,早果,丰产稳产性好,栽后二年结果,三年丰产,四年生平均株产达37.33千克,最高株产48.34千克,折合亩产1672.38千克。在天水4月1~6日萌芽,4月中旬盛花,花期5~7天,8月20日左右果实成熟,果实发育期125天左右,新梢开始生长在4月17日左右,11月中旬开始大量落叶,营养生长期218~220天。该品种适应性中等,具有一定的耐寒性,果实成熟期对肥水要求严格,雨水多的年份有裂果落果现象,病虫危害较轻。

综合评价:处暑红为特大型果,色艳形美,风味浓甜爽口,果实肉质致密,硬溶质,极耐贮运,丰产性好,市场售价高,是一个发展前景较好的晚熟品种,在多雨年份,有裂果、落果现象。

五、国光蜜

属山东省烟台地方品种,主产蓬莱,当地群众又称国光桃,1997年引入天水。

果实圆形,果个整齐,果顶圆,微凸,缝合线浅明显,两半部对称,平均单果重224克,最大336克;果实底色浅黄绿,着鲜艳红色,点状,着色面可达1/2以上,茸毛短、少,外形美观;果肉白色,皮不易剥离,近核处红色,肉质细脆、致密,汁液多,纤维少,风味蜜甜,微有芳香,可溶性固形物含量13.1%,黏核,核较小,平均核鲜重9.6克,果实可食率95.8%,品质上,极耐贮运。该品种萌芽率和成枝力中等,各类果枝均能结果,幼树期以中、长果枝结果为主,花芽形成容易,但无花粉,丰产,稳产性好。四年生平均株产达35.2千克,最高株产66.6千克,折合亩产1576.96千克。在天水4月4~5日萌芽,4月10~11日盛花,盛花期1~2天,8月25日左右果实成熟,果实发育期131天,新梢开始生长在4月16日,11月10日后开始大量落叶,营养生长期219天。该品种具有良好的适应性,较耐瘠薄,具有一定的耐寒、抗旱性,栽培中未发现有危险性病虫害发生。

综合评价:国光蜜果个大,外观艳丽,风味甘甜,是优良的晚熟品种,其树体易管理,病虫害较轻,无裂果,果实耐贮运,成熟时正值桃市场供应淡季,发展前景广阔。

六、北京7号

由北京农林科学院果树所于1962年用大久保×兴津油桃杂交,原代号62-8-16,1966年选出,1984年由北京引入天水市栽培,是中熟桃的主栽品种之一。

果实卵圆形,果个大,平均单果重200克,最大果重430克,果顶尖圆,缝合线浅,两半部对称,梗洼中深,果皮乳白色,不易剥离,韧性好,底色为绿色,着片红或条红,果面茸毛少,鲜亮有光泽,果面底色乳白,阳面着细点玫瑰红色,完全成熟后果皮易剥离,果肉脆嫩,近核处有少量红色,果肉平均厚度2.4厘米,硬溶质,细而柔软,纤维少,汁液多,风味甜,富有野生山毛桃的浓郁香味,可溶性固形物含量12%~13%,离核,鲜食品质上等。树势强健,树姿半开张,冬季枝条为紫红色,有光泽,长中短果枝均能结果,但以强壮的长、中果枝结果优。叶片呈长椭圆披针形,花药大,花粉量多,坐果率高,采前落果轻。在天水3月中下旬叶芽萌动,4月上中旬开花,花期5~7天,果实成熟期7月下旬至8月初,果实发育期105~115天,10月中下旬落叶,生育期225~230天。

综合评价:果型较大而美观,色泽艳丽,套袋后颜色更好。适应性广,早果丰产,具有广阔的市场前景。

七、陇蜜9号

甘肃省农业科学院林果花卉研究所近年选育的优质中熟鲜食桃新品种。

平均单果重216克,最大单果重320克;果实圆形或近圆形;果形端正,果顶微凹,缝合线浅而明显,两半部对称,梗洼中深;果皮底色绿白,阳面80%着玫瑰红色,茸毛短而稀少;果肉乳白色,近核处略带红色,汁液多,纤维少;风味浓甜,香味浓,可溶性固形物含量12.5%;黏核,裂核极少。8月下旬成熟。

八、瑞光27号

北京市农林科学院林果所2000年育成。亲本组合京蜜×丽格兰特。果实椭圆或卵圆形,两半对称,果顶尖圆,平均单果重161克,最大果重214克,缝合线浅而明显,果面光洁艳丽;果皮中厚,不易剥离;果实底色绿白,成熟时果面90%以上着玫瑰红色晕,果肉乳白色,近核处红色,硬溶质、耐贮运,纤维少,风味浓甜,可溶性固形物含量达13.2%,黏核,品质佳。无裂果,极丰产,8月底果实成熟。

九、瑞光28号

北京市农林科学院林果所育成,果个大,果实椭圆形,两半对称,果顶圆平,平均单果重167克,最大果重225克,缝合线浅且明显,果面光洁艳丽有蜡质;果皮中厚,不易剥离;果实底色黄色,成熟时果面90%以上着玫瑰红色晕,果肉金黄色,多汁,硬溶质,品质优,耐贮运,黏核。8月上旬成熟。

第四章　建园定植

一、株行距的确定

桃园株行距的确定一般由栽培习惯、管理水平和树形等因素来决定。

(1)自然开心形树的株行距一般为(3~3.5)米×(3.5~5)米。

(2)两主枝(即Y字形、叉字形、倒人字形)形树的株行距一般为(2~2.5)米×(3~4)米,亩栽植74~111株。

(3)纺锤形树的株行距为(1.0~2.5)米×4米,亩栽植67~167株。

二、授粉树的配置

如果栽培的品种为有花粉品种,桃园一般不需另配授粉品种;若栽培的品种无花粉则应选择花期相同且有花粉的品种作为授粉树,按15%~20%的比例,将授粉树栽植在主栽品种的行内。

三、整地挖穴(沟)

亩栽植在64株以上的桃园,适宜采用丰产沟定植;亩栽植在56株以下的桃园一般采用大穴定植。丰产沟是挖宽1米、深0.8米的通行沟;大穴是挖直径1米、深0.8米的定植穴。无论挖丰产沟或大穴都必须按行向、行距放线打点设计,做到行向一致,行株距大小相同。开挖时将表土、底土分开堆放。填土时先填表土和有机肥(每株树平均15~20千克或每亩分层填入1500~2000千克麦草或玉米秸等有机物),并且做到土和有机肥(或有机物)混匀,每亩施100千克磷肥,随填土随踏实。若表土不够,可挖取附近行间表土填入。无论挖丰产沟或大穴,都必须及时施肥、填土、埋严,这样才有利于蓄水、贮肥、保墒,有益于苗木根系的生长发育,不可开沟(或挖穴)后曝晒多日。

四、定植苗木的选择

桃园定植半成苗(即芽砧苗)优于定植成苗。在半成苗中又分一砧一芽和一砧三芽(或两芽)半成苗。

桃半成苗剪砧要求在接芽以上留出20厘米左右的砧木,并要求及时抹除萌芽,促其自行干枯成桩,便于绑缚新发幼梢,防止风折。

五、定植

桃园定植时按计划的株行距放线打点,定植在丰产沟或大穴中间,要求行直株匀,横、竖、斜成直线。无论秋季定植(冬季埋土防寒越冬)或春季定植,均需浅栽,以原苗圃中起苗时土迹为度,深栽易患根朽病。定植后及时灌好定植水,整平树盘或树盘带,春季覆膜提温保墒。

第五章 整形修剪

一、桃树采用的主要树形

桃树的树体结构比较简单,整形也比较容易。根据桃树喜光性强的特点,通常认为桃树适宜采用开心形。生产中常用传统树形多为三主枝自然开心形、两主枝自然开心形以及Y形等。随着栽培技术的进步和农业基础设施的不断改进,目前有主干的圆柱形和纺锤形也开始在生产中推广应用,并表现出较好的效果。

无主干树形的主要特点为:无主干、树冠开张、冠内外光照条件好、修剪方法简单、树形易于培养、果实质量较好。有主干形的主要特点:留有中心干,结果枝在主干上均匀分布。树冠叶幕厚度较开心形减少,但单位面积内树冠总体积增加,通风透光好,达到了提高质量和增产增效的目的。调整好结果枝组在主干上分布的情况下,可有效提高田间的光能利用率,在获得优质果品的基础上可提高产量,便于机械化管理,降低了劳动强度和用工数量。

1.三主枝自然开心形

主干高度30~50厘米,一个主干上着生三个主枝,三个主枝方向一般以南向、西北、东北向为好,按平面夹角120°平均分布,三主枝应避免在正北方向,以免日烧。让开东南和西南两个方向,可以保证在10:00左右和15:00左右树冠内部有充足的光照。冠内主枝的垂直角度一般掌握在40°~60°,一个主枝上着生2~3个侧枝,根据品种不同可以有所调整。该树形主枝头少、侧枝强大、骨干枝之间距离大、光照好、枝组寿命长、修剪轻、结果面积大、丰产。

整形要点:定植第一年春季,定干高度60厘米左右。主干高度30厘米左右,30~60厘米为整形带,对整形带外的芽在萌发后全部抹除。对整形带内发出的新梢,长到30厘米左右时,按树形要求选出3个生长方位合适、长势强的新梢作为主枝,对其余的新梢进行摘心或扭梢。三主枝可以斜插立柱绑缚,第一与第二主枝的分枝角度为45°~50°,第三主枝的分枝角度为45°左右。延长头上的竞争枝(剪口下第二枝)和背上强旺梢要及时摘心或扭梢,保持三主枝直线延伸,延长头前部30厘米内不保留旺梢。第二年冬剪时,对选定的三主枝留60厘米短截,背上和背下枝全部疏除,多留侧生枝,不短截。夏季在主枝新梢长到40~50厘米时进行夏剪,促发侧梢。选主枝的斜背下生长的副梢预留第一侧枝,采用拿枝,摘心或换头等办法使侧枝开张角度大于主枝开张角度。内膛的徒长枝要及时抹芽或疏除,对于15厘米以下的中短枝可不做修剪处理,甩放促进花芽形成,为早期产量做准备。

2.二主枝自然开心形

主干上着生有2个主枝,是目前生产上最广泛应用的自然开心形树形之一,干高40~60厘米,树高4米,主枝开张角度为第一主枝60°,位于南面或东面,第二主枝40°,位于北面或西面,每主枝上依次着生2~3个侧枝或直接着生大中型结果枝组。本树形适用于地下水位较高,光照条件较差,树体矮小,栽植密度较大的桃园采用。

整形要点:定植第一年春季,70厘米左右定干,主干高度50厘米左右,50~70厘米为整形带,按树形要求,选留两个生长强旺,方向合适的新梢做主枝,原则上主枝南北向配置,第一主枝朝南,第二主枝朝北。一般第一主枝最终高度控制在4米左右,第二主枝高4.5米,比第一主枝略高,利于维持树势平衡。但是,根据品种、目标产量、种植密度以及土壤条件,主枝的高度会有所差异。在主枝分杈处60~80厘米利用副梢培养第一侧枝,第一侧枝距地面80厘米。在第一侧枝以上70厘米对侧处培养第二侧枝,在同侧120厘米处培养第三侧枝。

3.篱壁形

此类树形多选自密植栽培模式的果园中,其栽培的行间要拉开且大于株间,单株树体有中干,通常培养多个大型结果枝组,主枝方向顺行向,株间相邻树结果枝组相接形成树篱,所以通常被称为篱壁形。

树形培养:干高40~50厘米,栽后两年连续中截促发旺条,枝条顺行向两侧拉开,角度70°,对选留的枝条基本不短截或轻短截,促使中后部形成花芽。第二年结果后再更新,树高2.5米左右,树篱壁厚度1.5~2米,该树形适用于川区栽培,株行距(1.5~2)米×(4~5)米。树体的最低结果部位和叶片距地面高度要在30厘米以上,主干上着生的结果枝组20~30个,所有结果枝组都不作为永久性枝,结果后及时进行更新,所以,一直保持新枝壮枝结果,果实质量好。

4.圆柱形

圆柱形(也称主干形)树形也多选自密植栽培模式的果园中,干高40~50厘米,中干强壮,主干上直接着生较大的结果枝组,其上下结果枝长度相近,整个树冠上下呈圆柱形。一般要求其着生的结果枝组基部粗度不能超过其着生部位主干粗度的1/4,主干上无永久性结果枝组,一般结果枝结果1~2年后就要及时更新,相邻的结果枝间距应控制在40厘米左右,这种树形也特别适合于在保护地栽培中选用。

主干形培养比较简单,要求苗木定植时高定干,主干上不选留主枝,直接错落着生结果枝,结果枝要求单轴延伸,不留侧枝,枝间距10~15厘米;开角60°,总体要求下部枝组大,开角小;主干从下往上枝组逐渐减小,开角逐渐加大。遵循上稀下密、外稀内密、行间稀株间密原则。结果枝组的基部粗度与其着生部位的主干粗度比应控制在1/3以下,树高随行间距而定,一般要求树高是行距的0.8~0.9为宜,略小于行间距30~50厘米,要求树体基部每天可以接收到2~3小时的直射光。树体单株主干形,群体呈篱壁形,春季当新梢长至30厘米时,靠苗干设立柱(竹竿、铁管等),选顶端健壮新梢绑缚在立柱上(立柱与主干要间距10厘米以上),培养中心干直立强壮,结果枝一般每年更新,循环结果。

二、常用的修剪方式

桃树传统修剪多采用以短截为主的修剪方式,即对保留下的1年生枝条进行不同程度的短截,称为短枝修剪方式。随着生产技术的进步、栽培条件的改善和生产模式的变革,自20世纪90年代开始,中国桃树修剪方式发生了重大的变革,以疏剪和甩放为主的长枝修剪技术逐步取代了传统的修剪技术。所以现在的桃生产上采用的修剪方式主要有两种:即短枝修剪和长枝修剪。

1.短枝修剪方式(也称为传统修剪方式)

桃树休眠季的修剪过程中,对所有保留下来的大部分1年生枝进行不同程度的短截,修剪后留下的1年生枝都比较短(大部分控制在20厘米以内),所以通常称为短枝修剪方式。短截修剪的主要特点是树体保持有较旺盛的营养生长,有利于树体的更新复壮,结果枝组稳健。缺点是树体很容易造成外强内弱,上强下弱,结果部位外移,树冠内膛的枝条枯死严重。

具体培养方法:树体从幼苗开始,无论选择何种树形,冬剪时对大部分1年生枝以短截为主要修剪方法处理,一般枝条冬剪时剪留长度大部分控制在20厘米左右(结果枝留6~7对饱满的花芽),不同部位的枝条要长短结合,建立合理的叶幕结构。枝组培养一般要用连续短截法,结果枝的更新可分为单枝更新和双枝更新两种方法。

2.长枝修剪方式

主要特点是冬剪时对1年生枝主要以疏剪和甩放为主,基本不短截,多年生枝适度进行回缩更新,休眠季修剪后留下的1年生枝条多为中长枝。所以,相对于传统的短截修剪而被称为长枝修剪方式。

长枝修剪方式的技术要点:

枝条保留密度:骨干枝上15~20厘米保留1个结果枝,同侧枝条之间的距离一般在40厘米以上。以长果枝结果为主的品种,大于30厘米果枝留枝量控制在4000~6000个;以中短果枝结果的品种,15~30厘米长的果枝数每亩控制在6000个以内。生长势旺的树修剪要轻,留枝密度可相对大些;而生长势弱的树相应重剪,留枝量小一些,另外树体保留的枝条长度长,保留枝条总枝量也应少。

保留的1年生枝条的长度:以长果枝结果为主的品种,主要保留30~60厘米长度的结果枝,短于30厘米的枝原则上大部分疏除。以中短果枝结果的品种(如八月脆),主要保留20~40厘米长的果枝用于结果,部分大于40厘米的枝条用于更新。过强和过弱的果枝少留或不留,同等长度枝条应尽量留枝条基部粗度与顶部粗度差别小的枝条,也可适当保留一些健壮的短果枝和花束状果枝。

保留的1年生枝条的长度与品种特性、树势和树龄密切相关。营养生长旺盛的品种或树势较旺的以及幼年树,应保留长度相对较短的枝条,反之,则保留长度相对较长的枝条。对于八月脆等粗壮枝结果能力差的品种,应以保留20~40厘米较细弱的枝条为宜。

保留的1年生枝条在骨干枝上的着生角度,应以斜背上或斜背下方位的为主,少量的留背下枝,尽量不留背上枝。保留果枝在骨干枝上的着生角度还取决于树势与树龄。树势直立的品种,主要保留斜背下或水平枝,树体上部应多保留背下枝;对于树势开张的品种,主要保留斜背上枝,树体上部可适当保留一些水平枝,树体下部可选留少量的背上枝。幼年树,尤其是树势直立的幼年树,可适当多留一些水平及背下枝,这样一方面可以实现早果,另一方面有利于缓和树势,开张枝条角度。

结果枝组的更新:长枝修剪中果枝的更新方式有两种,第一种方式,利用上一年甩放后的1年生结果枝基部发出的生长势中庸的背上枝进行更新,修剪时采用回缩的方法,将已结果的母枝回缩至基部的健壮分枝更新,如果母枝基部没有理想的更新枝也可在母枝中部选择合适的新枝进行更新。第二种方式,利用骨干枝上发出的新枝更新。由于采用长枝修剪时树体留枝量少,骨干枝上萌发新枝的能力增强,会发出较多的新枝。如果在骨干枝上着生结果枝组的附近已抽生出更新枝,则对该结果枝组进行全部更新,由骨干枝上的更新枝代替已有的结果枝组。

长枝修剪树的夏季修剪:每年进行2次夏季修剪,夏季修剪的时间通常在6月上旬和采收前。夏季修剪主要采用疏剪的方法,主要疏除过密枝梢和徒长枝以及对光照影响严重的枝组,改善通风透光条件,促进果实着色和提高果实的内在品质。对于树体内膛等光秃部位长出的新梢,应保留一定的长度进行剪梢。

修剪的主要方法可用"去伞、开窗、疏密"6个字进行概括。去伞:疏除树体上部或骨干枝上对光照影响严重的结果枝组和直立的徒长枝。开窗:疏除骨干枝上过密的结果枝组。疏密:疏除生长过密的新梢。每次夏季修剪量不能超过树体枝叶总量的10%。

第六章　花果管理

花果管理是直接对花或果实采取的管理措施,包括疏花疏果、保花保果、果实套袋、铺反光膜、摘叶等提高果实外观和内在品质的栽培技术措施。

一、疏花疏果

1.合理负载量的确定

确定合理的负载量,是正确进行疏花疏果的前提。不同品种、不同树势、不同树龄以及在不同土壤肥力条件下,其树体承载能力相差很大。在生产中确定合理的负载量,主要依据以下几项原则:第一,保证当年一定的产量及良好的果品质量;第二,保证当年能够形成足量的优质花芽;第三,保证树势不衰弱并能连年丰产。

桃树营养生长量大,叶幕发育时间长,因此很难采用叶果比的方法确定留果量,在生产上确定负载量的方法主要有经验法和根据枝条类型留果法。经验法是目前大多数果园所采用的方法,通常根据桃树生长发育情况及土壤肥力状况、管理水平,参考历年产量确定单位面积留果量,再根据栽植密度确定单株产量。为了保证不会疏除过量,一般应根据品种的坐果习性在理论留果量的基础上加5%~10%的安全量,即为最终的留果量。

根据枝条类型留果法,在生产上目前采用最多、最简便的方法是根据结果枝类型确定留果量,果枝长的多留,短的少留。这种方法的优点是简便易行,缺点是操作时只考虑了果枝的生长情况而没有考虑全树的生长势,易造成留果量不准确。因此,在应用时要结合考虑树体生长势和全株枝量。

2.疏花疏果的时期

从理论上讲,疏花疏果进行得越早,越有利于节约树体贮藏营养、提高坐果率及促进果实的早期发育,疏花芽比疏花好,疏花比疏果好。因为桃果实细胞的分裂可持续到花后6周,疏花可促进幼果中果皮细胞分裂,增加中果皮厚度和细胞层数,从而最终增加果实的单果重。在春季易发生不良天气的地区以及自然坐果率低的品种,疏花过量会造成减产。因此,应根据品种、气候条件、营养状况等具体情况,合理确定疏花疏果时间。总体应掌握以下原则:自然坐果率高的品种早疏,坐果率低的品种晚疏;早熟品种宜早定果,晚熟品种可适当晚定果;花期经常发生自然灾害的地区或气候不良的年份如早春发生冻害、大风等情况下晚定果。

桃树疏花疏果根据前后顺序主要有:疏花、疏果和定果几次,疏花的时间可适当前移,由过去的大蕾期至初花期疏花为主转变为从花蕾膨大期至大蕾期疏花为主。疏蕾时期最好从花蕾膨大至圆形、花芽顶部略见红色花瓣时进行,此时花蕾最易疏落。疏花在始花至终花均可进行。疏果一般分2次进行,第一次是在落花后15~20天(4月下旬至5月上旬)进行。对于自然坐果率较低的品种不进行。第二次疏果也称定果,一般在花期结束后5~6周(5月下旬至6月上旬)进行。疏果时应掌握:早熟品种先疏、晚熟品种后疏,自然坐果率高的品种先疏、坐果率低的品种后疏,生理落果结束早的品种先疏、结束晚的后疏,盛果期树先疏、幼树晚疏。

3. 疏花疏果的方法

(1)化学疏花疏果

化学疏花疏果主要有以下几种方法:在盛花期用30毫克/升的萘乙酸进行喷施;在花蕾期至花后两周左右,使用浓度为100~300毫克/升的乙烯利可进行疏花疏果;在桃盛花后2~3天,使用浓度为0.2~0.4波美度的石硫合剂,连续喷施两次,可起到疏花疏果的作用;化学疏花疏果由于存在着一定的风险,因此在使用时应采取化学疏花疏果与人工疏花疏果相结合的方法,即先用化学疏除的方法疏去部分(应疏除总量的70%左右)花果,再采用人工疏除的方法以达到既省工又保证不疏除过量的目的。

(2)人工疏花疏果

人工疏花疏果的优点是具有主观的选择性,可以准确地疏去发育不良的花果、病虫果以及位置不好的花果。另外,可以在花芽膨大的前期进行疏花,有利于减少养分的消耗,人工疏花疏果不会造成疏除过量,风险低。但由于桃树花芽数量多、花期短,造成疏花疏果工作量大,时间紧,有时单靠人工很难完成。

人工疏花的适宜时期为花蕾露红至花期,近年来桃树疏花时间有提前的趋势,有些产区采用疏花芽的方法。疏花时首先疏去发育差、畸形的花蕾,然后再根据果枝的类型留花。一般长果枝留5~6个单花芽,中果枝留3~4个花芽,短果枝和花束状果枝留1~2个花芽。疏花时要注意尽量保留长果枝和中果枝中上部花芽,疏去枝条基部和顶部花芽。这样既可保留发育好的花芽,又有利于促进枝条基部抽生营养枝,便于结果枝更新。通过疏蕾(花),使每个节位上均保留单花。全树疏花量一般为50%~60%,但要根据不同情况区别对待,自然坐果率低的品种多留,坐果率高的少留;幼年树多留,盛果期树适当少留;灾害性年份多留,正常年份少留。

第一次疏果在落花后15~20天,疏果时首先疏去畸形果、发育不良果、病虫果以及位置不好的果。对于主、侧枝延长枝基部的果实原则上要全部疏去,同一果枝上的果要留两侧及上部果实,疏去枝条下部果实。此外,还要根据品种特性选留果实,一般大型果品种要多留短果枝上的果实,疏去徒长性果枝及长果枝上的果实;中小型果实品种可多留中长果枝上的果实。在相同条件下要尽量留幼果长度较长的,疏去较短的果实。因为长果细胞数量较多,具有发育成大果的基础。

第二次为定果,一般为落花后40~50天。定果时要根据品种、树龄、树体大小以及土壤状况,参考历年的结果情况确定最终留果数量。在生产中有根据叶果比来确定留果量的,大型果为60:1,中型果为40:1,小型果为30:1,这种方法比较科学,但操作中难以掌握。在生产中应用较多的是根据枝条类型留果。长果枝:大型果留2个,中型果留2~3个,小型果留3~4个;中果枝:大型果留1~2个,中型果留1~3个,小型果留2~3个;短果枝:2~3个短果枝留1个大型果,1~3个短果枝留1个中型果,1个短果枝留1个小型果;2~3个花束状果枝留1个大型果。在定果中还要根据不同品种的结果特性留果,对于以短果枝和花束状果枝结果为主的品种,短果枝和花束状果枝应留果。

二、保花保果

桃树成花容易,大部分有花粉的品种具有自花结实能力,因此在一般情况下桃树坐果率较高。但在生产中也常出现由于过度的落花落果造成减产的情况。桃出现落花落果的主要原因有以下几个方面:①品种差异,一般南方品种群坐果率较高,而北方品种群坐果率较低。②由于桃的许多品种没有花粉,如"北京33""北京1号"等,不能自花授粉,如不合理配置授粉树,往往会造成落果较严重。③春季遇到低温、大风等不良天气时,会造成授粉不良,坐果率降低。④由于树体养分不足,造成花芽质量差,也会加重落花落果。因此,为了保证桃树的稳产,也必须采取保花保果措施。主要措施有:

1.提高树体贮藏营养水平

树体的贮藏营养水平,对花芽的质量有很大影响。桃树的花粉和胚囊是在萌芽前后形成的,而此时树体主要是以利用贮藏营养为主。贮藏营养的水平,会直接影响果树的胚囊寿命、有效授粉期等。因此,凡是能够增加果树的贮藏营养的措施,都有利于坐果率的提高。

对树势较弱、贮藏养分不足的树除了要合理疏花疏果,节省养分外,在花期前后应及时采用土施或叶面喷施速效肥的方法补充养分,尤其以叶面喷施更为重要。

2.保证授粉质量

(1)合理配置授粉树

大部分桃品种虽然具有自花结实的能力,但配置授粉树后坐果率更高。授粉树的比例一般为1/8~1/4,授粉树要求本身果实品质优良,具有较高的经济价值。另外,与主栽品种花期相遇或相近,花粉量大,与被授粉品种亲和性好。

(2)人工辅助授粉

授粉用花应采集处于大蕾期(气球期)的花或刚开但花药未开裂的花,所用品种应具备以下条件:具有大量有生命力的花粉,和被授粉品种具有良好的亲和性。为了保证花粉具有广泛的使用范围,在生产上最好取混合花粉,即把几个品种的花粉混合在一起使用。

花粉采集后,应立即剥下花药。如果花量不大,可采用手工搓花的方法,即双手对搓或把花放在筛子上用手搓。花量大时,可用机械脱药。花药脱下后,应放在避光处阴干,温度不能超过24℃,一般经过24小时花药即可干透开裂。干燥后的花粉放入玻璃瓶中备用。保存时应注意低温、避光、干燥。

授粉的方法有人工点授、机械喷粉、液体授粉等。在中国生产中应用最多的是人工点授。授粉时期随花开进程反复授粉,一般人工点授在整个花期至少应进行两遍,人工点授量应为最终留果量的1.5倍左右。开花当天授粉效果最好,以后随开花时间的延长,授粉效果逐渐降低。坐果率高的品种,可间隔授粉,坐果率低的品种或花量少的年份,应尽量多授。为了节约花粉,可把花粉与精石粉或食用淀粉按1:5的比例混合后使用。

为了提高授粉效率,可采用机械喷粉。在花粉中加入200~300倍的填充剂后,用喷粉机进行授粉。也可采用液体授粉,液体授粉的配方为:水10千克、蔗糖1千克、硼酸20克、纯花粉100毫克。混合后应在2小时内喷完。机械授粉效率高,但需粉量大,采花困难,在生产上,特别是一家一户较难使用。

(3)果园放蜂

果园放蜂是一种效率高、效果好的授粉方法。一般4~5亩果园放一箱蜂,即可达到较好的效果。放蜂时应注意:蜂箱要提前搬到果园中,因为蜜蜂刚到新的环境中时不爱出箱,要有适应期,一般要提前3~5天,果园在放蜂期间,切忌喷农药,以防蜜蜂死亡。

三、果实套袋

套袋是提高果实外观品质的一项重要措施。套袋除可防治食心虫、吸吮性蛾类外,还防治细菌性穿孔病、炭疽病、黑星病等。大多数果袋为果实提供了一个高温、高湿、弱光的微域环境,避免了光照、温度、湿度、风等因素剧变的影响。套袋可促进果实着色,提高果面光洁度,降低农药残留,是生产优质无公害果品,提高市场竞争力的重要途径。

1.果袋的种类及选择

桃树果实套袋所用的果袋种类很多。根据制造的材质和制造的工艺分为报纸袋、牛皮纸袋和专用果袋;根据果袋的层数不同分为单层袋和双层袋;根据果袋的颜色又分为白色袋、红色袋、橙色袋等。

2.果实套袋

套袋应在生理落果基本停止、当地主要蛀果害虫蛀果以前、疏果及定果结束后进行。定果后套袋越早,果实的底色越洁净,表现为乳白色、光滑、有透明感,着色后果面艳丽,商品价值高。而套袋晚的果实果皮茸毛长,光洁度差,着色不鲜艳。套袋过早,会影响幼果的细胞旺盛分裂,有些果实有变小的趋势。

3.果实除袋

成熟前开始对着光部位好的进行解袋观察,当袋内果开始由绿转白时解袋,除袋时间因袋种类和桃品种特点不同而不同。采用半透明白色或黄色袋,在袋内可以着色,采前也不必除袋。光照条件差的地区或者难以着色的品种,可在果实采收前10~15天除袋。着色程度中等的品种,果实采收前7~10天除袋。着色容易的品种,果实采收前5天左右除袋。

除袋早晚对果实内在品质及外在品质有显著的影响。除袋早,采果也相应较早,虽然硬度较大,耐贮运性较强,但单果重较小,可溶性固形物含量较低,口感差;除袋过晚,摘袋后的果实,尽管可溶性固形物含量高,口感好,但硬度下降,有的果实还会出现果顶软化,失去了商品性。

除袋时,单层袋先把袋底撕开呈伞状,原样罩在果实上,经3~5个晴天后去除;双层袋应先去除外袋,经3~4天后再去除内袋。除袋时,不能一次性摘袋,否则光线过强,容易发生日烧,影响果实外观及着色。

四、促进果面着色技术

1.铺设反光膜

桃属于直射光着色系列,果皮色泽与光的种类及光强关系密切。果园铺设反光膜,通过反光膜对阳光的反射,改善整个果园尤其是树冠下部及内膛的光照条件,从而使这些部位的果实尤其是果实不易着色的部位(如萼洼处)充分着色,增加全红果。

果园应用的反光膜通常选用反光性能好,防潮、防氧化、抗拉力强的复合性塑料镀铝薄膜,一般可选用由双向拉伸聚丙烯、聚酯铝箔、聚乙烯等材料制成的薄膜。这类薄膜的反光率一般可达60%~70%,使用效果比较好。质量好的反光膜可连续使用3~5年。

2.疏枝和吊枝

在果实开始着色时,适当疏除树冠外围和果实周边的过多新梢,特别是疏除背上枝、徒长枝,可以增加树冠内膛通风透光。对于下垂枝、重叠枝最好吊起来或通过拉枝改变枝的受光角度。

3.摘叶

在果实除袋后,将紧贴果面、果实梗洼处和果实附近遮挡阳光并影响着色的叶片及时摘除,同时可将一些黄、大而薄或小而老的叶片一同摘除。但注意摘叶的时间结合除袋及铺设反光膜的时间进行,不能过早。对不影响光照的正常叶片一律不摘。在叶片密度较小的树冠区域,也可直接将遮挡果面的叶片扭转到果实侧面或背面,使其不再遮挡果实,达到果面均匀着色的目的。

4.施肥

果实着色期,高氮不利于花青素积累,要控制氮肥使用。钾肥对果实含糖量和花青素积累有非常重要的作用,在日常管理中要重视增施钾肥,在果实着色期,叶片喷施0.3%硫酸二氢钾两次,对果实着色有明显效应。

第七章　桃园土、肥、水管理

一、土壤管理

（一）土壤改良

丰产优质桃园的土壤一般具有以下基本特征：①土壤有机质含量高。土壤有机质不仅是土壤养分的贮藏库，能稳定而持久地供应多种营养元素，还能改善土壤理化性状和土壤结构。一般丰产优质桃园的土壤有机质含量应在1.5%以上。②土壤养分供应充足。丰产优质桃园土壤应该具备平衡、协调、充足供应桃树生长发育所需的各种矿物养分的能力。③土壤通透性好。土壤既要有良好的通气性，又要有良好的保水能力，一般以土壤孔隙度50%~60%比较适宜。④土壤酸碱度（pH）适宜。土壤酸碱度主要通过影响土壤养分的有效性而影响桃树生长发育，一般来说土壤pH 6.5左右时多数矿物养分的有效性都较高。

1.桃园深翻熟化

桃园深翻一年四季都可以进行，春季深翻在春季萌芽前及早进行。此时地上部尚处于休眠期，根系刚开始活动，生长较缓慢，伤根后容易愈合和再生。春季深翻后如遇干旱，应及时灌水保护根系。干旱年份又无灌溉条件的桃园，一般不宜在春季进行深翻。夏季深翻一般在新梢生长减缓或停止，根系前期生长高峰过后，于雨后进行。夏季深翻能促进桃树发生新根，增加根量，断根容易愈合，并能促进雨水渗透，减少水土流失，保蓄土壤水分和除灭杂草。夏季深翻还能对幼旺树起到抑制生长的作用。但夏季深翻不宜伤根过多，否则会削弱树势或引起落果，因此中晚熟桃品种不宜在果实采收前进行夏季深翻。秋季深翻一般在采果后结合秋施基肥进行。秋季桃树的地上部生长减缓或停止生长，养分消耗减少并开始回流积累，而根系正值秋季生长高峰，因此深翻后断根伤口容易愈合，并能促发新根，延长根系生长时间，增强根系吸收功能，提高树体贮藏营养水平，如遇秋季干旱，深翻后应结合灌水。秋季是桃园深翻较好的时期。冬季深翻在树体落叶休眠后进行，操作时间较长。冬季深翻可消灭地下越冬的病原菌、害虫及冬季杂草和宿根性杂草。有冻害的地区深翻后应及时培土护根，土壤墒情不好时应及时灌水促进土壤下沉，防止露风伤根。

深翻深度以稍深于桃树根系集中分布深度为宜，并考虑土壤质地和结构状况，如山地或坡地，下部有半风化岩石或黏土夹层或未充分风化的死土层，深翻的深度一般要求达到50~70厘米，如为沙质壤土，土层深厚，则可适当浅些。另外，树盘范围内根密度高，粗根、大根多，应适当浅些以免过多伤根，树盘以外则可尽量深些。

深翻方式主要有:深翻扩穴,在幼树定植后,逐年向外深翻扩大定植穴,直到全园翻遍为止。适合于劳动力较少的桃园,每次深翻可结合施入有机肥料以改良土壤;隔行深翻即每隔一行翻一行。全园深翻,将栽植穴或定植沟以外的土壤一次深翻完毕,这种方法一次需要劳动力较多,但深翻后便于平整土地,有利于桃园耕作,特别适合于根系较少的幼龄园。

2.增施有机肥

在非障碍性桃园土壤上,桃树基础产量和品质与土壤有机质含量之间关系密切。一般桃园土壤有机质含量高,桃树树体生长健壮,基础产量也高,品质也好。目前,天水的桃树平均单产低,品质不高,其中桃园缺乏有机肥是一个重要原因,生产上可用的有机肥料种类很多,包括各种厩肥、堆肥、禽粪、畜粪、人粪尿、土杂肥、作物秸秆等。

(二)桃园土壤管理制度

1.清耕

桃园经常性地中耕除草,能控制杂草,减少或避免杂草与桃树争夺肥水;能保持土壤疏松,改善土壤通透性,加速土壤有机质的矿化和矿质养分的有效化,增加土壤养分供给,以满足桃树生长发育的需要。但长期采用清耕法管理,会加速土壤有机质消耗,如有机肥施用不足,土壤有机质含量就会逐年降低。在有风蚀或水土流失的地方还会加剧桃园土壤侵蚀,加重桃园土壤肥力退化。在这种情况下,就要求施用较多的肥料,才能维持树体生长和产量,这不仅会增加桃园投入,而且会引起果实品质下降。可见,清耕法的短期效果虽好,但长期效果适得其反。因此,在同一桃园不宜长期采用单一清耕管理。清耕主要用于幼龄桃园的保护带范围。成龄桃园的株间或树盘范围管理,一般在春夏季桃树吸收肥水较多的时期,可对土壤进行清耕管理,而在夏季以后进入干旱季节时,则改为覆草或其他土壤管理方式。

2.覆草

覆草泛指利用各种作物秸秆、杂草、树叶、碎柴草等材料在桃园地面进行覆盖的一种桃园土壤管理方法。包括全园覆草、株间覆草、树盘覆草等方式。

桃园覆草能抑制杂草,调节地温,保墒土壤,增加土壤有机质,保持水土,培肥地力;有利于桃树生长发育,提高桃树产量和品质。覆草厚度应超过10厘米才有良好作用。但是长期覆草存在桃树根系上浮、滋生虫害和招致鼠害等缺陷。应用果园覆草方法进行土壤管理,对于土壤贫瘠、经常有干旱发生的桃园,具有良好的效果。因此,各地有条件的应尽量利用各种农作物秸秆、碎柴草和杂草等进行桃园覆盖栽培。

3.种植绿肥

桃园因地制宜合理种植和利用绿肥,对于防风固沙,保持水土,培肥土壤;提高树体的营养水平,促进丰产,改善品质;以及降低生产成本等,均有良好作用。

应选择适应性广、抗逆性强、速生高产、耐割耐践踏、再生力强的绿肥品种。适宜天水土壤和气候干旱特点的绿肥品种有白菜型油菜、箭舌豌豆、白三叶等。绿肥可以直接翻压,也可以沤制堆肥。绿肥翻压的时间对绿肥的肥效影响较大,一般盛花期或结果(荚)初期绿肥的生物量最大,所含营养元素最为丰富,是翻压的最适宜时期,绿肥翻压可与桃园深翻改土结合进行。

4.生草

天水桃园土壤肥力低,首先反映在土壤有机质含量低,如大部分桃园土壤有机质含量都在1%以下,而且果园土壤有机质含量还有逐年下降的趋势。为了培肥桃园土壤,必须重视有机肥的施用,然而当前桃园有机肥的施用普遍不足,除了对有机肥的重要性认识不足外,与有机肥肥源短缺也有很大关系。为了解决天水桃园有机肥肥源问题,除了种植绿肥外,生草也是解决这一问题的有效途径。

生草是在桃树行间或全园保持有草状况,并定期刈割覆盖于地面的一种土壤管理制度,生草有人工生草和自然生草两种方式。果园保持有草状况不同于荒草,需剔除恶性杂草,并经常刈割控制草的生长高度。

生草栽培主要在桃园行间进行;在草的旺盛生长季节对草适量追肥和灌水,可以尽快提高土壤有机质含量;生草几年(一般4~5年)后,随着草的老化,全园深翻一次,改善土壤通透性后再重新生草。

天水果园主要推广应用的草种主要有:白菜型油菜、箭舌豌豆、三叶草。其中白三叶不耐高温干旱,可在夏季较冷凉、雨水较多或有灌溉条件的地方种植。为了更好地培肥土壤,提倡两种或多种草混种,特别是豆科和禾本科草混种,一般混种比例以豆科占60%~70%,禾本科占30%~40%比较适宜。

5.地膜覆盖

地膜覆盖包括全园覆膜、株间覆膜、树盘覆膜等形式,所用地膜种类有透明膜、黑色膜、银光膜、除草膜、光解膜等。其中以透明膜最常用。

二、施肥

1.桃树施肥量的确定

桃树在年周期中,需吸收一定量的养分以构成各种营养器官及完成开花结果。桃树定植后最初7年中,每年植株干重均有增长,而后随产量进一步提高,植株各部分的增长量逐步下降,11年生时达到一个稳定值。在平均单产1850~2000千克/亩的条件下,11年生桃树年吸收的养分量为每亩氮(N)6.93千克、五氧化二磷(P_2O_5)1.67千克、氧化钾(K_2O)8.735千克、氧化钙(CaO)7.27千克、氧化镁(MgO)1.54千克。

除了施肥补充外,土壤本身还含有矿物养分,可以自然供给桃树。施入土壤中的肥料,由于土壤的吸附固定、雨水(灌溉水)淋失和分解挥发损失等。不能全部被桃树吸收利用。桃树对肥料的吸收利用率与品种、砧木特性及土壤管理制度等有关。一般天水桃园,氮肥利用率约为50%,磷肥约为30%,钾肥约为40%。改进灌溉方法,可提高肥料利用率,如采用灌溉式施肥,氮肥利用率为

50%~70%,磷肥利用率约为45%,钾肥利用率为40%~50%,采用喷灌式施肥,氮肥利用率可达95%,磷肥利用率达54%.钾肥利用率达80%。从理论上讲,施肥量可以通过下列公式计算:

施肥量=(目标产量所需养分总量−土壤天然供给量)/肥料利用率(%)×肥料养分含量(%)

桃树生产实践中的施肥量差异较大,许多都高于桃树实际需要量。桃园推荐施用量为氮肥(纯氮)7~14千克/亩;磷(P_2O_5)7千克/亩;钾(K_2O)7~14千克/亩。

2.施肥时期

(1)基肥

基肥以有机肥料为主,是较长时期供给桃树多种养分的基础肥料。施基肥的时期以早秋最好,即在8月中下旬至9月底以前。早秋施基肥比早春和晚秋施基肥对树体的生长发育、开花坐果的促进作用都要强。此时,桃树地上部新梢已渐趋停止生长,所吸收的养分以积累贮藏为主,施基肥可提高树体贮藏营养水平,有利于翌年桃树萌芽开花坐果和新梢早期生长。此外,有机肥的分解需要较长的时间,只有早秋施基肥,到翌年春天时肥料才能得到充分腐烂分解,萌芽开花时才能发挥应有的肥效。

不仅要考虑施用基肥的时期,还需注意施用基肥的数量和质量,尤其是基肥的质量,一般应施高质量的有机肥,基肥用量上,一般每亩果实产量2000千克左右的桃园,以"斤果斤肥"为宜,如果采用生草法、覆草法、翻压绿肥及秸秆还田等措施,土壤有机质含量高时,可以少施基肥或不施基肥。

(2)追肥

追肥的次数、时期与气候、土壤、树龄、树势有关。在天水市,追肥宜少量多次。幼龄树的追肥次数主要取决于树体长势和管理目标,树势生长弱或希望加速树体生长成形的,追肥次数可多,反之,生长势强的追肥次数宜少。一般成年树一年可追肥2~4次。

①花前追肥(催芽肥)。于开花前约两周进行,此次追肥主要解决贮藏养分不足和春季萌芽开花消耗较多的矛盾。以速效性全肥为主。追施数量应根据秋施基肥数量、种类及树体贮藏营养水平等来确定。树体健壮、贮藏养分多,此次追肥可少些,如果是弱树、老树和结果过多的大树或者基肥施用不足者,则应加大施肥量,促进萌芽开花整齐,提高坐果率。如遇早春干旱少雨,追肥应结合灌水,才能充分发挥肥效。

②花后追肥(稳果肥)。开花后的幼果和新梢迅速生长,是需肥最多的一个时期。这次追肥对防止生理落果,促进新梢和叶片的生长,提高光合效率有明显效果,花前肥和花后肥可互相补充,如果花前追肥量大,花后肥可不施或少施。

③果实膨大和花芽分化期追肥(壮果肥)。一般在第三次生理落果结束后施用,此时果实迅速增大和花芽开始分化,追肥可以提高叶片光合效率,促进养分积累,有利于果实膨大和花芽分化。这次追肥既能保证当年产量和品质,又为翌年结果打下基础。应氮、磷、钾肥配合施用,一般可施复合肥或腐熟的有机肥等。

④采果前后追肥（还阳肥）。对于晚熟品种，在果实生长后期追肥，可以促进果实膨大，增进品质。肥料以磷、钾肥为主。而对于早中熟品种，采果后追肥，可以解决大量结果造成树体养分亏缺与花芽分化的矛盾，肥料可氮、磷、钾配合施用，还阳肥也可与基肥一起配合施用。

3.施肥方法

桃树施肥方法主要有土壤施肥和根外追肥。施基肥都用土壤施肥，追肥则可土壤施肥，也可根外追肥。

（1）土壤施基肥

基肥以有机肥为主，施肥深度通常稍深于桃树根系集中分布深度，施肥的水平范围则在树冠外缘有须根分布的地方。生产上常用的施基肥的方法有：

①环状沟施：即在树冠外缘挖环状沟施肥。此法易切断水平根，施肥范围较小，一般多用于幼树。

②放射状沟施：以树干为中心，从里向外开数条放射状沟施肥。此法伤根较少，但应注意少伤大根，且每年要轮换位置施肥。

③条状沟施：在桃树行间顺行向开沟施肥。此法适用于机械作业，多用于行距较大的成年桃园。

④全园施肥：行距较小的成年桃园或密植园，根系已布满全园，可全园撒施肥料后，再翻入土中。但一般施肥深度较浅。

（2）土壤追肥

土壤追肥的施肥方法与基肥相似，只是施肥深度较浅。但不同的肥料种类施肥深度也有差异，如氮肥在土壤中移动性好，可浅施；而钾肥、复合肥等要适当深施；磷肥、钙肥最好与有机肥混合施用。土壤追肥如遇干旱，应结合灌水，才能取得良好效果。

如将肥料溶解于灌溉水中进行追肥，称为灌溉式施肥，尤以与喷灌、滴灌结合进行施肥较多，由于肥料溶解于灌溉水中，供肥及时，肥料分布均匀，因此肥效较高。另外还具有不伤根系、保护耕作层土壤结构、节省劳力等特点。

（3）根外追肥

叶面追肥是最常用的根外追肥方法。肥料用量少，发挥肥效快，肥料利用率高。而且多数还可与喷施农药结合进行，因此简便易行。桃树叶面追肥的种类、浓度、时期和使用次数可结合实际情况进行。

4.桃树缺素症及其矫正

（1）部分元素缺素症的区别

依据各种营养元素在桃树体内的移动性（即其利用性），可以初步判断桃树缺乏的是某种或某几种营养元素。

①由于元素在植物体内能移动或可以再度利用，缺素症首先表现在新梢基部老叶上的有氮、

磷、钾、镁等。

②缺素时表现叶脉间失绿的有钾、镁、铁、锌、锰等。

③缺素时叶片均匀失绿的有氮、硫。

④缺素时叶片出现枯斑的有钾、镁、锌、锰、铜、钼等。

⑤铁、锌、铜、硫、钼等元素缺时,因为这些元素在植物体内移动性很差或不能再利用,症状多表现在新梢上端的幼叶上。

⑥钙、硼等元素,在植物体内也不能再利用,缺时症状也先出现在新梢顶部,并且果实也易表现症状。

(2)缺素症的矫正

①缺氮症:正常管理和施肥的桃园如发生缺氮比较容易矫正,如追施氮素化肥如尿素、硫酸铵、碳酸氢铵等,缺氮症状即可消失。雨季土壤中氮素易流失,秋梢迅速生长,树体需要大量氮素,可树冠喷施0.3%~0.5%尿素溶液。

②缺磷症:磷在土壤中的移动性很差,应与有机肥一起施用才能发挥应有的作用,追施以有机肥为主,配合无机磷肥或含磷复合肥。生长期可叶面喷施0.2%~0.3%磷酸二氢钾水溶液或喷1%~3%过磷酸钙浸出液或0.6%~1.0%磷酸铵水溶液。

③缺钾症:桃树缺钾,除土壤中有效钾含量低外,其他元素缺乏或相互作用也可能引起缺钾。为避免缺钾,应增施有机肥。桃园缺钾时,在6~7月追施草木灰、氯化钾、硫酸钾等化肥,树体内钾含量很快提高,叶片和果实都可能恢复正常。生长季节可叶面喷施0.2%硫酸钾或硝酸钾。

④缺钙症:当土壤酸度较高时,能使钙很快流失。土壤中即使含有大量的钙,如果氮、钾、镁较多,也容易发生缺钙症。根外施肥对校正缺钙具有较明显的效果,通常在生长季节叶面喷施0.3%~0.5%硫酸钙进行缺钙症的校正。

⑤缺镁症:在酸性土壤或砂质土壤中镁易流失,在强碱性土壤中镁的有效性低,如果钾肥施用过多也可能引起缺镁症。因此,在发生缺镁的桃园,应在增施有机肥的基础上,进行叶面或土壤追肥。生长季节可叶面喷施0.2%~0.3%硫酸镁溶液。

⑥缺铁症:盐碱土或钙质土壤上易发生缺铁。土壤黏重、排水不良,也易发生缺铁性黄叶病。改良土壤,增强土壤中铁的有效性,是防止缺铁的根本性措施。增施有机肥,种植绿肥或生草、黏土掺沙、清沟排渍等栽培措施均可缓解缺铁症的发生。盐碱地区控制盐害是防止桃树缺铁的重要措施。黄叶病严重的桃园,适量补充可溶性铁,可以治疗病症树。如:硫酸亚铁与有机肥按1:5比例混合后施用,株施2.5~5千克,可有2年以上的效果;萌芽前树盘土壤灌施30~50倍硫酸亚铁溶液每株50~100千克,或撒施硫酸亚铁每株1~2千克;萌芽前树冠喷施2%~4%硫酸亚铁溶液;萌芽前树干注射硫酸亚铁或柠檬酸铁1000~2000倍液。

⑦缺锌症:对于瘠薄的沙土地、盐碱地、黏土地等,改良土壤,创造有利于根系生长的环境,提高土壤中锌的有效性,是防止缺锌的根本性措施。在萌芽前树冠喷施3%~5%硫酸锌,或萌芽初期

树冠喷施0.1%硫酸锌,当年效果比较明显;花后3周喷施0.2%硫酸锌加0.3%尿素或300毫克/千克环烷酸锌,对缓解缺锌症有明显效果;结合施基肥,株施硫酸锌0.25~0.5千克,第二年显效,作用可持续3~5年。

⑧缺锰症:碱性土壤易发生缺锰症。春季干旱也可能导致缺锰。强酸性土壤,由于锰的有效性高,可造成桃树锰中毒。由于锰和铁具有强烈的拮抗作用,锰过量时常伴随缺铁症的发生。缺锰的桃园,可将适量的硫酸锰与有机肥混合施用。生长季节可叶面喷施0.2%~0.3%硫酸锰。

⑨缺铜症:增施有机肥和改良土壤是根本措施。发生缺铜的桃园,可土施硫酸铜每株0.5~2千克,或春季萌芽前喷施0.1%硫酸铜。

⑩缺硼症:防止缺硼的根本措施是结合施基肥加入硼砂或硼酸,株施0.1~0.25千克,3~5年施一次,发生缺硼的桃园,在萌芽前枝干喷施1%~2%硼砂,或分别在花前、花期和花后各喷一次0.2%~0.3%的硼砂,都有较好的效果。

三、水分管理

1.工程节水灌溉技术

工程节水灌溉技术包括渠道防渗、管道输水工程,以及喷灌、微灌(滴灌、微喷灌、渗灌、小管出流等)、膜下渗灌等灌溉方法。桃树具有多年生、生命周期长、树体高大和单株占地面积大的特点,采用工程节水技术如滴灌、膜下渗灌等方法可使果树行间保持地面干燥,便于喷药、修剪或采果等果园管理工作的进行,另外也不会破坏土壤结构。

(1)喷灌:喷灌可以按果树品种、土壤、气候状况适时适量喷洒,一般不产生地面径流和深层渗漏,可避免因灌溉抬高地下水位而引起土壤盐碱化。喷灌与地面灌溉相比较,一般可节水20%~30%,此外,喷灌工程对地形的适应性强。但喷灌也存在一定的不足,如作业受风的影响,大风天气不易喷洒均匀,喷灌过程中尤其是高温低湿情况下蒸发损失较大。

(2)滴灌:滴灌仅局部湿润作物根部土壤,滴水速度小于土壤渗吸速度,不破坏土壤的结构,灌溉后土壤不板结,能保持疏松状态,从而提高土壤保水能力,也减少无效蒸发。因此,滴灌已成为一项最有效的节水灌溉技术,在各种地形和土壤条件下都可使用。沙质土桃园采用滴灌时,由于水主要向深层渗漏,不易横向扩展,形成鳞球状的湿润土体,因此,在沙土情况下增加单位面积滴头数量来满足桃树正常生长的水分需求。此外,由于滴灌的出水口很小,滴头易发生堵塞,对水质要求较高,须对灌溉水进行净化处理。

(3)微喷灌:微喷灌是介于喷灌和滴灌的一种部分根域灌溉的定位灌溉技术,仅对部分土壤进行灌溉,与漫灌和全园喷灌相比,减少了无效灌溉和地表水分蒸发,因而也是一种节水栽培模式。此外,微喷灌系统还可调节小气候。但采用微喷灌技术,在喷灌时也会因蒸发导致灌溉水的损失,故微喷灌的时间一般在夜间或清晨。由于做喷灌的喷头易发生堵塞,需要对灌溉水进行净化处理。

（4）渗灌：渗灌是利用一种特别的渗水毛管埋入地表以下30~40厘米，压力水通过渗水毛管管壁的毛细孔以渗流的形式自下而上湿润其周围土壤的灌溉技术。其优点是不破坏土壤结构、灌水质量好、蒸发损失小、占用耕地少且便于机械耕作；渗灌还可与其他田间作业同时进行，缺点是地下管道造价较高、易堵塞、检修难；在透水性强的果园使用时渗漏损失较大，且不宜在盐碱地上采用。

总体而言，工程节水技术不仅能有效降低输水损失，还可以对果树进行适时、适量均匀有计划地小定额灌溉，田间不会产生地表径流和深层渗漏，从而达到节水节能的目的。但是工程节水技术存在一次性投入较高，管道易老化，以及出水口易堵塞，灌溉要求水质较高等问题，目前在天水桃园应用面积很少。

2.农艺节水技术

农艺节水主要是结合桃园土壤管理制度、依据果树自身的需水特点和当地的自然降水规律，通过果园土壤蓄水保墒调控果园土壤水分状况等提高果园水利用率和果树水分生产效率。

（1）穴贮肥水技术。具体操作步骤是：用玉米秸、麦秸等捆成直径15~25厘米、长30~35厘米的草把，草把要扎紧捆牢。然后放在5%~10%的尿素溶液中浸透。在树冠投影边缘向内50~70厘米处挖长、宽、深各40厘米的贮养穴（坑穴呈圆形围绕着树根）。依树冠大小确定贮养穴数量，冠径3.5~4米，挖4个穴；冠径6米，挖6~8个穴。将草把立于穴中央周围用混加有机肥的土填埋踩实（每穴5千克土杂肥、混加150克过磷酸钙、50~100克尿素或复合肥），并适量浇水，每穴覆盖地膜1.5~2米^2，地膜边缘用土压严，中央正对草把上端穿一小孔，用石块或土堵住，以便将来追肥浇水。

（2）地面覆盖技术。地面覆盖种类和方法较多，主要有地面覆盖黑色塑料地膜、覆草等，其目的就是覆盖后降低水分蒸发，保持土壤水分稳定。

第八章 主要病虫害防治技术

一、桃树主要病害发生与防治

1. 桃树褐腐病

又名菌核病或花腐病,是桃树的重要病害之一。可为害花、叶、枝梢和果实,引起20%~100%的果实脱落、腐烂,特别是在一些多雨地区,很多年份可发生严重的病害流行,造成很大的损失。该病除为害桃外,还能侵染李、杏、樱桃等多种核果类果树。

为害症状:该病可为害桃枝梢、叶、花和果,产生明显的症状。在花上,首先表现为花粉囊坏死和花粉管变褐,并进一步扩展至子房和花梗,最后整朵花枯萎变褐,牢固黏附在枝头上,湿度大时,腐烂花表面会生出灰色至黄褐色霉层,为病原菌的分生孢子座,嫩叶自叶缘开始发病,病叶变褐色甚至萎蔫,状如遭受霜害;枝梢出现长椭圆形或梭形溃疡斑,凹陷或隆起,在病健交界处可形成愈伤组织,溃疡斑往往会扩展环绕枝条,导致枝条病部以上枯死,嫩梢常发生流胶;在果实上,病原菌自幼果期潜伏侵入,若果实生长后期至成熟后储藏期间发病,可快速出现褐色圆形病斑,数日内即扩展全果,病果果肉软腐,表面土褐色,产生灰褐色绒状霉层,呈同心轮纹状排列。田间病果腐烂后易从枝头脱落,由于后期气候比较干燥,挂在树上或是落在地面的病果失水皱缩,形成僵果。

防治方法:

(1)消灭越冬菌源:结合修剪做好清园工作,彻底清除僵果、病枝,集中烧毁,同时进行深翻,将地面病残体深埋地下。

(2)及时防治害虫:如梨小食心虫、苹小卷叶蛾、蟠象等,应及时做好防治。

(3)喷药保护:桃树发芽前喷布5波美度石硫合剂或25%丙环唑2500~3000倍液。落花后10天左右喷洒65%代森锌可湿性粉剂500倍液,50%多菌灵1000倍液,或70%甲基托布津800~1000倍液。花褐腐病发生多的地区,在初花期(花开约20%时)需要加喷一次,这次喷用药剂以代森锌或托布津为宜。也可在花前、花后各喷1次50%速克灵可湿性粉剂2000倍液或50%嘧菌环胺颗粒剂2000倍液。不套袋的果实,在第二次喷药后,间隔10~15天再喷1~2次,直至果实成熟。

2. 桃穿孔病

穿孔病分细菌性穿孔和真菌性穿孔,其中以细菌性穿孔最为常见。

真菌性穿孔病症状:该病为害叶片时,初形成略带紫色的小斑点,逐渐扩展形成直径约1厘米红褐色至褐色病斑,有红晕。在温暖干燥气候条件下,发病9~11天后病斑中央部位坏死脱落,形成穿孔,穿孔边缘整齐,不残留坏死组织。幼叶受害,大多焦枯,不形成穿孔。湿度高时,病斑往往不脱落,在其背面上长出灰色霉状物,即病原菌分生孢子梗及分生孢子。周围褐色。新梢上发病,病斑常发生开裂流胶。多病斑融合后导致上部枝梢枯死。在果实上,初期产生淡紫色小点,逐渐扩展形成直径约1厘米褐色病斑,病斑处果实变软,凸起,病斑不会向下扩展至中果层。

细菌性穿孔病为害症状:主要为害叶片,也侵染果实和新梢。叶片发病时,初期在叶脉两侧产生水渍状圆形小斑点,黄白色至白色,直径0.5毫米左右,散生于叶面,后扩大成2~3毫米褐色或紫褐色近圆形或多角形病斑,周围有黄绿色晕环,潮湿时背面溢出黄白色胶状菌液。后期病斑脱落或部分与叶片相连,形成穿孔,穿孔边缘破碎不整齐。果实受害,幼果即表现症状,形成稍凹陷、深褐色不规则病斑。病斑边缘水渍状,直径为1~2毫米,常发生龟裂,湿度大时,会出现菌脓。枝条受害后,形成春季溃疡和夏季溃疡两种不同病斑。春季,在1年生枝上形成水渍状暗褐色小疱疹,后期病斑扩大,宽度直径约2毫米,一般不超过枝条直径的一半,而长度扩展可达1~10厘米,在春末(开花前后)病斑表皮破裂,病菌渗出黄色菌液;夏末,溃疡发生在当年抽生的新梢上,以皮孔为中心形成水渍状圆形或椭圆形褐色至黑褐色病斑,稍凹陷.边缘呈水渍状,潮湿时溢出黄白色的菌液。

细菌性穿孔病和真菌性穿孔病的主要区别:

(1)病状。细菌性穿孔边缘破碎、不整齐,而真菌性穿孔边缘整齐,不残留坏死组织。

(2)病症。细菌性穿孔叶背面潮湿时有黄白色菌脓,真菌性穿孔病斑背面长出灰至灰褐色霉状物。

发病规律:此两种病菌在枝条皮层组织及芽内越冬。风雨是转播病菌的主要媒介,潮湿是病害发生的重要因子。

防治措施:

(1)休眠期减少菌源。冬季结合修剪,彻底清除枯枝落叶及落果,减少越冬菌源;容易积水,树势偏旺的果园,要注意排水,修剪时疏除密生枝、下垂枝、拖地枝,改善通风透光条件,降低果园温湿度;增施有机肥料,避免偏施氮肥,促使树体生长健壮,提高抗病能力。

(2)药剂防治。细菌性穿孔病:链霉素500~1000倍或噻枯唑1000倍喷雾2~3次,间隔10~15天。真菌性穿孔病:甲基硫菌灵1000倍或25%咪鲜胺500倍喷雾2~3次。第1次用药可加保护剂代森锰锌等,每次间隔10~15天。

3.桃缩叶病

主要为害叶片,严重时可为害嫩梢和幼果。在叶片上,主要发生在春季新生嫩叶上,引起叶片局部褪绿,褪绿部位膨大皱缩,局部扭曲变形。叶片起初呈灰绿色,后变黄色、红色或紫红色。春末夏初,湿度大时发病部位产生隐隐约约一层灰白色粉状物,病叶后期逐渐变褐至深褐色,质地变脆,干枯脱落,在嫩梢上,染病嫩梢呈灰绿至黄绿色,节间缩短,肿粗,其上病叶丛生,受害严重的枝条会枯死。如果新梢本身未受害,病叶脱落后,其上的芽仍能抽出健全的新梢,在幼果上,形成典型不规则初绿色后微微发红的微隆起病斑,使果实长大后发生龟裂,不久脱落。

桃缩叶病症状表现与桃纵卷瘤蚜为害症状很相似,要注意区分:前者表现为叶片局部或整个叶片肿大扭曲变形;后者表现为叶缘纵卷肿起,呈绳状,剥开卷叶往往会发现蚜虫脱落的表皮残留物等蚜虫活动痕迹。

防治方法:

(1)适时喷药保护。该病防治的最有利时期是晚秋,90%叶片脱落时或春季萌芽前喷药防治有效,病原菌感染或显症后喷药无效。药剂可选择5波美度石硫合剂或1:1:100倍波尔多液,或45%晶体石硫合剂30倍液,或70%代森锰锌可湿性粉剂500倍液,铲除越冬孢子,消灭初侵染源。

(2)农业防治。喷药后,如有少数病叶出现,应及时摘除,集中烧毁,以减少第二年的菌源。患病桃树可及时灌溉和增施氮肥,增强树体活力;修剪去除过多果实,减轻树体营养消耗的压力,增强抗病性。此外,不同品种间的抗性有明显差异,发病严重地区可选种抗病品种。

4.桃疮痂病

又称黑星病、黑点病、黑痣病。该病除为害桃树外,还为害杏、李、扁桃、樱桃等多种核果类果树。

该病能够侵染枝梢、叶和果实,在果实上表现的症状最为显著。为害果实时,侵染初期主要在果实基部光照不良处形成绿色圆形斑点,后逐渐变为黄褐色至黑色,直径达5~10毫米,但病变仅限于果实表层。严重时,病斑扩展愈合,果实失去商品价值。当果柄受害时,病果常脱落。为害枝梢时,初始产生水渍状斑,逐渐形成褐色、紫色至深褐色圆形斑点,边缘隆起;初秋,病斑扩大至(3~5)毫米×(5~8)毫米,呈椭圆形,病斑部位常伴随流胶;湿度大时,病斑处产生黑色霉层,为病原菌的分生孢子梗及分生孢子,严重时,枝梢枯死。初夏在较低部位叶片表现症状,初在叶背产生不规则深绿色病斑,渐变深绿褐色,一般不导致落叶。

防控措施:

(1)农业措施

清洁果园:清除病果、枝。

套袋:套袋前要喷1~2次药。

(2)化学防治

注重花前、幼果期的防治,使用药剂为:40%福星8000~10 000倍或70%甲基硫菌灵1000倍液;或25%咪鲜胺500倍液,第1次用药可加保护剂代森锰锌等。每次间隔10天左右。

5.桃树流胶病

又称干腐病、疣皮病和瘤皮病。一般认为包括非侵染性和侵染性两种。非侵染性病害的原因有天牛等昆虫的为害,修剪过重、土壤黏重等容易发生。侵染性流胶病是由真菌引起。真菌性流胶病可造成树势衰弱,果品质量下降,对一些敏感的桃树,显著抑制树体生长和果实产量,疏于管理时甚至导致死树。

该病可发生在根颈、主干、枝杈等部位,主要为害枝干。一般先在枝干表现症状,随后在枝条和果枝上表现症状。在1年生嫩枝上发病时,最初产生1~6毫米泡状凸起,不流胶,2~3年后泡状凸起逐渐扩展,坏死,形成直径5~15毫米的凹陷斑,并产生大量流胶,尤其雨后流胶现象更为严重,流胶初呈半透明至淡黄色透明,稀薄而有黏性,吸水后膨胀为果冻状胶体,如果天气干燥,胶状物转变成结晶状茶褐色坚硬胶块,黏附于枝干表皮。病斑扩大愈合后,形成大的溃疡斑,枝条表皮粗糙变黑,病原菌在枝干表皮内为害,最深可达木质部,致使受害处变褐、坏死。患病桃树生长逐渐衰弱,严重时致使枝干枯死,而树势良好,桃树则会在病斑周围形成一层周皮,限制病斑的扩展。

防治方法:

(1)加强桃园管理,增强抗病性。合理施肥,增施有机肥和磷、钾肥,合理疏花疏果,增强树势,注意防治天牛、吉丁虫、蚜虫等害虫。

(2)清除越冬菌源。最好在冬季修剪时,除去有病害的枝梢,发芽前喷施5波美度石硫合剂或100倍抗菌剂402涂刷病斑,杀死或减少枝梢上的病原菌,消除越冬菌源。夏季修剪留下伤口可为病原菌侵入创造适宜条件,加重病原菌的发生。因此夏剪后一般在剪枝部位喷药保护。

(3)药剂防治。一般选择5~6月,每隔半个月左右喷施一次杀菌剂,连喷3~4次进行防治。可选用喷施65%代森锌可湿性粉剂500倍液、50%多菌灵800倍液、50%甲基托布津·硫黄悬浮液500倍液等;也可选用50%腐霉利200倍喷施病部消毒;或早春发芽前用45%晶体石硫合剂30倍液、疮痂灵15倍液、灭腐新黏稠悬浮液原液、甲基托布津油膏(70%甲基托布津超微可湿性粉剂1份与食用植物油20份混合调匀而成)等杀菌剂,将流胶清除后涂抹发病部位。

二、桃树主要虫害发生与防治

1. 蚜虫

(1)桃蚜,又名腻虫、烟蚜、桃赤蚜、油汉。无翅胎生雌蚜体长约2.2毫米,宽0.94毫米,卵圆形;体色为淡黄绿色、乳白色,有时赭赤色,腹管长筒形。有翅胎生雌蚜体长2.2毫米,宽0.94毫米;头、胸黑色,腹部有黑褐色斑纹,翅无色透明,翅痣灰黄或青黄色。无翅有性雌蚜体长1.5~2毫米;赤褐色或灰褐色,头部额瘤向外方倾斜,有翅雄蚜体长1.3~1.9毫米,与有翅孤雌胎生雌蚜相似,但体型较小,体色深绿、灰黄、暗红或红褐;头胸部黑色,腹背黑斑较大;卵椭圆形,长0.44毫米,初为淡黄色,后变成漆黑色且有光泽。

桃蚜是桃、杏、李的重要害虫,寄主植物幼叶背面受害后,向反面横卷或不规则卷曲,使桃叶营养恶化,甚至脱落。蚜虫排泄的蜜露滴在叶片上,诱致霉污病,影响桃的产量和品质。

(2)桃瘤蚜又名桃瘤头蚜、桃纵卷瘤蚜。成虫有无翅胎生雌蚜和有翅胎生雌蚜之分。无翅胎生雌蚜体长约1.7毫米,宽0.68毫米,长椭圆形,较肥大,体色多变,有深绿、黄绿、黄褐色,头部黑色,额瘤显著,复眼褐色,蜜管黑色。有翅胎生雌蚜体长1.7毫米,宽0.68毫米。若虫与无翅胎生雌蚜相似,体较无翅的胎生蚜小,有翅蚜,淡黄或浅绿色,头部和蜜管深绿色。卵椭圆形,黑色。

桃瘤蚜的寄主植物有桃、樱桃、梅、梨等果树。以成蚜、若蚜群集在叶背吸食汁液,以嫩叶受害为重,受害叶片的边缘逐渐增厚向背后纵向卷曲,似虫瘿,凸凹不平,初呈淡绿色,后变红色,严重时大部分叶片卷成细绳状,最后变黄,干枯脱落,严重影响桃树的生长发育。以卵越冬,在桃树芽苞膨大期孵化。无翅雌虫为害芽苞,幼叶展开时,为害叶反面边缘,向反面沿叶缘纵卷,肿胀扭曲,被害部变得肥厚,呈红色,形成伪虫瘿。

(3)桃粉蚜又名桃大尾蚜、桃装粉蚜、桃粉绿蚜。有翅胎生雌蚜体长2.2毫米,宽0.89毫米,翅展6.6毫米左右,头胸部暗黄至黑色,腹部淡色,橙绿色至黄绿色,有斑纹,体被白蜡粉,腹管短筒形;无翅胎生雌蚜体长2.3毫米,宽1.1毫米,长椭圆形,活时草绿色,被白蜡粉,复眼红褐色,腹管短小细圆筒形,黑色,卵椭圆形,长0.5~0.7毫米,初绿色,以后变黑绿色,有光泽。若蚜体小,形似无翅胎生雌蚜,淡绿色,被少量白粉。有翅若蚜胸部发达,有翅芽。

桃粉蚜主要为害桃、李、杏、樱桃、梅等果树及观赏树木、禾本科杂草(如芦苇)。桃粉蚜以成、若蚜群集叶背或嫩梢上刺吸汁液,受害叶片向背面卷成匙状,嫩梢生长缓慢或停止,重者枯死。叶片和嫩梢布满其分泌的白色蜡粉,不但影响桃树光合作用,而且易诱发煤污病。致使桃树叶片提前脱落,树势早衰,不仅影响当年果实发育,也由于受害花芽分化不良,影响翌年开花和结果。

防治方法:

(1)清理虫源植物。清洁场地,拔掉杂草和各种残株,连同田间的残株落叶一并焚烧。冬季寄主植物发芽前剪除并烧毁有卵枝条。春季3月上中旬,桃瘤蚜初发生时,人工摘除虫叶,在初发生阶段进行控制。

(2)加强田间管理。创造湿润而不利于蚜虫滋生的田间小气候。不同的植物品种对桃瘤蚜的抗性不同,因此可选用优质、丰产、抗病虫性强的果树品种。不宜在桃树行间或附近种植烟草、白菜等农作物,以减少蚜虫的夏季繁殖场所。

(3)黄板诱蚜。在桃园周围设置黄板可大量诱杀有翅蚜。

(4)挂反光薄膜避蚜。利用蚜虫对银灰色的负趋性特点,悬挂银灰色塑料薄膜以驱蚜。或者覆盖银色反光薄膜,达到提高地温、保持土壤湿度和避蚜防病的目的。

(5)桃蚜天敌。寄生蜂是桃蚜最重要的天敌,寄生蜂可使桃蚜的数量大幅度下降。桃蚜的主要天敌还有异色瓢虫、七星瓢虫、十三星囊虫、多异囊虫、二星囊虫、狭臀瓢虫、十一星瓢虫、食蚜斑腹蝇、黑带食蚜蝇、大绿食蚜蝇、普通草蛉、大草蛉、小花蝽、蚜茧蜂及蚜霉菌等,这些天敌可有效地控制桃蚜为害。

(6)化学防治。越冬卵量较多的情况下,于桃芽萌动前用5%蒽油乳剂或柴油乳剂200~500倍液喷雾,杀灭越冬卵,于春季桃树开花前,越冬卵全部孵化,若蚜集中于叶上为害,但尚未转叶之前喷药,常用药剂为:50%抗蚜威1000倍液、10%吡虫啉可湿性粉剂2500倍液、3%啶虫脒乳油2000倍液、2.5%溴氰菊酯2000倍液、2.5%氟氯氰菊酯3000倍液、10%氯氰菊酯乳油12000倍液。在桃树落花后至初夏和秋季,桃蚜迁回桃树时也可喷施上述药剂进行防治。

2.桃小食心虫

桃小食心虫寄主植物有桃、苹果、梨、山楂、李、杏等,以苹果、梨、枣、桃受害最重。以幼虫蛀食果实,降低果实品质和产量。1984~1987年在天水苹果、桃、梨等产区严重发生,虫果率高达65%,严重影响果品的产量和质量。

桃小食心虫在天水市一年完成一代。越冬代幼虫于6月上旬开始出土做夏茧,7月中下旬为出土盛期,8月上旬基本结束。田间幼虫为害盛期在7月上旬至8月中下旬,8月中旬开始脱果直接入土越冬。11月中旬脱果幼虫多集中在树干附近3~5厘米深处,做冬茧越冬,少量在10~15厘米深的土壤中越冬。越冬幼虫的平面分布范围主要在树干周围1米以内。

越冬幼虫于5月中旬开始出土,盛期在6月上中旬。幼虫出土时间和数量与降水量和降水次数直接相关。往往一场雨后,越冬幼虫就出土一批。出土幼虫爬至树主干基部附近或土、石块下做纺锤形的夏茧化蛹,成虫羽化盛期在6月下旬至7月上旬。成虫昼伏夜出,每雌蛾平均产卵量55粒左右。

桃小食心虫幼虫仅为害果实,果面上的针状大小的蛀果孔呈黑褐色凹点,四周呈浓绿色,外溢出泪珠状果胶,干涸呈白色蜡质膜。该症状为桃小食心虫早期为害的识别特征。幼虫蛀入果实后,在果皮下纵横蛀食果肉,随虫龄增大,有向果心蛀食的趋向,前期蛀果的幼虫,在皮下潜食果肉,使果面凹陷不平,果实变形,形成畸形果,即所谓的"猴头"果,幼虫发育后期,食量增大,在果肉中纵横潜食,排粪于其中,造或所谓的"豆沙馅",为害桃时在果核周围蛀食果肉。排粪于其中,被害果品质降低,有的脱落,严重者不能食用,失去经济价值。

防治方法:采取树下防治为主、树上防治为辅的方法。

(1)狠抓树下防治:越冬幼虫出土前(6月上旬),按树冠大小划好树盘,在地面喷洒48%乐斯本800~1000倍液,然后用锄或把将药液把入土表中,深6~10厘米。

(2)地膜覆盖树盘:在越冬幼虫出土前,用宽幅地膜覆盖树盘地面,并把树干周围的地膜扎紧。阻止越冬代成虫飞出产卵,避免果实受害。

(3)成虫诱杀:可在果园内设置桃小食心虫性诱剂诱捕装置,待其出土孵化时,诱杀成虫,可以有效减轻桃小食心虫幼虫的为害。

(4)保护利用天敌:桃小食心虫有10多种天敌,其中以桃小食心虫甲腹茧蜂和中国齿腿姬蜂的寄生率较高。

(5)树下地面防治:当幼虫出土量突然增加,即5月中下旬至6月上旬幼虫出土达到始盛期时,开始第一次地面喷药。可用25%辛硫磷微胶囊,均匀喷洒在树盘内;也可用6%林丹粉、1.5%绿色辛硫磷粉每亩撒施2.5~4千克,并浅把入土。

(6)摘除虫果:在做好树下喷药的基础上,从7月份开始,在园内巡回检查,发现虫果(出现脱果以前的虫果),随时摘下集中深埋或煮熟喂猪。

(7)适时在树上喷药,到6月中旬,园内悬挂桃小食心虫性诱剂,进行监测预报,当诱到第一头成虫时,应开始喷药。药剂可选用48%乐斯本1500倍或2%甲维盐3000~4000倍、或52.25%农地乐2000倍或10%高效氯氰菊酯2500倍液等。

3.梨小食心虫

又名梨小蛀果蛾、东方果蠹蛾、桃折梢虫、小食心虫、桃折心虫、黑膏药,简称"梨小",属鳞翅目小卷叶蛾科。梨小食心虫主要寄主植物为梨、桃、苹果、李、樱桃、山楂等果树,在梨和苹果上主要为害果实,对桃树主要为害新梢。为害桃树时,从新捎未木质化的顶部蛀入,向下部蛀食,枝梢外部有胶汁及粪屑排出,枝梢顶部枯萎下垂,当蛀到新梢木质化部分时,即从梢中爬出,转移至另一嫩梢为害,严重时造成大量新梢折心,萌生二次枝。6~7月份则蛀入果实,多从果肩或萼洼附近蛀入,直到果心。早期蛀孔较大,孔外有粪便,引起虫孔周围腐烂变褐,并变大凹陷,形成"黑膏药"。

梨小食心虫一年发生3~4代。以老熟幼虫多在桃枝条剪锯口髓心部2~3厘米处越冬,也有在树皮裂缝处、旧果袋、果框(箱)贮藏库(窖)和土壤缝隙中越冬。各代发生期很不整齐,世代重叠严重。卵期:春季8~10天,夏季4~5天。幼虫期10~15天,蛹期7~15天,成虫寿命8~11天,完成一代需28~45天。成虫白天多静伏在叶、枝和杂草丛中,黄昏后开始活动,对糖醋液、果汁以及黑光灯有较强的趋性。卵单粒,散产。每雌虫可产50~100粒。

防治方法:

(1)农业防治:春季细致刮除树上的翘皮,可以击掉越冬卵和越冬幼虫,减少梨小食心虫越冬虫源基数,及时摘除被害桃梢,减少虫源,减轻后期对桃的为害。吸引胡蜂等天敌,在桃园内和周边堆积一些竹竿,吸引胡蜂等天敌控制害虫。在桃树主干中下部,利用纸箱或麻袋片,外包塑料薄膜诱杀脱果越冬的幼虫。

(2)诱杀防治成虫:梨小食心虫成虫产卵时期是防治的重要时期,通过黑光灯诱杀成虫,可降低虫口密度;在果园中设置糖醋液(红糖:醋:白酒:水=1:4:1:16)加少量敌百虫,诱杀成虫;利用性诱剂监测和诱杀成虫。

(3)生物防治:以梨小食心虫诱芯为监测手段,在成虫发生高峰1~2天后,人工释放松毛赤眼蜂,每亩总释放量10万头,每次释放2万头/亩,分4~5次放完,可有效控制梨小食心虫为害。

(4)化学防治:4月中旬至5月上中旬,在桃树上喷洒20%氰戊菊酯2000倍液、或5.7%氟氯氰菊酯4000倍液、或2.5%功夫菊酯2000倍液或50%杀螟松乳油1000倍液,抑制第一、第二代幼虫为害。6月以后在桃树上喷洒菊酯类药剂或50%杀螟松1000倍液进行防治。

(5)大面积实施水果套袋,防止"梨小"蛀果危害,以减轻危害程度。

(6)必须做到统一措施,统一行动,群防群治,提高整体防治效果。

4.桃树潜叶蛾

桃潜叶蛾又名桃线潜叶蛾、桃叶潜蛾,属鳞翅目潜叶蛾科。主要为害桃、李、杏等核果类果树。幼虫在叶肉中串成弯曲潜道,致使叶片脱落。雌虫夜间活动,产卵于叶下表皮内,幼虫孵化后,在叶组织内潜食为害,串成弯曲隧道,并将粪粒充塞其中,叶的表皮不破裂,可由叶面透视,叶受害后枯死脱落。随着虫龄增大,虫道逐渐变粗。幼虫蛀食叶肉,仅剩上、下表皮,表皮干枯后,叶片破碎,提早脱落。

每年发生约7代,以成虫在桃、梨等树皮缝内及落叶、杂草、土块下越冬。5月上中旬发生第一代成虫,以后约1月发生1代,最后1代发生在11月上旬。潜叶蛾成虫趋光性强,对黑光灯、白炽灯均有较强的趋性。黑光灯日诱蛾量最多可达2600头。成虫有较强的迁移能力,冬型成虫出蛰后,可迁飞500米以上;夏型成虫有迁移为害习性,可从受害重、提早落叶的区域,迁移到受害较轻的区域继续为害。

防治方法:

(1)冬季清园。清洁桃园,扫除桃园落叶并烧毁,减少越冬蛹。

(2)性诱剂诱杀。在桃潜蛾成虫发生期,用桃潜蛾性诱剂诱杀成虫并监测虫情进行预测预报,适时喷药。将诱捕器挂于桃园中,高度距地面1.5米,每亩挂5~10个。

(3)8月下旬至9月在树干、大树枝上缠绑诱虫带,或缠绑草束、麻袋片,2月份取下集中烧毁。

(4)化学防治。成虫发生期及时喷洒50%乙酰甲胺磷乳油1000倍液,或2.5%溴氰菊酯或氟氯氰菊酯3000倍液,防治初孵幼虫。

5. 苹小卷叶蛾

苹小卷叶蛾又名棉褐带卷叶蛾、黄小卷叶蛾,属鳞翅目卷叶蛾科。苹小卷叶蛾是果树的一种主要害虫。寄主有桃、李、杏、樱桃、苹果、梨、山楂等。成虫夜伏日出,对黑光灯、果汁和糖醋液有强趋性。苹小卷蛾幼虫为害叶和果。幼虫吐丝将2~3片叶连缀一起,并在其中为害,将叶片吃成缺刻或网状。被害果表面呈现形状不规则的小坑洼,尤其果、叶相贴时,受害较多,以幼虫在树皮缝、伤口处越冬。春天植株发芽时,越冬幼虫顺枝条爬到新梢、嫩芽、幼叶上为害。5月幼虫化蛹,蛹期约7天。雌成虫产卵于叶上和果皮上,卵块扁平,呈鱼鳞状排列,卵期10天左右。

防治方法:

(1)诱杀成虫:苹小卷叶蛾有趋光的习性,对黑光灯、糖醋液有趋性,可用黑光灯诱杀成虫,可在糖醋液中加入少许杀虫剂,能很好地诱杀成虫。

(2)利用天敌和生物防治:苹小卷叶蛾的天敌很多,寄生性天敌有赤眼蜂、姬蜂、目腿蜂、茧蜂、绒茧蜂等;可用杀虫微生物制剂防治苹小卷叶蛾幼虫,例如喷洒苏云金杆菌75~150倍液或青虫菌液100~200倍液。

(3)化学防治:在早春发芽前,喷施晶体石硫合剂50~100倍液,杀灭越冬幼虫。在越冬代幼虫和第一代初孵幼虫期喷施48%乐斯本1500倍或10%高效氯氟氰菊酯水乳剂1500倍液、或15%阿维毒死蜱乳剂2000倍液、或2.5%灭幼脲3号1500倍液。农药应交替使用。

6. 桃红颈天牛

桃红颈天牛又名红颈天牛、铁炮虫、哈虫,属鞘翅目天牛科。主要为害桃、杏、李、樱桃等核果类果树及部分林木,以桃树受害最严重。幼虫蛀食枝干的表皮层和木质形成层,被害单株幼虫可达数十头,轻则造成树势衰弱,果量锐减,严重时造成全株死亡。

桃红颈天牛在天水2年完成1世代。当年以幼龄、翌年以老熟幼虫在蛀食的虫道内越冬。6~7月成虫羽化,雨后最多,晴天中午成虫多停息在树干上不动。雌成虫遇惊扰即飞逃,雄成虫则多爬行躲避或自树上坠下。

防治方法:桃红颈天牛为蛀干害虫,幼虫潜藏在韧皮部或木质层为害,生活史长,防治难度大。目前生产上常采用物理防治和生物防治方法进行防治。

(1)人工捕捉成虫:在成虫羽化期间,人工捕捉成虫,能显著减少幼虫为害。

(2)防止成虫产卵:在成虫产卵之前,用涂白剂涂抹树干和主枝,防止成虫产卵,用此方法减少产卵23%~83.1%。涂白剂的配比为聚乙烯醇3份、石灰30份、水120份、食盐1份、辛硫磷1份。根据成虫喜欢产卵于主干和主枝基部习性,用塑料薄膜包扎树干主要着卵部位,能有效阻止成虫产卵。

(3)刺杀幼虫:9月份前孵化出的桃红颈天牛幼虫即在树皮下蛀食,这时可在主干与主枝上寻找细小的红褐色虫粪,一旦发现虫粪,即用锋利的小刀划开树皮将幼虫杀死。也可在翌年春季检查枝干,一旦发现枝干有红褐色锯末状虫粪,即用锋利的小刀将在木质部中的幼虫挖出杀死。

(4)药剂防治:根据害虫的不同生育时期,采取不同的方法。6~7月间成虫发生盛期和幼虫刚刚孵化期,在树体上喷洒10%高效氯氰菊酯1500倍液或10%吡虫啉2000倍液,隔15~20天喷药1次,连喷几次。也可采取虫孔施药的方法除治。清理一下树干上的排粪孔,用一次性医用注射器,向蛀孔灌注48%乐斯本1500倍液或10%吡虫啉2000倍液,然后用泥封严虫孔口。将其卵及幼虫杀死在树干内。

7.叶螨

在天水市果园主要有山楂叶螨、苹果叶螨、二斑叶螨(白蜘蛛)。

(1)山楂叶螨:又名山楂红蜘蛛、樱桃红蜘蛛。属长日照型,在短日照下,产生鲜红色的滞育雌螨,交尾后的雌螨大多数在树干裂缝、粗皮翘皮下越冬,少数在树上枝杈处、根际、土坡、树冠下的落叶上、杂草丛、石土块下越冬。雌螨的抗寒性极强,10℃~15℃下持续3天死亡率仍很低,0℃下经1天才能全部冻死。翌年春季,桃芽萌动膨大时,越冬雌虫出蛰开始取食。一般在4月上中旬开始取食并陆续产卵。

天水市一年发生8~10代,6月上旬以后,各虫态同时存在,主要寄主为蔷薇科植物,如山楂、苹果、桃、杏、李、樱桃等。山楂叶螨群集在寄主植物上为害,以刺吸式口器吸食寄主汁液,一方面造成叶片失水和寄主植物有机营养损失,另一方面破坏叶片气孔构造、栅栏组织及叶绿体,使寄主生理表现异常,桃树被害后主要表现为:嫩芽被害后,所生长出的叶片上有黄色斑点,严重者,叶小、黄化,不能展叶开花或花很小,叶片被害后,轻则出现黄白斑点,重则质地脆硬、干枯、早期脱落,导致长二次叶、开二次花;影响桃树的生长发育,导致桃树的花芽减少、果实变小,当年和翌年、第三年果品产量和质量降低。为害严重时,造成桃树叶片大量枯死,如火烧一般。

(2)二斑叶螨：俗名白蜘蛛、二点叶螨。其发育的最适温度为21℃~35℃，相对湿度为35%~55%。高温干旱有利于大量发生。但气温超过40℃时，会停止发育，湿度过低也会引起大量死亡。低温或短日照均可导致二斑叶螨发生滞育。最低气温-25℃时，越冬死亡率>50%。

二斑叶螨在天水年发生12~15代。以雌成螨在土缝、枯枝、落叶下，或旋花、夏枯草等缩根性杂草的根际以及树皮缝、翘皮、根茎萌蘗附近土壤孔隙等处吐丝结网潜伏越冬。2月均温在5℃~6℃时，越冬雌螨开始活动，3月均温在6℃~7℃时，开始产卵繁殖，6月中旬至7月上旬为猖獗为害期，繁殖迅速，呈暴发为害。

二斑叶螨一般在叶背栖息为害，严重时叶表和寄主植物的其他绿色部分如嫩茎、花蕊、果柄等都能取食。桃树被为害初期，沿叶脉出现许多细小失绿斑点，随着为害的加重，叶背面逐渐变为褐色，叶的正面也失去绿色而呈苍灰色，整个叶片变得硬而脆，同时出现大量落叶。在一个果园内，初期是点片发生，逐渐蔓延。

防治方法：

(1)诱集越冬成虫：9月中下旬，叶螨越冬前期可在树干绑草诱集越冬成虫，于冬季修剪时解下并集中烧毁。

(2)搞好越冬清园工作：桃树叶片全部落完后，进行一次全园大清扫，并把果园中的杂草彻底铲除，集中沤肥或结合施有机肥深翻时一次施入条状沟内。

(3)及时刮除枝干翘皮和粗皮，彻底清除桃树螨类的越冬场所。

(4)生长季节防治：由于生长前期5月底叶螨多隐藏于树冠内膛及各级骨干枝基部枝上。可以通过观察园内外杂草及时发现，尽早防治，控制虫口密度增长。

①生物防治：以虫治螨，应注意保护、发挥天敌自然控制作用，叶螨天敌有30多种，如深点食螨瓢虫、食螨瓢虫、暗小花蝽、草蛉、塔六点蓟马、小黑隐翅虫、盲蝽等。

②化学防治：早春果树发芽前喷洒3~5波美度石硫合剂。果树生长期(麦收前后)可选用下列药剂：75%奥美特1500~2000倍液喷雾或15%达螨灵乳油2000~3000倍液喷雾，或5%尼索朗乳油2000倍液喷雾。

第九章 桃树保护地栽培管理技术

一、品种选择与配置

(1)普通桃:北农早艳、霞晖1号、京春、春艳、早美、蓬仙一号等。

(2)油桃:早红珠、五月火、早红宝石、瑞光2号、瑞光5号、中油桃5号、中油桃6号等。

(3)蟠桃:早露蟠、瑞蟠2号、瑞蟠3号等。

二、栽植密度与行向

生产中栽植密度主要依据定植当年花芽分化前所能达到的冠幅、长枝量和拟采用的树形而定。常采用1米×1.5米的株行距,栽后翌年即可丰产,2~4年后隔株或隔行间伐。也可采用(1.5~2)米×(2.5~3)米的株行距永久性定植。南北行栽植,后墙前面留1.5~2米的走道。

三、整形与树体控制

(一)树形选择

设施桃树常用树形有Y形、纺锤形、开心形和倾斜单干形。日光温室桃栽培,中后部选用有中心干的纺锤形,前部选用小开心形、Y形,形成前低后高立体群体结构。

1.Y形

树高0.8~2米,主干高度20~40厘米,无中心干,两个主枝夹角60°~80°,伸向行间,主枝长60~150厘米,主枝上着生小结果枝组或直接着生结果枝,15~20厘米着生1个结果枝。

2.小纺锤形

树高1.0~2.5米,主干高度30~50厘米,中心干着生6~12个小主枝,均匀分布,主枝着生角度自下而上由70°逐渐过渡到90°,主枝长度由基部80~100厘米,向上逐渐减少到40厘米。形成上小下大,上稀下密,外稀内密的结构。纺锤形有中心干,树形直立,易上强下弱,结果部位上移,应注意控制。

3.开心形

树高0.8~2米,主干高20~40厘米,无中心干,主枝着生角度40°左右,3个主枝水平投影夹角120°,主枝长60~150厘米。每个主枝上均匀着生小结果枝组或结果枝。

(二)树体控制

1.加强生长季的修剪

增加修剪次数,生长采用拉枝、摘心、疏剪、回缩等方法,可有效控制枝梢生长量和延伸长度,增加通风透光,促进花芽形成。休眠期修剪主要是树体结构的调整,以轻剪为主回缩过高、过长的枝组;疏除强旺枝和过多过密结果枝;缓放中庸的结果枝。在骨干枝和枝组的枝轴上隔15~20厘米选留一个水平或斜生的长结果枝,插空选留中结果枝,中短果枝留量为长果枝数量的1/2左右。修剪后形成上小下大、上稀下密的结构。

2.化学药剂控冠

生产中叶面喷施多效唑、PBO,对新梢生长均有明显的抑制作用,还具有促进花芽分化和坐果的作用。叶面喷施多效唑一般在幼果期和花芽分化期(7月中下旬)进行,多效唑喷施浓度一般为15%多效唑150~200倍液。

3.限根栽培

限根技术已经在桃树盆景生产及设施栽培实践中得到广泛证实和应用。限根栽培主要是通过起垄及容器栽培形式,限制根系分布范围,配合肥水的局部限量供应,实现果树生长发育的有效调控。

(1)起垄栽培:起垄栽培垄高30~50厘米,宽度50~80厘米,把果树栽植于垄上。起垄后,土壤透气性增加,有利于提高土温,根系所处的水、肥、气、热稳定适宜,根系分布范围受到限制,有利于树体矮化紧凑、易花早果。

(2)容器栽培:把桃树栽植于容器中,通过容器的有限容积,限制根系的生长和分布。容器栽培是限根效果最为显著的一种方法。容器可选用泥瓦盆、塑料盆、编织袋、无纺布袋等。进行容器栽培时,要将容器埋于地表下或半埋于土壤中,在土壤管理上,应充分利用果树的根系边缘效应,进行肥水调控,以有利于保护地桃树的生长发育。

4.换枝更新修剪

一般在果实采收后,要及时疏除过密、生长过长、过旺枝;回缩或短截部分新梢,促发新枝,降低花芽分化节位。换枝修剪时一般保留10%左右的中庸新梢不剪,疏除背上直立枝、内膛密生枝,对其他的新梢留3~7个芽重短截,利用萌发的二次枝或三次枝培养翌年的结果枝,采后修剪的时间应掌握萌发的新梢有60~80天以上的营养生长期。

四、升温及覆盖物撤除时期

在秋季平均气温低于10℃时(最好在7℃~8℃)开始扣棚,防寒物的揭放与生长季相反,白天覆盖遮阳,关闭放风口,夜间揭起覆盖物,开启风口让冷空气进入而降温。在白天最高温度低于7.2℃可以终止。

覆盖物的撤除应在果实成熟采收后或室外夜间温度稳定在10℃以上后进行,一般以采后撤除为宜。塑料大棚促成栽培一般在春季日平均温度稳定在0℃以上后开始扣棚升温,果实成熟采收后撤除塑料薄膜。

五、设施内环境条件的控制

(一)温度

1.休眠期

要尽量将设施内的温度调整至0℃~7.2℃,以尽快满足需冷量,解除自然休眠。秋季反保温降温越早,温度越低,萌芽及开花物候期进展越慢。

2.升温期

开始升温到开花期,温度要逐渐上升。一般要经过30~50天,才能正常开花结果,升温的起点温度应低一些,以7℃左右为宜,升温要缓慢平稳,升温幅度应控制在每周2℃~3℃,经过4~7周,至花期时设施内温度白天达22℃左右,升温期间夜色温以控制在3℃~9℃为宜,升温速度过快,温度过高,桃树萌芽快,开花早,花器发育不完全,坐果率低。

3.地温控制

促成栽培中地温影响最大的时期是升温期,开始升温后气温上升快,地温上升慢,地温与气温不协调,常引起萌芽迟缓,花期延长,或先叶后花现象,影响坐果和果实的膨大生长。为提高地温,可在地温较高时进行反保温及地膜覆盖,埋设地热线或酿热物增温,至开花期地温以达到15℃~20℃为宜。

4.开花期

保护地桃树花期长短与温度有关,花期温度高,花期短。保护地促成栽培,花期持续时间一般比露地长,整个花期需10~20天,花期集中,持续时间短,坐果率高。花期最适温白天8℃~22℃,最高不超过25℃,夜间适宜温度5℃~10℃,最低不低于2℃。

5.果实发育期

果实发育期适宜温度为10℃~30℃,白天最适气温为20℃~28℃,最高不超过35℃,夜间适宜温度10℃~15℃,昼夜温差保持在10℃~15℃为宜。

(二)湿度

1.空气湿度

设施内空气湿度控制指标因桃树发育时期而异。反保温期以及升温至开花前,空气相对湿度适当高一些,在70%~80%以上,也不会影响桃树的生长发育,开花期空气相对湿度宜相对降低,白天应控制在40%~60%;幼果发育期空气相对湿度控制在60%~70%;果实发育后期至成熟期空气相对湿度控制在60%左右。

2.土壤湿度

设施内土壤湿度主要决定于灌溉的次数及灌水量。一般情况下,由于设施覆盖减弱了地面水分散失,设施内土壤湿度相对较高,应适当减少浇水次数及灌水量。土壤水分过多,土壤通气不良,会引起枝条徒长和发生流胶,花芽分化不良,果实色泽差,并引起裂果和病虫害发生。土壤相对含水量控制在60%左右为宜。

3.调控措施

桃设施栽培中,一般在覆盖前充分灌水并覆盖地膜保温,覆盖期一般不灌大水,如需灌水,最好采用膜下滴灌或行间沟灌,且水量要小;桃树花期和生理落果前不灌大水,以防降低地温,造成落花落果,果实发育后期应适度控制灌水,以防降低果实品质和引起裂果。为降低设施内湿度,灌水后要进行地膜覆盖,湿度过高时放风降湿,湿度小时,采用地面浇灌或空间喷雾来调节。

(三)光照

设施内光照条件包括光照时数、光照度、光质、光照分布等,除受自然光照影响外,也受设施结构、方位、覆盖材料、植株遮阳及管理技术的影响,设施内光照度一般仅为自然条件下的60%~70%。主要通过改进设施结构、改进管理措施、遮光以及人工补光等手段来调控。

(四)CO_2施肥

CO_2施肥主要有以下几种方法。

1.增施有机肥

桃树落叶前后,土壤中增施有机肥、埋入酿热物或地表覆盖作物秸秆、杂草等有机物,有机物在扣棚升温后1个月左右开始腐烂分解,待桃树展叶后大量释放CO_2。

2.燃烧碳素或碳氢化合物产生CO_2

利用CO_2发生器燃烧煤油、石油液化气、天热气、沼气、煤炭、焦炭等产生CO_2。

3.化学反应法产生CO_2

利用碳酸氢氨-硫酸、石灰石-盐酸或硝酸反应释放CO_2气体。其中碳酸氢铵与硫酸反应法,取材容易,成本低,操作简单,易于推广。

六、病虫害防治

桃树保护地栽培。露地生长期病虫害发生种类和防治方法与露地栽培桃树相同,覆盖期环境密闭,病虫害发生的种类和防治方法与露地栽培有较大差异,一般是病害较多,虫害相对少些。覆盖期主要病害有灰霉病、细菌性穿孔病、白粉病、黑星病、褐腐病等;主要虫害有蚜虫、叶螨、绿盲蝽、蚧蝓、卷叶蛾、桑白蚧等,覆盖期病虫害防治有以下特点。

(1)预防为主,治疗为辅:加强综合管理,增强树势,提高树体抗病虫能力。

(2)清除、隔离病原、虫源:冬剪后清除果园及设施周边枯枝落叶,萌芽前细致全面地喷施一遍病虫害铲除性药剂,如可喷施2~3波美度石硫合剂,创造一个低虫卵、少病原的环境。

(3)进行人工和生物防治:利用覆盖期设施相对封闭、集约化程度高的特点,在病虫害发生初期人工摘除病虫枝叶和病虫果,隔离或喷药杀灭设施外病虫,减少再侵染源;人工诱杀害虫或释放天敌等。

(4)烟雾熏蒸：设施相对密闭，使用杀虫、杀菌烟雾剂，可以在较长时间保持高浓度，杀灭病原菌和害虫，达到理想的病虫害防治效果。一般在升温至开花前，用高浓度的杀虫和灭菌烟雾剂进行温室消毒，杀菌烟雾剂可选用45%百菌清、15%克菌灵、30%功夫等。杀虫烟雾剂可选用10%异丙威烟雾剂、棚虫毙克等。使用烟雾剂多点燃放，棚室密闭4小时以上，通风换气后人员再进入工作。

附天水桃园周年管理表和农药配比速查表。(表5-1，表5-2)

表5-1　天水桃园周年管理表

时间	主要工作内容
3月份	1.花前追肥，以有机肥或复合肥为主，可施少量氮肥。2.整地覆地布。有条件的果园在追肥覆盖后及时浇水。3.花前复剪，疏除背上花蕾。4.月底树上和地面喷施5波美度石硫合剂，进行清园。
4月份	1.疏花。2.预防早春低温霜冻。3.花前、花后喷药防治蚜虫、叶螨、缩叶病、金龟子等。4.悬挂性诱剂。
5月份	1.花后追施复合肥。2.防治黑红点病、穿孔病、桃蚜、梨小、叶螨等。3.完成定果。4.下旬开始果实套袋。
6月份	1.继续做好梨小、桃潜叶蛾、褐腐病防治工作。2.及时除草、雨后中耕。3.中下旬开始夏季修剪。
7月份	1.部分早熟果实采收，中熟品种解袋。2.做好梨小等病虫害防治；疏除过密枝。3.追肥，中耕除草。
8月份	1.中熟品种果实采收，晚熟品种开始解袋。2.进行第二次夏季修剪。3.做好病虫害防治。
9月份	1.晚熟品种采收。2.施基肥。3.疏除部分过密枝条。
10~11月份	1.施基肥。2.绑诱虫带。3.清理果园杂草及枯枝落叶。
12份	1.灌封冻水。2.进行桃树修剪。
翌年1~2月	1.冬季修剪。2.刮除老翘皮，保护伤口。3.树干涂白。

表5-2 农药配比速查表

用药量（毫升或克）	兑水量(升)						
	10	15	30	40	45	50	500
稀释倍数 100	100.0	150.0	300.0	400.0	450.0	500.0	5000.0
200	50.0	75.0	150.0	200.0	225.0	250.0	2500.0
300	33.3	50.0	100.0	133.3	150.0	166.7	1666.7
400	25.0	37.5	75.0	100.0	112.5	125.0	1250.0
500	20.0	30.0	60.0	80.0	90.0	100.0	1000.0
600	16.7	25.0	50.0	66.7	75.0	83.3	833.3
700	14.3	21.4	42.9	57.1	64.3	71.4	714.3
800	12.5	18.8	37.5	50.0	56.3	62.5	625.0
900	11.1	16.7	33.3	44.4	50.0	55.6	555.6
1000	10.0	15.0	30.0	40.0	45.0	50.0	500.0
1500	6.7	10.0	20.0	26.7	30.0	33.3	333.3
2000	5.0	7.5	15.0	20.0	22.5	25.0	250.0
2500	4.0	6.0	12.0	16.0	18.0	20.0	200.0
3000	3.3	5.0	10.0	13.3	15.0	16.7	166.7
3500	2.9	4.3	8.6	11.4	12.9	14.3	142.9
4000	2.5	3.8	7.5	10.0	11.3	12.5	125.0
4500	2.2	3.3	6.7	8.9	10.0	11.1	111.1
5000	2.0	3.0	6.0	8.0	9.0	10.0	100.0

注:水剂"毫升",粉剂"克"。

第六篇

葡萄高质高效栽培技术

第一章　概　　述

葡萄为世界性果树,在世界各大洲均有栽培,其栽培面积、产量仅次于柑橘,居世界主要果树第二位。葡萄与香蕉、柑橘、苹果、梨、桃并称为中国六大水果,目前,全国包括台湾省在内的34个省(市、自治区)都有种植。天水市气候条件优越,冬无严寒,夏无酷暑,热量充沛,光照充足,昼夜温差大,具备生产优质鲜食葡萄的天然环境。在全国葡萄栽培区划中,天水市是葡萄不埋土防寒栽培优生区之一。与新疆和甘肃河西地区相比,越冬无须埋土防寒,具有省工省力的优势;与东南部地区相比,具有病虫害发生轻、果实糖度高等特点。天水市自20世纪70年代引进栽植巨峰、玫瑰香等品种,经过几十年的发展,建成了以巨峰为主的全国最大的山地鲜食葡萄栽培基地,同时也发展了一批葡萄贮藏、加工企业。截至2019年底,全市栽培面积达4万亩,产量52 838吨,产值16 902.4万元。葡萄产业从小到大,实现了由小农户到规模化、集约化的快速发展,在促进天水市农业增效、农民增收中发挥着越来越重要的作用。

第二章　主要优良鲜食品种

依据萌芽至果实成熟期长短,葡萄品种可分为极早熟品种(115天以内)、早熟品种(116~130天)、中熟品种(131~150天)、晚熟品种(150~160天)和极晚熟品种(160天以上)。

一、极早熟及早熟品种

1.蜜光

河北昌黎果树研究所以巨峰与早黑宝杂交选育而成。 穗大,圆锥形,平均穗重720.6克,在白色果袋内可充分着色。平均单粒重9.5克,最大18.7克,椭圆形,紫红色,充分成熟时紫黑色。肉脆,具浓郁玫瑰香味,可溶性固形物19.0% 以上, 最高达22.8%。果粒附着力较强,采前不落果。成熟期早,比夏黑早10天左右,易管理。

2.夏黑

欧美杂交种,巨峰与汤姆森无核杂交育成,三倍体早熟品种。果粒近圆形,紫黑色,肉质细脆,可溶性固形物16%~19%,糖度比巨峰高,平均单粒重3克,经赤霉素处理可达7.5克,果皮厚,裂果少,不耐贮运。树势强旺,耐寒,抗病性强,病害防治方法与巨峰大致相同。果穗处理,第1次于终花期至生理落果期,第2次于果粒黄豆大小时,使用赤霉素浸蘸。

二、中熟品种

1.巨峰

欧美杂交种。由日本大井上康用石原早生和森田尼杂交培育而成,属四倍体。果穗圆锥形,平均穗重558克,果粒近圆形,紫黑色,果粉厚,果肉软,易与果皮剥离,浆汁多,含糖15%~17%,有草莓香味,品质中上,8月中下旬成熟。树势强健,抗病力强,抗黑痘病和霜霉病。易成花和早期丰产,副梢结实力强,是利用二次果结果的优良品种。巨峰为天水当前主栽品种,其缺点是落花落果现象较重,且易脱粒。栽培中采用花前控氮、控水,花前花序上留4~7叶摘心,7~10天喷助壮素,幼果期使用无核保果膨大剂处理果穗等措施,促进坐果。

2.户太八号

西安市葡萄研究所选育奥林匹亚芽变品种,属欧美杂交种。果粒近圆形,紫黑色或紫红色,平均粒重9.5~10.8克,可溶性固形物16.5%~18.6%,酸甜可口,淡草莓香味,果粉厚,果皮与果肉易分离,果肉细脆,无肉囊。成熟期比巨峰早15天左右。树体生长势强,耐低温,不裂果,耐贮藏,常温存放10天以上。较抗黑痘病、白腐病、灰霉病、霜霉病。丰产性好,需控产栽培,增大果粒,增加果实硬度。

3.巨玫瑰

四倍体大粒欧美杂交品种。由大连市农科院选育。果穗圆锥形,平均穗重675克,最大穗重1250克。果粒椭圆形,果皮紫红色,果肉较巨峰脆,多汁,具有浓郁的玫瑰香味,平均粒重9.5~12克,最大粒重17克,可溶性固形物含量19%~25%。树势强,结果早,3年进入丰产期,不落花,不落果,不裂果,穗型整齐,无大小粒现象。易着色,不像巨峰葡萄产量高时不易着色。抗黑痘病、灰霉病、白腐病、炭疽病,不抗霜霉病。果实偏软,不耐贮运,不耐树上贮藏。

三、晚熟及极晚熟品种

1.红地球

又名大红球、晚红、红提等,美国品种,欧亚种。果穗紧,圆锥形,重750克。果粒圆形或卵圆形,重10~12克,大粒13.7克,深红色或暗紫红色。果肉紧而脆,能削成薄片,汁多、味甜,含糖16%~18%,果皮中厚,能剥离,易丰产,9月中下旬至10月初成熟,属晚熟品种。果粒耐压、耐拉、耐贮运。抗病性差,应加强霜霉病、黑痘病、白腐病的综合防治。生长前期叶片对波尔多液较敏感,易发生药害。炎夏果实易发生日灼病。

2.阳光玫瑰

欧美杂交种。由日本培育,安芸津21和白南杂交育成,二倍体。平均穗重500克,最大穗重1000克。平均粒重10~12克,绿黄色。肉质脆硬,有玫瑰香,可溶性固形物含量为18%~20%,最高可达26%,可连皮食用,鲜食品质极优。外形美观,适应性广,是优秀的最新玫瑰香型品种。经赤霉素处理后可收获无核果实。抗霜霉病,无裂果,不掉粒,耐储运,挂树期长。易日灼,栽培中可采用延长横梁的“T”形架增大叶幕面积、在果穗上方引缚枝叶遮阴、增施有机肥、叶面补施中微量元素等预防日灼病。该品种现在天水市麦积区新阳镇山地果园试栽成功,通过进一步试验示范,可作为天水葡萄产业发展的更新换代品种。

3.克瑞森无核

又名绯红无核,欧亚种。果粒亮红色,充分成熟紫红色,果粒椭圆形,平均粒重4克,果肉黄绿色,细脆,味甜,可溶性固形物含量19%。树体生长旺盛,易成花,植株进入丰产期稍晚,9月下旬成熟,果实耐贮运。抗病性强,不耐寒,需防寒栽培。

第三章 建 园

一、产地环境要求

1. 温度

葡萄各生育期对温度的要求各不相同(表6-1),初春气温10℃开始萌芽,花期以25℃~30℃为宜,遇15℃以下低温、雨、雾、旱、风,则授粉受精不良,造成大量落花落果。浆果成熟期,要求平均温度25℃~29℃,如温度不足则浆果着色不良,糖分降低,甚至不能充分成熟。天水市在特殊年份会出现葡萄枝芽风干抽条现象,不能安全越冬。新建欧亚种葡萄园幼树应考虑增加冬季埋土防寒措施。

表6-1 葡萄在不同物候期对温度的反应

物候期	低温极限及其反应	最适温度及表现	最高极限及反应
萌芽期	10℃以上萌芽。-3℃以下萌动芽受冻。	15℃~20℃萌芽整齐,速度快。	
新梢生长期长	春季10℃以上抽新梢,-1℃时嫩梢和幼叶受冻。秋季10℃以下停止生长,-3℃以下成叶和未成熟新梢受冻。	25℃~30℃生长迅速。一昼夜可延长6~10厘米或更长。	35℃以上生长停滞,40℃以上时间较长时,出现嫩梢枯萎,叶片变黄脱落。
开花坐果期	15℃以上开始开花。0℃以下花器受冻死亡,幼果受冻脱落。	25℃~30℃开花迅速,授粉授精率高,坐果容易。	35℃以上授粉受精受阻。
浆果成熟期	-3℃以下时浆果受冻或造成生理落果。	白天28℃~32℃,晚间10℃~20℃,浆果成熟快,着色好,风味浓,品质优。	35℃以上易得日灼病,呼吸强度大,酶活动受干扰,浆果品质下降。
落叶期	0℃以下叶片受冻枯死。	3℃~5℃正常落叶。	
休眠期	欧亚种-5℃(根系),-16℃~18℃(枝芽)。	美洲或欧美杂交种-6℃~-7℃(根系),-20℃~-22℃(枝芽)。	0℃~7℃利于通过休眠期。春发芽整齐。15℃以上不利于休眠期,翌年春发芽迟,且极不整齐。

2. 光

葡萄喜光,光照不足时,新梢生长细弱,叶片薄,叶色淡,果小,落花落果多,产量低,品质差,冬花芽分化不良。在光照充足时,叶片厚而深绿,光合作用强,植株生长壮实,花芽着生多,浆果含糖量高。建园选择背风向阳、通风透光条件良好的川地或山地,梯田或台地坡度在25°以下为好。阳坡较阴坡、开阔的山地较狭窄山谷阳光充足,因此,建园选择山地阳坡及开阔的山地。

3.水

芽萌发、新梢生长期,适当降雨或灌溉有利于花序原始体继续分化和促进新梢生长。开花期,潮湿或阴沉的天气会阻碍正常的授粉受精,引起子房脱落。在成熟期(7、8、9月)阴雨连绵会引起病害大量发生,果实裂果腐烂。生长后期(9、10月)多雨,新梢结束生长晚,有机物积累少,果实品质降低,新梢成熟不良,越冬困难。干旱可造成树体光合作用减弱,呼吸作用加强,使果实含糖量低,酸度高和枝条不易成熟,同时干旱可减弱植株生长,使树体养分积累较低,易遭受冻害或春季"抽干"死亡。

4.土壤

选择土层深厚、通透性强的沙壤土。

二、园地规划与设计

建立大型葡萄生产基地,必须在调查的基础上,进行科学规划,实行机械化、规模化生产,符合现代化农业发展模式。

1.栽植区域划分

按不同地形、坡向和坡度,划分若干长方形栽植区(又称作业区),长边与行向一致,有利于排水灌溉和机械化作业。

2.道路系统

根据园地面积大小、地形,合理规划道路。主道路应贯穿园地中心,面积小的可设一条,面积大的可纵横交叉,把整个园地分成若干区域。支道设在作业区边界,一般与主道垂直。

3.排灌系统

葡萄园应有良好的水源保证,作好总管、支管和灌水管三级系统(面积小也可设二级),总管高于支管,支管高于灌水管,使水能在各管道中自流灌溉,管道可按园地大小、地形设暗管和明管。排水系统也分小排水、中排水和总排水三级,但高程差是由小往大逐渐降低。排灌管道应与道路系统密切结合,一般设在道路两侧。

4.架面排列

篱架栽培时,行向宜南北走向(包括西南向和东南向),有利于植株两侧均匀受光。棚架栽培时,架面一般以朝南为最好,有利于提高光照和减轻风害。水平梯田地或缓坡地建园时,行向要求既便于管理又利于光照,并且行向尽可能取直,以便于架面的安排。

5.管理用房

包括办公室、库房、生活用房、畜舍等,修建在果园中心或一旁,由主道与外界公路相连。

6.肥源

为保证充足的肥料,葡萄园须配有肥源,可在园内设绿肥地,养猪、鸡、牛、羊等积肥。

7.其他

根据栽培品种、立地条件,合理设计架式、架材、株行距等。

三、品种选择与处理

1.品种选择

(1)适应性和丰产性

品种选择要考虑当地的气候条件,首先选择当地已试种成功,有较长栽培历史、经济性状较佳的品种。成熟期的早晚、早果性、丰产性、抗逆性、适应性等都是品种选择需考虑的问题。如西北地区栽培应选择耐寒、抗旱品种,盐碱地选择耐盐碱品种。天水葡萄品种应在稳定巨峰面积的基础上,逐步发展早、晚熟优良品种和特色优良品种,延长市场供应和增加花色品种。经过几十年的培育,天水市的巨峰已形成了一定的市场空间和优势,不能轻易丢弃,应通过加强技术革新和改良,扬长避短,并逐步以更为优良的品种替代。

(2)经济实力和技术水平

针对高消费市场,利用温室、大棚或避雨栽培,选择高档优良品种,配合较高管理水平,以较高投入获得较高经济效益。

(3)耐储运性与货架寿命

果肉质地较软、梗脆、果刷短的品种不耐运输和储藏,主要用于应季销售;果肉质地较硬、果梗柔软、果刷长的耐储运品种,货架期长,除应季销售外,还可通过储藏,延长葡萄市场供应期,取得较好的经济效益。

(4)果实品质

鲜食葡萄销售,第一感观是外观,穗重500~750克,松紧适度,果粒大小一致,圆形或椭圆形,果面有光泽,果肉脆、肉质细、酸甜可口的品种深受人们的喜爱。

(5)香味葡萄

近年来,香味葡萄品种在市场中受欢迎且售价高,在品种选择时,应适当考虑增加香味葡萄品种和比例,以满足市场需求。

2.苗木选择与处理

优质苗木是提高建园质量的前提保障。建园选择根系发达、健壮、无病虫、芽眼饱满的一级优质苗木。苗木运输注意保湿,栽植前对苗木进行根系修剪,地上部留3~5个饱满芽剪截。栽前用杀菌剂浸泡24小时,并用生根粉蘸根。尽量选择耐寒、抗旱、抗根瘤蚜的脱毒嫁接苗。嫁接苗比自根苗丰产性好,树体健壮,具有着色早、成熟早、品质优的特点。

四、苗木栽植

1.栽植时期

葡萄多为秋栽和春栽。秋栽在落叶后到土壤封冻前进行;春栽在土壤解冻后至萌芽前进行,在秋季多雨、空气和土壤湿度大、地温高的地区,采用秋栽比春栽效果好,当年伤口可愈合,使根系得到充分的恢复;在冬季严寒、干旱、多风的地区,秋栽后要埋土,工作量大,适宜春栽,栽后随着气温、地温的升高,苗木即进入生长季节,有利于成活。春栽宜早不宜晚,在芽未萌动前栽植成活率较高。天水市11月上旬至12月中旬或春季3月下旬至4月上旬伤流期前栽植。营养袋苗可在整个葡萄生长季节栽植,栽后应浇足水。

2.栽植行向与密度

葡萄栽植行向平地以南北走向为宜,有利通风;山坡地以等高线栽植为宜。葡萄栽植密度即行株距,因架式、树形、气温和品种长势不同而不同。天水不同架式行株距见表6-2。

表6-2　葡萄不同架形栽植密度

架式	行向	株距(米)	行距(米)
棚架	东西行向,枝蔓由南向北爬	1~2	4~6
篱架	南北行向,山地行向沿等高线顺山形走势修筑梯田	0.5~2	2~3

3.栽植方法

葡萄栽植于前一年秋冬,根据果园规划栽植方式和行株距,事先在标好的定植点,挖宽、深各0.8米的定植沟或坑,回填秸秆,亩施3000~5000千克有机肥,回填熟土沉实。栽植时挖30~40厘米的栽植穴,放入苗子,与支柱对齐,根颈与地表等高,根系舒展于穴内,覆表土三分之二后,边踏实边提苗,栽后浇透水。为防春季抽条,还可将露出地面的枝条用土埋好,待芽眼膨大后逐渐撤除埋土或使幼芽自行出土。若定植苗为嫁接苗,应使嫁接口高出地面,以防接穗生根。栽后覆膜,保墒促进苗木成活。

五、栽后第一年管理

1.栽后管理

冬栽苗木栽后埋土防寒;春栽苗木可覆膜保墒。干旱时及时浇水、松土。

2.幼树管理

苗木萌发抽出新梢后,从中选择强壮新梢,确定主蔓,通过直立绑梢,增强顶端生长优势,根据整形要求,在高于第一年冬剪高度的50厘米处摘心。

3.肥水管理

幼苗输导水肥能力弱,加之蒸腾作用强,水分消耗大,幼苗期应注意浇水。待苗高10厘米(4月中旬),距树盘20厘米左右,株施氮肥25克;当苗高20~25厘米(5月初)时,株施25克磷酸二铵;

苗高30~35厘米(5月下旬至6月初),株施50克的三元复合肥;苗高50~100厘米(7月中旬),距树30厘米株施50克的三元复合肥;苗高150厘米以上,株施50克的磷钾复合肥。每次施肥后,视降雨与墒情适时浇水。幼苗期草害不可忽视,应及时中耕除草、保摘,提高土壤透气性,促使根系生长。

4.摘心处理

根据整形要求,在高于第一年冬剪高度50厘米处摘心,顶芽发出的1次副梢留3叶摘心,2次副梢留2叶摘心,以后均留1叶摘心。其他部位发出的副梢进行1叶绝后摘心。

5.病虫害防治

幼树抗病性弱,特别是黑痘病、霜霉病、白腐病等,易引起早期落叶、枝条不能老化成熟,应及时喷药预防。

6.冬季修剪

落叶后,根据气候特点适时冬剪。

第四章　整形修剪

一、主要架式及结构

葡萄架式大致可分为三类,柱式架、篱式架、棚式架。天水市生产上主要应用的有篱架、棚架两大类型(表6-3)。

表6-3　生产上常用的葡萄架式

	单壁篱架	"V"形架	"T"形架(宽顶篱架)
篱架	架高1.8米左右,架上一般拉4道钢丝,第一道钢丝距地面0.3~0.6米	架高1.6~2.0米,第一层拉一道钢丝,距离地面1.2~1.4米,第二、三层架立两根横梁,其上各拉两道钢丝,横梁长度分别为0.5~1米和0.8~2.0米,整体呈"V"字形	架高1.7~2.0米,架顶架设一根长度1.2~2米的横梁,横梁上一般拉2~4道钢丝,距横梁下方0.2~0.5米处再拉一道钢丝
	小棚架		水平连棚架(棚篱架)
棚架	近株端架高1.4米,远端架高2米,两排架柱顶部用钢丝拉成0.5米×0.5米的网格,或在葡萄行前0.5米、1.5米、2.5米、4.0米处与行平行设立四排支柱		架高2米,顶端用钢丝拉成0.5米×0.5米的网格,每排架柱自离地0.8米左右起再拉2~3道钢丝

1.篱架

篱架的架面与地面垂直,沿行向每隔一定距离设立支柱,支柱上拉钢丝,形状类似篱笆,故称篱架,是目前国内外应用最广的一类架式。

(1)单篱架。目前生产上使用的主要架式(图6-1)。由立柱和其上的拉丝构成,通常立柱高2.0~2.5米,地下50厘米,立柱行间距为2.0~3.0米,行上距离4.0~6.0米,上拉3~4道钢丝,第一道离地面30~40厘米,为了减少病害发生,可将其提高到50~60厘米。各钢丝之间距离40~50厘米。立柱材料常见的有水泥柱、镀锌钢管柱、镀锌矩钢柱三种。拉丝最下层定干线一般采用12~14号钢

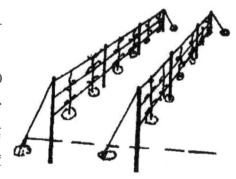

图6-1　单篱架

丝,定干线以上拉丝可采用14~16号钢丝。

单篱架适用于行距较窄(1~3米)的果园。在比较干旱贫瘠的山坡地或树势较弱的品种,可用较矮的篱架;水浇地上,树势较强的品种,可用较高的篱架。单篱架的栽培优点是作业比较方便,特别适用于机械化耕作。地面辐射强,通风透光好,利于增进葡萄品质。其缺点是有效架面较小,利用光照不充分,结果部位较低,易受病害侵染,果穗常直接暴露在阳光下,易日灼。不适宜长势强旺的品种。辅配树形为扇形、单干双臂形或单干单臂形。

(2)"T"形架。也称"宽顶单篱架",在单篱架立柱的顶部加一横梁呈"T"字形,横梁宽约120~200厘米。在立柱上拉1~2道钢丝,在横梁两端各拉两道钢丝。这种架式适合生长势较强的品种。单干双臂水平形适用于此架式,双臂分布在离地面约1.3米的篱架钢丝上,其上结果母枝长出的新梢可引缚在横梁上平行的两道钢丝上,然后再自然下垂生长。宽顶单篱架的高矮和宽窄因品种和生长势不同而有变化,但都适于"高、宽、垂"的栽培模式。

(3)"V"形架。"V"形架是用立柱、横梁、拉线构成。立柱高度2.1~2.5米,下埋50厘米左右,离地高度1.6~2.0米,一般间隔4~6米栽1根,最好栽成南北行,有利于通风透光。第1道钢丝应采用镀锌钢丝,结实而不生锈,离地面1.2~1.4米处南北向绑缚在立柱上。在立柱离地1.4~1.8米处设立一条长0.5~1.0米横担,横担两端南北向拉2道钢丝。在立柱离地面1.6~2.0米处设立一条长0.8~2.0米横担,横担两端南北向拉2道钢丝。架面完成后应为2道横担5道钢丝。辅配树形应为单干双臂或单干单臂形。该架作业比较方便,通风透光好,不易发生日灼,利于增进果实品质,在生产上应大力推广应用。近年来随着避雨栽培技术的应用,通过延长立柱搭建避雨棚的横梁和弓形架,进行避雨栽培,可大大减轻病害发生。

2.棚架

在垂直的立柱上架设横梁,横梁上牵引钢丝,形成一个水平或倾斜状的棚面,葡萄枝蔓分布在棚面上,故称为棚架(图6-2)。棚架较适宜丘陵山地。在冬季防寒用土较多、行距较大的平原地区,宜采用棚架栽培。优点是肥水管理可以集中在较小范围,而枝蔓却可以利用较大的空间。在高温多湿地区,高架有利于减轻病害。主要缺点是管理操作费事,机械作业较困难,管理不善时易荫蔽,加重病虫害发生。

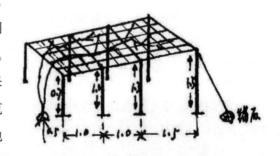

图6-2 棚架

二、常用树形及整形

目前,生产上采用的葡萄树形较多,针对不同架式,生产上主要有多主蔓扇形、单干水平形、龙干形等。主要树形结构见表6-4。

表6-4 葡萄主要树形结构

	多主蔓扇形	龙干形整枝		
		单干双臂水平形	单干单臂水平形	龙干形
树形特点	1.主蔓间距50厘米。 2.每个主蔓自第一道钢丝起至第三道钢丝之间均匀分布3~4个结果枝组。	1.主干高1.2~1.4米。 2.保留两个主蔓向主干两侧延伸。 3.主蔓上隔20~25厘米留一个结果枝组。	1.主干高1.2~1.4米 2.只保留一个主蔓向一侧延伸。 3.主蔓上隔20~25厘米留一个结果枝组。	1.主蔓间距150~200厘米。 2.自地面以上50厘米起,每个主蔓隔20~25厘米留一个结果枝组。

1.多主蔓扇形

该树形从地面分生出2~4个主蔓,每个主蔓上又分生1~2个侧蔓,在主、侧蔓上直接着生结果枝组或结果母枝,这些枝蔓在架面上呈扇分布(图6-3)。该树形主要应用在篱架,部分棚架上也可以应用。

当株距为1米时,植株上留2~4个新梢作为主蔓。主蔓高达1米时摘心,其上隔15~20厘米留一副梢,副梢长到8~9片叶时摘心,促其加粗,其上发出的2~3次副梢留1~2叶反复摘心。秋季1次副

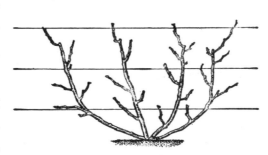

图6-3 多主蔓扇形

梢粗度达到0.6厘米以上即可作为来年的结果母枝。冬季主蔓基部粗度达到1.2厘米以上时留1米短截,副梢结果母枝剪留2~3芽,每主蔓上留2~3个副梢结果母枝。第二年仍按上述原则继续培养主蔓与枝组。每个主蔓均匀配备3~4个固定枝组,枝组高度不超过第三道钢丝,第一道钢丝以下不留枝组。

2.龙干形

主要包括一个直立或倾斜的主干,顶部着生一个或两个结果臂,结果臂上着生结果枝组;如果只有一个结果臂则为单干单臂树形,有两个结果臂则为单干双臂树形(图6-4)。如果主干倾斜则为倾斜式单干水平树形。该树形主要应用于单篱架、T形架和V形架,在非埋土防寒区也可以应用到水平棚架上。

（1）单干双臂水平树形

1个主干,2个臂即2个主蔓。主蔓上着生结果母枝,结果母枝上直接着生结果枝,包括少量预备枝。苗木萌芽后,只留1个生长健壮的芽向上直立生长,苗高1.2~1.4米左右时摘心,作为主干,主

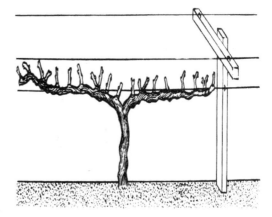

图6-4 单干双臂树形

干顶端留两个副梢生长,其余留1片叶摘心。两个副梢分别左右平绑在第1钢丝上成为双臂,两臂的夏芽副梢单叶绝后摘心,冬剪时只保留主干和双臂。第二年新梢全部保留,长到10片叶时留7片叶摘心,分别引绑在第2道钢丝上。新梢顶部保留一个副梢,其余单叶绝后。顶部副梢够6叶时留4叶摘心,再发出的副梢仍得留顶端第一个并留4叶摘心,下部的单叶绝后摘心。冬剪时,双臂上隔20~25厘米留1个结果枝组修剪。

(2)单干单臂水平树形

1个主干,1个主蔓,其余同单干双臂。冬季实行下架埋土防寒栽培的果园,主干应与地面成45°夹角整形培养。

(3)龙干形树形

龙干形树形从春季萌芽后,选留1~3个健壮新梢作为主蔓,其余全部抹除。留1个主蔓为独龙干、2个为双龙干,这些主蔓在架面上平行向前延伸,多用于棚架式栽培。保持蔓距150~200厘米,新梢1米时摘心,保留最顶端的一个一次副梢继续延伸,8月上旬再摘心,其余副梢8~9叶摘心,其上发出的2~3次副梢留1~2叶反复摘心。新梢40厘米以下副梢及时抹去,冬剪剪口粗度达1.0厘米以上时剪留1.5~2.0米,主蔓上从50厘米开始隔20~25厘米留一粗度达0.6厘米以上的副梢,留2~3芽短截,培养枝组。

第二、三年,整形方法同上。

三、夏季修剪

1.骨干枝引缚

一般在冬季修剪后进行,骨干枝引缚要结合树形培养进行,对一些强壮的结果母枝可引缚成水平或弧形,达到缓和树势的目的。

2.抹芽

葡萄萌芽长到1厘米左右时进行第一次抹芽。先将主蔓基部40~50厘米以下芽一次抹去,再将结果母枝上发育不良的基节芽、双芽、三芽中的瘦、弱芽抹去,保留大而扁的花芽。第二次在芽长出2~3厘米,能够看清有无花序时进行抹芽,将结果母枝前端无花序及基部位置不当的瘦弱芽抹除。

3.定梢

当新梢长到10~15厘米,按照果枝比和产量,对架面枝密度进行调整。为避免结果部位外移,抹芽和定梢时要尽可能用靠近母枝基部的芽和枝,也可留结果母枝基部和前端的枝芽,于冬季修剪时利用基部枝进行回缩。

4.生长季新梢引缚和除卷须

当篱架新梢已长过第二道钢丝,长度达40~50厘米时进行第一次引缚绑蔓。当新梢超过第三道钢丝,长度达70~80厘米可进行第二次引缚,整个生长期随新梢生长需引缚3~4次。先端下垂新梢要及时向上引缚;弱枝使其直立生长,中庸结果枝和发育枝结合花前摘心进行弓形引缚;强旺枝和徒长枝应在基部1~2节处扭梢压平引缚。新梢应均匀排列架面,引缚时根据整形、修剪要求,除少数需要直立绑缚外,其余全部倾斜绑缚,不可交叉。果园面积较大时,可使用绑蔓器或绑枝卡绑蔓,其效率是传统方法的3~5倍。

卷须消耗养分,缠绕果穗、枝蔓,造成枝梢紊乱,木质化后不易除去,影响采收和修剪等,应及时剪除,一般随摘心、绑蔓、去副梢进行即可。

5.摘心

摘心可暂时停止枝蔓的延长生长,减少幼叶对养分的消耗,促进留下叶片的迅速增大并加强同化作用,使树体内养分重新分配。对结果枝来说,摘心可改善花序或果穗的营养。

(1)发育枝摘心

对准备培养为主蔓、侧蔓的发育枝,当长度达到需要分枝部位时即可摘心。对结果母枝上的发育枝,当其生长过旺,影响到附近结果枝生长时,可进行不同程度摘心,以控制其生长;对准备留做下一年结果的预备枝,一般不早摘心,而让其自由生长,只有当生长过长或架面无法容纳时,才对其摘心。

(2)结果新梢摘心

易落花落果品种于花前4~5天开始,坐果率高的品种于花后开始。中庸梢花序以上留4~6片叶摘心;强梢花序上留9片叶摘心(见图6-5)。

6.副梢处理

随着葡萄新梢生长,叶腋中的夏芽陆续萌发长出二次枝,称为副梢。副梢不断增多和生长,使架面越来越郁蔽。特别在主梢摘心的情况下,抑了顶端的伸长而加强了副梢的生长。

(1)结果枝上副梢处理。主梢摘心后,对萌生的副梢处理方法,常用的有三种。一是对生长势旺及有较大发展空间新梢的所有副梢均留1~2片叶摘心,2次副梢再留1~2叶摘心,3次副梢全部抹除。这种处理方法有利于主梢冬芽的发育。二是对花序以上的副梢留1~2叶反复摘心,花序以下的副梢全部除去,旨在为果实遮阴,谨防日灼病的发生。三是除保留新梢顶端副梢外,对其余副梢全部除去,比较省工,也有利于通风透光(见图6-6),当顶端副梢长足6片叶以上时,留4叶继续摘心;待顶端副梢的二次副梢再长足6片叶以上时,留4叶继续摘心。

(2)发育枝上副梢处理。主梢摘心后,分次抹去所有副梢,逼迫主梢顶端冬芽萌发,再将冬芽

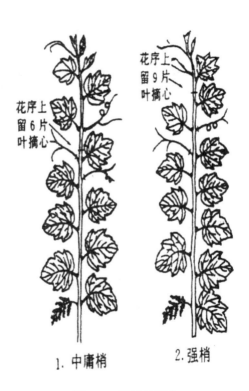

花序上
留6片
叶摘心

花序上
留9片
叶摘心

1.中庸梢　　2.强梢

图6-5　结果枝摘心

副梢留4~6片叶反复摘心。该方法简单省工,且能有效控制新梢生长,促进坐果。

(3)副梢的单叶绝后处理。主梢摘心后,除顶端副梢外,对其余副梢均留1叶摘心,同时将该叶的腋芽完全掐除,使丧失发生2次副梢能力。这样所留下的1片叶的生长力很强,几乎能接近主梢叶片大小(图6-7)。此方法可增加有效光合叶面积,但较为费工。

7.剪梢和摘叶

剪梢是将新梢顶端过长部分剪去30厘米以上,一般多在7~8月间进行。剪梢可改善植株内部和下部的光照和通风条件,促使新梢和果穗更好更快地成熟。树势较弱或植株通风透光基本良好时,则不必进行剪梢。剪梢不可过早过重或过多过频,剪梢后每一结果枝上仍需保留维持正常生长和结果所要求的叶片数。摘叶是在果实成熟前摘除植株下部和果穗附近的部分老叶,以改善植株内部和下部的光照和通风条件,促使果穗着色。果实转色前,果穗上部须多保留枝叶,防止日灼。

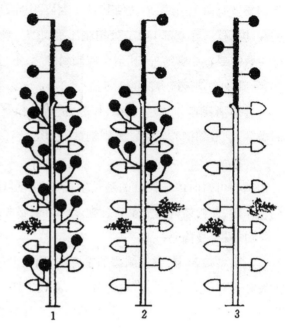

图6-6　副梢处理

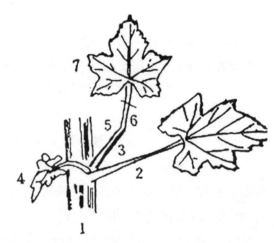

图6-7　副梢留单叶绝后处理

1.当年生新梢(主梢);2.主梢叶;3.冬芽;4.小叶;5.副梢基部第一节间;6.对副梢从此处摘心,留一叶,并将该叶腋中的芽破坏,使不再发生二次副梢。

四、冬季修剪

天水市应在11月下旬至次年2月上旬进行冬季修剪,太早,枝条中的养分尚未回流至根部;太迟,剪口愈合不好,春季伤流严重。以株行距为1米×2米的巨峰园为例,每亩留饱满芽5000~6000个,留新梢4000~5000个,平均每株留梢12~15个,其中结果枝保证3000~4000个,亩产1500~2000千克。

1.结果母枝修剪

对于树形培养结束的果园,树体的修剪其实就是结果母枝的修剪。常用的修剪方法主要有两种,即单枝更新和双枝更新。

①双枝更新修剪法。选留结果枝组基部相近的两个枝为一组,下部枝条留2~3芽短截作为预

备枝,上部枝条留3~5个芽剪截。该修剪方法适用于各种品种。通常要求结果母枝之间有较大的间距,供来年的新梢生长。

②单枝更新修剪法。冬剪时选择结果母枝最基部枝条,留2~3芽短截,该短枝即是下一年的结果母枝,也是更新枝,使结果枝与更新枝合为一体。

随着果园生产成本增加,机械修剪和省工修剪成为主流。对于花芽分化节位低的品种如巨峰、夏黑、户太八号等,留基部2个芽短截,对于结果部位较高的品种如红地球,留3~4个芽短截,每米架面保留6~8个结果母枝。该修剪方法应严格控制新梢旺长,促进花芽分化,提高基部芽眼的萌发。

2. 结果枝组更新

随着树龄增加,结果部位会逐年外移,当架面已经不能满足新梢正常生长时,就要对结果枝组进行更新。

(1)选留新枝

葡萄主蔓或结果枝组每年都会萌发部分隐芽形成新梢,对于这些新梢重点培养,使其充实生长,冬剪留2芽短截,替换邻近结果枝组。对短枝上来年萌发的1~2个新梢通过摘心培养,更新成为新的结果枝组。

(2)极重短截

在结果枝组基部留1~2个瘪芽极重短截,促发瘪芽萌发新梢,对发出新梢来年冬季选留靠近基部充分成熟的1个枝条,留2~3个饱满芽短截,即培养成为新的结果枝组。

3. 修剪原则

(1)冬剪时,尽量选择粗而圆,髓部小,节间短,节部突起,颜色为黄褐色或红褐色,充分成熟、芽眼饱满的一年生枝。

(2)剪口离芽眼3~5厘米或在芽上端一节的节部剪截,防止剪口芽风干或损伤。多年生蔓或粗枝疏剪或缩剪时要留长约1厘米的残桩,待残桩第二年干枯后,再从基部剪掉。

(3)剪口面一般留在剪口芽的对侧,避免伤流时水分顺芽而流,比较大的伤口用50~100倍液克菌丹涂抹保护。

(4)基部萌蘖一般节间长,芽子瘪,应从基部剪除。但当主、侧蔓衰老或架面空缺时,可利用萌蘖枝更新和弥补架面,增加结果面积。被利用的萌蘖枝,当年可利用其叶腋间抽生的副梢进行整形。

(5)枝梢修剪和架面留枝要按照"三度"和"三带"的原则。"三度"即选留枝条要看枝条的成熟度、芽眼饱满度、剪口粗度(0.8~1.2厘米),弱枝一般疏除,若缺枝部位必须保留,则留1芽重短截,次年生长季通过竖直引缚、抑制竞争枝、加强肥水管理等措施增强枝势。"三带"即从地面起,支架上第一道钢丝以下不留果,果穗集中在叶幕中部,使生长季形成叶幕底部与地面之间的通风带,叶幕中部的结果带和叶幕上部的光合带。

第五章　花果管理

一、疏花序

疏花序是指将新梢上的花序整个去掉。目的是调节果实负载量,改善剩余果穗营养的供应,提高果实品质。疏花序的原则是去除发育差、着生过密或位置不当的花序,一般弱枝(直径小于0.6厘米)上不留花序,生长势中等(直径为0.6~1.0厘米)的枝上留一个花序,强枝(直径大于1.0厘米)上留两个花序。花序要尽量早疏,一般在新梢现穗后,结合抹芽除梢进行。先疏除弱枝上的花序、双花序中的弱花序。为保证产量可分批对多余花序进行疏除,至花前完成疏花序工作。

二、掐穗尖和除副穗

掐穗尖是对葡萄花序进行疏花和改善穗形的重要措施。通常在开花前一周左右进行,过早花序尚未伸展,操作困难,过晚浪费养分。强枝果穗掐尖端1/5,中等枝掐尖端1/4,弱枝掐尖端1/3((见图6-8)。同时除去果穗两侧副穗。

三、疏果(疏粒)

疏果是通过限制果粒数,使果穗大小符合所要求标准,使果形、果粒匀整,提高商品性能。果实在绿豆大时进行第一次疏果,黄豆粒大时进行第二次疏果,配合花序整形进行。疏果时先疏去无核果、小粒果和畸形果,后去除密挤果和正常果。对果粒密度大的品种,可先疏除部分小分枝,再疏粒,疏果量按品种不同应有所区别,一般巨峰葡萄每穗留存50~60粒,单粒重10克以上,单穗重保持在500~750克。

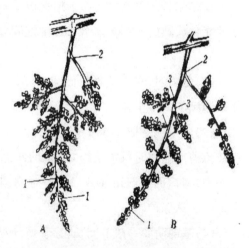

图6-8　掐穗尖和花序整形
A.玫瑰香葡萄;B.巨峰葡萄(日本方法)
1.掐穗尖;2.掐副穗;3.掐除小穗

四、使用植物生长调节剂

植物生长调节剂对葡萄拉长果穗、无核化栽培、保花保果、果实膨大、提高品质等都有积极的作用。

1.花序拉长剂

使用花序拉长剂有利于花序整形,增加果穗重量,提高产量,减少疏果用工。如夏黑上使用可增加单粒重量,拉长红地球等的花序。坐果差的品种、坐果好但新梢生长旺盛的品种不适宜使用花序拉长剂。

花序拉长剂一般在开花前7~15天、新梢6~7片叶时,对花序进行浸蘸或喷施。花序拉长程度与使用时期有关,使用早,花序拉长得大;使用晚,花序拉长得不明显,使用浓度要根据使用时期调整。使用花序拉长剂后要注意防治灰霉病和穗轴褐枯病,并增强树势和控制产量。

2.葡萄无核剂

葡萄无核剂可使种子(核)败育或软化,达到保花保果、无核(籽)、大粒、优质、早熟、增产增收的目的。无核化处理是目前葡萄生产上应用较普遍的一项技术。无核剂的使用需以良好的土肥水管理和树体管理为基础。目前使用的无核剂主要成分为赤霉素,使用效果与药剂浓度和使用时期有很大关系,在不同品种间敏感差异度也很大。使用时期为盛花后4~24小时。具体时间是在晴朗无风的上午8:00~10:00或下午4:00~6:00喷施、蘸穗。使用浓度为10~200毫克/千克,不同品种应试验后使用。赤霉素不溶于水,使用前先用酒精溶解,再稀释浸蘸或喷施花序。

3.果实膨大剂

果实膨大剂是一种新型、高效的植物生长调节剂,能有效促进坐果和果实膨大,尤其对无核葡萄膨大效果更好。膨大剂一般在盛花后15天左右施用。以阴天或晴天下午4:00以后为宜,按说明书配成一定浓度后,浸穗3~4秒即可,浸后抖落穗上多余药液,以免造成畸形果。不同膨大剂对不同品种效果不同,使用时注意使用时期、浓度和次数,以防造成果梗硬化,导致落果。不同调节剂使用参考见表6-5。

表6-5　植物生长调节剂在葡萄果实上的使用

品种	药剂	剂量(毫克/千克)	使用时期	主要作用
巨峰	赤霉素	25~50	盛花前5~10天,盛花后5天	拉长花序
	赤霉素+4-氯苯氧乙酸(促生灵)	25(赤)+5(促)	盛花前5~10天	促进坐果
			盛花后5天	无核处理
	赤霉素+氯吡脲	25(赤)+3(氯)	盛花后4~24小时	促进早熟
红地球	赤霉素(美国奇宝)	5	开花前12天	拉长花序
		25	盛花末期	增大果粒
		40	盛花后10~15天	增加糖度

五、果实套袋

为了提高葡萄品质,生产绿色果品,推广套袋栽培势在必行。

1.果袋种类

葡萄果袋的选择应根据品种及各地不同气候条件,选择适宜果袋。一般巨峰系葡萄选用白色纸袋;易日灼品种可选用上深下浅的双色果袋。

2.果实套袋

(1)疏叶。套袋前疏除果穗上部的枯叶、病虫叶及二次梢。

(2)套袋前用药。果穗整穗疏粒后,于套袋前全面周到喷施1~2次杀菌剂和杀虫剂,杀灭果穗上的病菌。

(3)套袋时间。一般于花后15~20天,上午9时后,果面无露水时进行,中午气温超过30℃时暂缓套袋。

(4)套袋方法。套袋前先将袋口端6~7厘米浸入水中,使其湿润柔软,再用手将纸袋撑开,使纸袋鼓起,然后由下往上将果穗全部套入袋内,将袋口收缩到穗柄上,用封口丝扎紧。

3.套袋后管理

(1)巧施肥。在花前10天、果实膨大期,以氮、磷肥为主,配施钙、铁肥;果实成熟前一个月左右及成熟中期,停施氮肥,追施磷、钾。一般产量为2000千克的葡萄园施磷、钾肥75~100千克。

(2)喷施叶面肥。花前喷硼、花后喷锌,果实着色期喷施中微量元素。

(3)病虫害防治。套袋后经常检查袋内果穗,特别是叶果共生的灰霉病、霜霉病、白腐病等。为害严重时可解袋喷药。

(4)摘老叶、摘袋。果实将熟时,适当摘除新梢下部老熟叶片,纸袋和双层袋于采收前10~15天摘袋,以利于果穗充分着色,易着色品种或黄绿色品种可带袋采收。

第六章　土、肥、水管理

一、土壤管理

葡萄园土壤管理的目的就是通过对土壤水分、土壤性状以及杂草竞争的影响,为葡萄生长发育提供良好的栽培条件。

1.果园清耕法

果园清耕是目前最为常用的葡萄园土壤管理制度。春季清耕有利于地温回升,秋季清耕有利于晚熟葡萄利用地面散射光和辐射热,提高果实糖度和品质。清耕葡萄园内不种作物,一般在生长季进行多次中耕,秋季深耕,保持表土疏松无杂草,同时可加大耕层厚度。清耕法可有效地促进微生物繁殖和有机物氧化分解,显著地改善和增加土壤中的有机态氮素。但如果长期采用清耕法,在有机肥施入量不足的情况下,土壤中的有机质会迅速减少,还可使土壤结构遭到破坏,在雨量较多地区或降水较为集中季节,容易造成土壤水土流失。

2.果园覆盖法

果园覆盖是一种先进的土壤管理方法,适用于干旱和土壤较为瘠薄地区,有利于保持土壤水分和增加土壤有机质。在棚架园及篱架幼树期的树盘上用秸秆等覆盖,以减少土壤水分蒸发和增加有机质。覆草一般在5月上旬开始,多在灌水或雨后进行,可树盘、全园覆盖,距离树根50厘米内不覆草。一般每亩覆干草1500~2000千克,厚15~20厘米,覆后压少量土,连覆3~4年后浅翻1次,浅翻结合秋施基肥进行。

3.果园间作法

间作一般在距定植沟30厘米处进行。间作以矮秆、生长期短的作物为主,如豆类、中草药、葱蒜类等。

4.免耕法

免耕法是利用除草剂进行地面杂草管理,对土壤一般不进行耕作。这种土壤管理方法具有保持土壤自然结构、节省劳力、降低生产成本等优点,在劳动力价格较高地区应用较多。

5.生草法

在年降水量较多或有灌溉条件的果园,可以采用果园生草法。草种可春季播箭舌豌豆、秋季播种油菜压青。

6.覆膜防寒

对冬季不埋土果园,春季有抽干、抽条,发芽晚、发芽不整齐、发芽后生长弱、生长慢等现象果园,可覆黑膜或园艺地布管理,即提温保墒,又可压草,阻断土壤中的病菌侵染(如白腐病),建议在天水市山地葡萄园推广应用。

二、施肥时期、方法与数量

1.基肥

9月下旬至10月上旬果实采收后施入。每亩施2000~3000千克有机肥和50千克复合肥。先将复合肥与有机肥拌匀堆起,用塑料膜盖严,经发酵腐熟后距葡萄植株50~80厘米,开挖深宽各40厘米的条沟,将腐熟有机肥与土拌匀施入。

2.追肥

(1)土壤追肥。花前10天、果实膨大期每亩土施多元复合肥15千克,果实着色期每亩追施硫酸钾15千克、过磷酸钙15千克。巨峰生长前期应控肥控水,萌芽期不宜追施氮肥。

(2)叶面喷肥。花前喷0.3%尿素或500倍复合微肥或其他叶面肥,花期用0.3%硼砂、0.3%磷酸二氢钾加0.3%蔗糖混合液喷施果穗,果实膨大期隔10天喷1次0.3%的磷酸二氢钾或其他叶面肥;转色期和采前10天喷2次钙肥(氨基酸钙等);采收后喷施0.3%尿素1次,防叶片早落,恢复树势。

三、灌水与排水

1.灌水方法

(1)沟灌。沟灌是目前葡萄生产最普遍采用的灌溉方式,即引水,将水引入葡萄行内。

(2)滴灌。滴灌系统由水源、首部枢纽、各级输水管道和灌水器组成。水源可用符合要求的河流、沟渠、井、泉水等,在干旱果园可建集雨水窖。

(3)穴贮肥水。春季枝蔓发芽后,在树盘外延挖2~4个深40厘米的穴,每穴填入2~6千克秸秆、果树专用肥0.3~0.6千克,灌水15~30千克后穴口覆膜,秋季从穴口施入有机肥。此方法建议在天水市山地葡萄园推广应用。

(4)集雨蓄水灌溉。在山地干旱果园,利用田间路面、坡面、场面等建成集雨面,通过水沟、过滤池、蓄水窖收集雨水。再通过提水泵、输水管连入田间灌溉系统。此方法建议在天水市山地葡萄果园推广应用。

(5)水肥一体化。利用集雨蓄水、滴灌等设施,配置水肥一体化设备,在灌水的同时,一并追施肥料。

2.灌水时期

葡萄的耐旱性较强,只要有充足、均匀的降水,一般不需要灌溉。但在生长期降雨不均匀情况下,需适时进行灌溉。

（1）发芽前后。这时灌溉可提高植株整齐萌芽，促进新梢迅速生长。土壤湿度要求田间持水量为65%~75%。

（2）花前水。开花前如干旱少雨，需在花前10天左右浇水1次，促进开花和坐果。但花期不宜浇水。

（3）催果水。在新梢旺盛生长和果实膨大期，追施催果肥后应及时灌水，以促进肥料吸收，加快幼果迅速生长。土壤湿度应保持在田间持水量的70%~80%。

（4）基肥后灌水。果实采收后结合施基肥灌水，可加速根系伤口愈合，促进营养物质的吸收利用。

（5）越冬水。冬灌不冬灌，产量少一半，灌好防冻水，利于根系防寒越冬。

3.排水

雨季打开排水口，及时排水。

四、树体营养及缺素施肥方法

（1）氮。葡萄在一年中均可吸收氮素，但以生长前期为多，因此，在葡萄上，氮肥应以前期施入为主。葡萄缺氮时，茎蔓生长势弱，停止生长早，皮层变为红褐色；叶片变得小而薄，呈淡绿色，易早衰脱落；果实小，但着色好。

树体缺氮，应重视秋施基肥，并混加含氮肥料。生长季结合喷药，可叶面喷施0.3%~0.5%尿素溶液2~3次。

（2）磷。葡萄在新梢生长旺盛期和果粒增大期对磷的吸收达到高峰。相对于氮和钾，磷的需求量较少，仅为氮的50%，钾的42%。葡萄植株缺磷时，叶片呈暗绿色，叶面积小，叶面波浪状，皱缩成圆形，从老叶开始发病。

树体缺磷时，生长期结合喷药施0.3%磷酸二氢钾溶液3~4次。秋施基肥时亩施过磷酸钙100千克。

（3）钾。钾能提高植物的抗逆性，如抗旱、抗病、耐寒能力。钾素充足时，可促进浆果成熟，糖分增加，提高品质。另外，钾还可促进果实中芳香族化合物和色素的形成，降低含酸量。葡萄缺钾时，叶缘失绿，新梢中部叶片的叶缘呈黄褐色，以后逐渐扩大到主脉间失绿，接着叶片边缘焦枯，并向上或向下弯曲，严重时，老叶发生许多坏死斑点，脱落后形成许多小洞。另外，植株缺钾，果实小且成熟度不一致。

树体缺钾时，结合喷药施0.3%的磷酸二氢钾液3~5次，土壤追施钾肥，如硫酸钾等，采果后立即施基肥。

（4）钙。葡萄需钙量较大，果实中钙含量达0.57%。葡萄缺钙，主要表现在幼叶叶脉间及叶缘褪绿，随后近叶缘处出现针眼状坏死斑点，茎的尖端干枯。缺钙时，首先在新根、新叶、顶芽、果实等生长旺盛的新器官和蒸腾低的组织中表现出来。

树体缺钙时,应在生长期喷施氨基酸钙3~4次。秋施基肥时亩施过磷酸钙100千克。

(5)硼。硼能刺激花粉的萌发和花粉管的伸长,保证授粉受精过程的顺利进行,从而提高坐果率。幼树缺硼,顶端的节间较短,形成褐色的水浸状斑点;幼叶失绿而且较小,畸形,向下弯曲,无籽小果增多。

葡萄植株缺硼应在花前1~2周叶面喷施0.2%~0.3%硼砂,或在生长季根部株施硼砂30克左右。结合施基肥亩施硼砂1.5~2千克。

(6)镁。镁能促进作物内维生素C、维生素A的形成,提高果实品质。镁与钾、钙之间有拮抗作用。葡萄缺镁时,先是老叶叶脉间褪绿,接着脉间发展成带状黄化斑块,从叶片的内部向叶缘扩展,逐渐黄化,最后叶肉组织黄褐坏死,仅叶脉保持绿色。

镁离子与钾离子有拮抗作用,缺镁严重的果园应适当减少钾肥的施入量。增施有机肥也可有效地缓解缺镁症状。另外,生长季叶面追施0.3%~0.4%硫酸镁3~4次,也可减轻病情。

(7)铁。铁不是叶绿素的组成成分,但铁在叶绿素的形成中是不可缺少的营养元素。缺铁时幼叶脉间失绿,仅沿叶脉的两侧残留一些绿色,果穗也呈浅绿色。严重时,幼叶由上而下逐渐干枯脱落。

葡萄植株缺铁,应结合基肥施入硫酸亚铁,亩施1.5~2千克;生长季叶面喷施0.2%~0.3%硫酸亚铁或螯合态铁,或株施硫酸亚铁30克左右。

(8)锌。锌可促进蛋白质代谢,增强植物的抗逆性。葡萄缺锌时,首先主副梢的先端受害,叶片变小,即小叶病。叶柄洼变宽,叶片斑状失绿,节间短。某些品种则易发生果穗稀疏,果粒大小不整齐和种子少的现象。花前、花后叶面喷施2~3次0.2%~0.3%的硫酸锌,增施有机肥,可有效防止缺锌症。

第七章　病虫害防治

一、主要虫害及防治技术

1.葡萄双棘长蠹

又名黑壳虫、戴帽虫。成虫和幼虫都可以蛀食藤蔓,越冬成虫先从节部芽基处蛀入。节部木质部被环食一周,仅留下皮层和少许木质部,造成植株端部逐渐失水干枯,稍用力即断裂。葡萄双棘长蠹一年发生一代,以成虫越冬,成虫抗逆性强,可长期存活在藤蔓内。3月中下旬活动危害,4月上旬交尾,雌虫将卵产于枝条表皮下,4月中旬始见幼虫,幼虫顺枝条纵向蛀食木质部,老熟后在坑道内化蛹。6月下旬成虫羽化,羽化后成虫继续危害。8月中旬,子代成虫陆续出孔,少部分仍留守于枝干内。

防治方法:

(1)冬剪时,剪除受蛀害枝条集中烧毁,消灭越冬虫源。

(2)春分前后10天内,田间喷施杀虫剂2次,药剂可选择印楝素·苦参碱、甲维盐等药剂。

(3)在双棘长蠹出蛰期,将修剪下的枝条捆成捆,均匀放置于行间,离地高0.5米,每亩20捆,诱集越冬成虫,集中杀死。

(4)6月底前通过焚烧、深埋、加工等手段彻底销毁废弃枝,防治葡萄双棘长蠹幼虫。

2.斑衣蜡蝉

又名葡萄羽衣、"红姑娘"。虫体黑色,有许多近圆形小白斑,足长,头尖,善跳跃,有群集性和假死性。成虫腹部肥大,外翅灰色,有黑斑点20余个,后翅基部亮红色。以成虫和若虫刺吸葡萄枝蔓和叶片汁液为害,严重时造成枝条变黑,叶片穿孔甚至破裂。同时,其排泄物落于枝叶和果实上,常引起霉菌寄生变黑,影响光合作用,降低果品质量。

防治方法:

(1)结合枝蔓修剪,清除枝蔓和架材上的卵块,消灭第二年虫口密度。

(2)生长期观察叶片背面,发现被害叶时,喷甲氰菊酯、溴氰菊酯等菊酯类农药和甲维盐等药剂,杀灭若虫。

3.透翅蛾

又名葡萄透羽蛾。主要以幼虫蛀食葡萄枝蔓髓部,使受害部位肿大,叶片变黄脱落,枝蔓容易折断枯死,影响当年产量及树势。该虫一年发生一代,以老熟幼虫在葡萄枝蔓内越冬,翌年4月底

5月初,开始化蛹,6月上旬至7月上旬羽化为成虫。成虫将卵产于叶腋、芽的缝隙及嫩梢上。初孵幼虫由新梢叶柄基部蛀入嫩茎内,危害髓部,7~8月危害加重,10月幼虫老熟越冬。

防治方法:

(1)冬季修剪,将被害枝蔓剪除,集中烧毁,以消灭越冬幼虫。

(2)5月中下旬,成虫产卵和初孵幼虫蛀害嫩蔓时期,喷施甲维盐、氯氰菊酯等药剂,杀灭幼虫。

(3)6~8月,看到新梢顶端萎蔫或叶片边缘枝蔓干枯,及早摘除,消灭幼虫。

4. 葡萄毛毡病

实际为锈壁虱寄生所致,锈壁虱以成虫在芽鳞或被害叶片上越冬。春天随着芽的萌动,壁虱由芽内移动到幼嫩叶背绒毛内潜伏为害,吸食汁液,刺激叶片产生毛毡状绒毛,以保护虫体进行为害。

叶片受害时,最初叶背面产生许多不规则的白色病斑,逐渐扩大,其叶表隆起呈泡状,背面病斑凹陷处密生一层毛毡状白色绒毛,绒毛逐渐加厚,并由白色变为茶褐色,最后变成暗褐色,病斑大小不等,病斑边缘常被较大的叶脉限制,呈不规则形,严重时,病叶皱缩、变硬,表面凹凸不平。枝蔓受害,常肿胀成瘤状,表皮龟裂。

防治方法:

(1)早春芽开始萌动时,喷1次3~5波美度石硫合剂,以杀死越冬壁虱。

(2)葡萄展叶后再喷1次0.3~0.4波美度石硫合剂或晶体石硫合剂300倍液。

(3)发病初期及时摘除病叶并且深埋,防止扩大蔓延。

(4)从病区引进苗木时,必须用温汤消毒。方法是把苗木先放入30℃~40℃温水中浸3~5分钟,再移入50℃温水中浸5~7分钟,即可杀死潜伏的锈壁虱。

二、主要病害及防治技术

1. 灰霉病

灰霉病主要为害花穗、幼果和已成熟果实,有时也为害穗轴、叶片及果梗等,是春季引起花穗腐烂的主要病害之一。也叫"烂花穗",是目前世界上发生比较严重的一种病害,在所有贮藏病害中,它所造成的损失最为严重。

花穗多在开花前发病,花序受害初期似被热水烫伤状,呈暗褐色,组织软腐,表面密生灰色霉层,被害花序萎蔫,幼果极易脱落;果梗感病后呈黑褐色,有时病斑上产生黑色块状的菌核;果实在近成熟期感病,先产生淡褐色凹陷病斑,很快蔓延全果,使果实腐烂;发病严重时新梢叶片也能感病,产生不规则的褐色病斑,病斑有时出现不规则轮纹;贮藏期如受病菌侵染,浆果变色、腐烂,有时在果梗表面产生黑色菌核。

多雨、潮湿和较凉的气候条件适宜灰霉病的发生,花期遇阴雨天,最容易诱发灰霉病的流行,造成大量花穗腐烂、脱落。果实膨大期较少发病,果实成熟期,如天气潮湿也易造成烂果,这与果实糖分、水分增高,抗性降低有关。地势低洼,枝梢徒长、郁闭,通风透光不良的果园,发病较重。

防治方法:

(1)生长季及时剪除发病花、果。休眠期清除树上、树下僵病果,集中园外销毁。

(2)增施有机肥及钙、磷、钾肥,控制速效氮肥,防止枝蔓徒长。生长季及时抹芽、摘心、除蔓,加强果园通风透光,降低园内湿度;合理排水,减少裂果。

(3)药剂防治。花前喷施1~2次,果实接近成熟期喷施1~2次药剂进行预防。可选嘧霉胺、噻霉酮、多菌灵、代森锰锌、速克灵、扑海因等药剂。

2.穗轴褐枯病

也叫轴枯病,主要发生在葡萄幼穗的穗轴上,危害花序和幼果,果粒发病较少,穗轴老化后一般不易发病。发病初期,先在花梗、穗轴或果梗上产生褐色水浸状斑点,扩展后使果梗或穗轴变褐坏死,失水干枯变为黑褐色、凹陷的病斑。空气潮湿时在病部表面产生黑色霉状物,果穗随之萎缩脱落,发病后期干枯的分枝穗轴往往从分枝处被风吹断、脱落。

开花期低温、多雨天气,有利于该病的发生蔓延。地势低洼、管理不善、通风透光差的果园发病重;管理精细、地势较高的果园及幼树发病较轻。

防治方法:

(1)冬季修剪后彻底清园,将病残枝、叶、果集中烧毁或深埋。并把果园周围的杂草、枯枝落叶清除干净,减少越冬菌源。

(2)药剂防治。花序分离至开花前为防治关键期。芽萌动后全园喷施3波美度石硫合剂或1.8%噻霉酮800倍液1次,以杀灭越冬菌源。在花序分离期和花后喷2~3次杀菌剂,药剂可选择多菌灵、甲基托布津、扑海因等,各种药剂要交替使用。

3.白粉病

葡萄白粉病在全国各产区均有分布。主要为害葡萄的叶片、果穗及幼嫩枝蔓等绿色组织,主要症状是在受害部位表面产生一层白粉状物。高温天气或干旱闷热天气有利于发病。

防治方法:

(1)加强栽培管理,增施有机肥,壮树防病;及时摘心、绑蔓去副梢,控制副梢生长,促进通风透光。

(2)结合冬剪,剪除病枝,集中销毁。发芽前,喷3~5波美度石硫合剂或45%石硫合剂晶体60~80倍液,杀灭越冬病菌。

(3)药剂防治。花前至幼果期为发病关键期,从发病初期开始喷药,10天左右1次,连喷2~3次,即可有效控制白粉病的发生。常用药剂有戊唑醇、戊唑·多菌灵悬浮剂、克菌丹、烯唑醇、腈菌唑等。

4.霜霉病

在中国各葡萄产区均有发生,为葡萄的重要病害之一。霜霉病为害葡萄所有绿色幼嫩组织,有时也可导致老叶发病。叶面受害,最初呈现淡黄褐色水浸状小斑,扩大后为黄褐色大斑,病斑边缘界限不清,湿度大时病斑背面产生似霜状灰白色霉状物,严重时病斑及病斑外侧叶干枯或整叶干枯,并导致脱落;新梢受害,出现水浸状褐色斑,严重时新梢扭曲,停止生长甚至枯死,湿度大时病斑上产生霜状霉层,卷须、叶柄和穗轴也能被害;幼果受害后产生水浸状淡褐色斑,湿度大时幼果和果穗产生灰白色霉层,二次果受害较重。果实着色后受害较轻。

该病主要发生在葡萄生长后期,天水市一般在7~8月发病,8月下旬为发病盛期。该病的发生流行与气候和环境条件关系密切,多雨、多露和低温时此病易大发生,果园通风不好,湿度大,偏施氮肥有利于发病。

防治方法:

(1)落叶后彻底清扫落叶、落果,集中园外烧毁。

(2)增施有机肥,适当增施钙肥及磷肥,少施氮肥,控制钾肥,提高抗病能力。及时摘心,清除近地面的枝蔓、叶片,增强园内通风透光,降低小气候湿度。

(3)药剂防治。发病初期15天喷施1次1:1:180倍的波尔多液保护剂,连喷3~4次,也可选择乙磷铝、瑞毒霉、海正必绿、丁子香酚等药剂。

5.白腐病

又称腐烂病、水烂病、穗烂病,是葡萄的重要病害之一。白腐病主要为害果穗,也为害枝梢和叶片等。主要通过伤口、密腺侵入,一切造成伤口的因素如暴风雨、冰雹、裂果、生长伤等均可导致病害严重发生。白腐病主要为害葡萄的老熟组织,属于葡萄中后期病害。果实受害,多从果粒着色前后或膨大后期开始发病,越接近成熟受害越重。因此,高温高湿是该病害发生和流行的主要因素。

枝梢发病,开始呈水浸状淡红褐色,边缘深褐色,后发展成长条形黑褐色,表面密生灰白色小粒点。后期病枝皮层与木质部分离,呈丝状纵裂。果穗受害,先在果梗和穗轴上形成浅褐色水浸状不规则病斑,扩大使其下部果穗干枯;发病果粒先在基部变成淡褐色软腐,逐渐发展至全粒变褐腐烂,果皮表面密生灰白色小粒点,以后干缩呈有棱角的僵果,极易脱落,叶片受害多从叶尖、叶缘开始形成近圆形、淡褐色大斑,有不明显的同心轮纹,后期也产生灰白色小粒点,最后叶片干枯易破裂。

防治方法:

(1)加强栽培管理,增施有机肥和磷、钾、钙肥,提高树体的抗病能力。提高结果部位,距地面50厘米以下不留果。及时摘心、绑蔓、去副梢,以利通风透光,降低园内湿度。

(2)落叶后彻底清除架上、架下各种病残组织,集中带到园外销毁。春季葡萄发芽前,喷施1次30%戊唑·多菌灵悬浮剂300~400倍液,或50%福美双可湿性粉剂200~300倍液,铲除枝蔓附带病菌。

(3)药剂防治。重病园可在发病前于地面撒药灭菌。常用药剂为50%福美双可湿性粉剂1份、硫黄粉1份、碳酸钙1份混合均匀,每亩撒1~2千克,或用灭菌丹200倍液喷地面。从果粒开始着色前5~7天开始喷药,5~7天喷药1次,直到采收。常用药剂有80%代森锰锌、50%退菌特、30%戊唑·多菌灵、10%苯醚甲环唑、40%氟硅唑等。若逢雨季,可在配制好的药液中加入展着剂,以提高药液黏着性。

6.褐斑病

又称斑点病、叶斑病及角斑病。可引起早期落叶,影响树势,造成减产,一般干旱地区或少雨年份发病较轻。褐斑病仅为害叶片,有大褐斑病和小褐斑病两种。

葡萄大褐斑病,发病初期呈淡褐色、不规则的角状斑点,病斑逐渐扩展,直径可达1厘米,病斑由淡褐变深褐,进而变赤褐色,周缘黄绿色,严重时数斑连接成大斑,边缘清晰。后期病部枯死,多雨或湿度大时发生灰褐色霉状物。葡萄小褐斑病,侵染点发病出现黄绿色小圆斑点并逐渐扩展为2~3毫米的圆形病斑。病斑部逐渐枯死变褐进而茶褐,后期叶背病斑生出黑色霉层。

该病通常由下部叶片向上部叶片蔓延,多雨年份发生较重,管理粗放、有机肥使用不当、树势衰弱果园发病重。巨峰较抗此病。褐斑病一般在5~6月初发,7~9月为发病盛期,发病严重时可使叶片提早1~2个月脱落,严重影响树势和第二年产量质量。

防治方法:

(1)落叶后及时将病叶清除,集中烧毁或深埋。

(2)及时绑蔓、摘心、除副梢和老叶,创造良好的通风透光条件,减少病害发生。增施多元复合肥,增强树势,提高树体抗病力。

(3)药剂防治。发病初期结合防治白腐病进行防治。可叶面喷施苯醚甲环唑等药剂防治。

7.病毒病

葡萄侵染病毒病后,造成葡萄着色不良、糖度下降、酸度升高、葡萄风味丧失、成熟期延长、树势衰退、抗逆性减弱、经济寿命缩短,甚至树体死亡等不良后果,严重影响葡萄的产量和质量。

多数病毒病具潜隐特性,初期一般不表现明显症状,后期症状根据类型不同也易与药害、生理性病害等混淆。葡萄病毒病主要有葡萄扇叶病、葡萄卷叶病、葡萄花叶病、葡萄茎痘病、葡萄斑点病等。葡萄病毒病的传播,大部分是由带病毒繁殖材料通过嫁接和扦插等传播,个别病毒兼有线虫、粉介、蚜虫、蓟马等虫害传播,发病后极难康复。

防治方法:

(1)选择组培脱毒苗木建园或选择不带病毒砧木和接穗繁育苗建园。

(2)栽植前对土壤进行消毒处理。

(3)生长期合理追施腐熟有机肥和优质微生物菌肥,促进根系和树体生长,合理修剪、绑蔓、摘梢,增强植株抗病能力。

(4)发现病株及早刨除销毁,并对病株根际土壤喷施线虫剂,杀灭线虫,阻断病毒传播。

三、主要生理病害及防治技术

1.日灼病

是由高温造成的葡萄局部伤害。伤害部位主要在幼果表面、幼果柄及小轴上,严重时也出现在穗轴上。其症状与穗轴病、白腐病相似。受害处易遭受其他果腐病菌的侵染而引起果实腐烂。

日灼病的发生,主要是果实在夏日高温强光曝晒下,果粒表面局部温度过高,使水分失调、呼吸异常,以至被阳光灼伤,或由于渗透压高的叶片向渗透压低的果实争夺水分,使果粒局部失水,再被高温灼伤。果实在温度达38℃经3.5小时或38℃~39℃经1.5小时就会发生日灼病。

防治方法:

(1)适当密植,合理修剪,使果穗处于叶片遮阴处。

(2)增施有机肥,提高土壤肥力及保水能力,使根系纵深发展,增强吸水性能,增强树势,提高树体抗逆能力。

(3)在高温季节,及时浇水,保证水分供应。

(4)药物防治。在高温季节喷施0.1%硫酸铜溶液,以增强葡萄的耐湿热性,喷施27%高脂膜乳剂80~100倍液,以保护果穗防止日灼。

2.裂果病

葡萄采收前常发生果实裂果现象,尤其在果实成熟后期,多雨年份更为严重,可导致病原微生物的侵染,使果实发生腐烂。

生理上主要是葡萄果皮组织脆弱,特别是果皮强度随果实成熟度的增加而减弱;另外由于栽培条件、气候变化,引起果粒内部压力增大,如天水市秋季多雨,着色期干湿度变化大,容易发生裂果。

防治方法:

(1)加强栽培管理,增施有机肥及农家肥,适量混施钙肥,促进树体及果实对钙的吸收,提高果实抗逆能力。干旱时及时灌水,多雨时及时排涝,尽量使果园土壤水分供应平衡。

(2)叶面喷钙。葡萄落花后,半月左右叶面及果面喷施钙肥1次。常用钙肥有佳实百800~1000倍液、速效钙500~600倍液及腐殖酸钙等。

(3)果实套袋可减轻采前裂果,另外,设施避雨栽培是目前防治采前裂果最有效的方法。

3.黄化

葡萄自萌芽起,特别是花前花后,叶片易出现黄斑或黄化现象。葡萄发生黄化后,不仅衰弱树势,同时落花落果严重,严重影响果品的产量和质量。

缺素是引起葡萄叶片黄化的主要因素。缺铁主要表现在嫩梢叶片上,叶脉保持绿色,叶脉间发黄,老叶基本正常。缺镁黄化主要表现在中下部老叶上,在叶缘及叶脉间产生褪绿黄斑。缺钾一般从叶缘开始黄化枯死,叶片上卷或者下卷,叶面表现扭曲或者表面不平。缺硼表现为幼叶出现水浸状淡黄色斑点,叶缘及脉间逐渐失绿,新叶皱缩畸形,后期叶缘变成黄白色,甚至焦枯。缺锰新梢基部叶片最先发病,幼叶叶脉间组织褪绿黄化,出现细小黄色斑点,后期叶肉组织进一步黄化,叶脉两旁叶肉仍保留绿色,果穗成熟晚,果穗间夹生绿色果实。引起树体缺素,大多跟土壤性状、施肥水平、树体管理有密切关系。

防治方法:

(1)调解土壤pH值保持在6.0~7.5,改善土壤透气性,增加团粒结构,均衡营养。

(2)根据葡萄产量,合理施肥,使用基肥和追肥结合、根部追肥和叶面追肥结合的方式。肥料的选择上,以有机肥为主,减少速效化肥的使用,适期松土,增强其保肥保水能力。

(3)加强病虫害防治,提高树体综合管理水平,做好冻害、干旱、水涝等突发性天气应对及肥害、病害等的预防工作,有效减少黄化及其他病虫害的发生。

(4)针对树体不同缺素症状,对应根施和叶面喷施黄腐酸铁、硫酸镁、硫酸钾、硼砂、硫酸锰等营养肥料。

四、病虫害综合防治

认真贯彻"预防为主,综合防治"的植保方针,统筹兼顾、主次分明,以农业防治为基础,根据病害发生发展规律,合理运用人工防治、物理防治、生物防治、化学防治等措施,创造不利于病害发生及危害的条件,综合运用多种防治手段,经济、安全、有效地控制病虫害发生。

(1)加强检疫,不从疫区调运苗木和接穗。建园时选择具有抗性砧木的嫁接苗,提高树体抗逆性,预防葡萄根瘤蚜。

(2)清洁果园,秋冬季清扫枯枝落叶,剥除老翘皮,减少越冬病源,降低病虫基数。

(3)合理修剪,保持树冠通风透光,适当提高下层果穗高度,恶化病菌滋生环境,预防病害发生。

(4)增施有机肥和磷、钾肥,适量混施铁、锌、硼等微肥,改良土壤,保持树势中庸健壮,提高树体抗病力。易落花落果品种应花前摘心和控制肥水,合理使用植物生长调节剂。

(5)通过疏花疏果,达到合理负载。严格按叶果比、枝果比、干周法控制负果量,保持树体健壮生长。

(6)果穗上方应保留一定枝叶,防止强光直射果面,减少日灼。最好进行果穗搭伞或果实套袋。

(7)严格按照各品种生育期采收和贮藏,不提倡喷施催熟剂。

(8)病虫害防治用药。主要保护性药剂有石硫合剂、波尔多液、代森锰锌(大生等)、硫酸铜钙、克菌丹等,保护植株不得病。主要治疗性药剂有多菌灵、三唑酮(粉锈宁)、烯唑醇、苯醚甲环唑、百菌清、异菌脲、甲基硫菌灵、腈菌唑、啶酰菌胺、烯酰吗啉、霜脲氰、植物源丁子香酚等进行治疗和补救,是辅助手段。施药时重点喷叶背、果穗,果穗内部要喷透。

(9)影响生理性落花落果的因素主要有品种、树体营养贮备、花期和坐果期的环境条件(如低温、阴雨对坐果不利)、微量元素匮乏(硼、锌等)、树势和营养生长过旺等。防治措施为:建园时选抗落花落果品种;增施有机肥和磷、钾肥,适量混施铁、锌、硼等微肥;花前摘心和控制肥水(幼果坐稳前不追施化肥);合理使用激素调控树势;疏花疏果,合理负载。

(10)预防采前裂果,在加强病虫害防治(如白粉病、白腐病)的基础上,采取果穗搭伞,树盘覆膜(保持土壤水分恒定,避免土壤水分变化剧烈),保持果园排水通畅,适时采收。设施避雨栽培是目前防止采前裂果的最佳途径。

(11)做好园艺工具的消毒工作,选择脱毒苗木建园防治病毒病。

(12)园内架设防鸟、防雹网,预防鸟害及雹灾。

第八章 防灾减灾

一、干旱

1. 症状

葡萄根、叶、枝蔓的含水量约为50%,浆果中的含水量为80%~85%。干旱可导致葡萄叶片枯黄脱落,根系生长受到抑制,导致植株生长减缓,枝蔓发育不良,花芽分化受阻,产量和品质下降,有的植株水分逐渐抽干,部分枝蔓枯死,甚至整个植株死亡。

2. 防治方法

(1)加强树体管理,山地果园适当减小栽培密度,减少负载和消耗。

(2)生长季果园遭遇高温干旱天气时,对成熟果实及早采摘上市,对没有商品性的果实尽快从树体上剪除,减轻植株负担。尽早剪除主梢、副梢先端细弱枝蔓,摘除病虫害严重叶片;枝条成熟较差果园,采后及时追肥;及时做好病虫害防治。

(3)天水山地葡萄园,春夏季干旱缺水,应根据果园周边环境,多渠道利用、开发水源。大力推广覆膜覆草、穴贮肥水、膜下滴灌等综合保水节水措施,进行节水栽培;推广集雨水窖蓄积秋季雨水,推广应用水肥一体化技术。

二、低温冻害

1. 症状

冬春季低温冻害主要发生在葡萄根部及近地面树干部位。上层须根先受冻,初期在端部出现水渍状肿大,逐渐失水萎缩,并向后部发展,一般下层根系受冻较轻或不受冻。近地面树干受冻后,韧皮部变褐至黑褐色,形成层损伤或坏死,浅层细小根系变黑褐色死亡。春季枝蔓发芽晚或不发芽,有时发芽长出新梢后不久逐渐枯死,有的新梢则表现为黄叶或上部枝条枯死,近地面部分又萌出新枝。

2. 防治方法

(1)选择耐寒砧木的嫁接苗建园。

(2)肥水管理做到前促后控。7月中旬以后减少追肥次数,肥料以磷钾肥为主,不施氮肥。生长季管理做到及时摘心,秋季控水,促进枝条成熟。

(3)严格控制产量,做到适时采收。采后加强肥水管理和病虫害防治,延长叶片功能期,增加养分积累。

(4)越冬前结合施基肥进行灌水,对1~2年生葡萄幼树,当秋冬季夜间气温降到-3℃时进行埋土防寒。倒春寒来临之前用带反光防寒海绵片包裹主蔓或果园灌水。倒春寒来临时,叶面喷水或采取加热增温措施,如点火放烟。

(5)萌芽前发现树体遭受冻害,先进行全园灌水,后用农膜包裹树体。在萌芽期受晚霜冻害后,及时剪掉褐变枝条,促进隐芽和树体下部芽的萌发,从中选取适宜新枝进行培养。对受害果园加强水肥管理。

三、雹灾

1.症状

雹灾对树体造成大量机械损伤。果实受伤后,伤口易受灰霉病、白腐病、软腐病等病菌的感染,导致果实腐烂;枝蔓受伤后,常导致树势衰弱,影响树体正常生理代谢。

2.防治方法

(1)及时收看天气预报,在大风、冰雹等强对流天气来临之前,做好立柱的固定、枝蔓的绑缚和防雹网的覆盖等工作。

(2)冰雹天气发生后,尽早剪除残枝落叶、落果。及时喷施50%克菌丹可湿性粉剂500~600倍液,或70%甲基硫菌灵可湿性粉剂800~1000倍混合液,或选用30%戊唑·多菌灵悬浮剂800~1000倍液,及时防治病菌侵染,避免造成更大损失。并加强对果园的土肥水管理,增强抗病能力。

第九章 采收、包装与贮藏

一、采收、分级、包装

1. 采收期的确定

果实进入转色期后,隔2天测定1次可溶性固形物,当其不再增加时为成熟采收适期。一般说来,入贮的葡萄采收期愈晚,果实含糖量愈高,冰点愈低,穗轴木质化程度愈高,愈耐贮藏。在同一地区,果实上色度基本上可反映品种的成熟度。如巨峰达到紫红、紫黑色就应及时采收。此时,可溶性固形物含量一般在16%以上。

2. 采收作业要求

葡萄采收及入贮前的各项采收作业是保证贮藏葡萄质量的关键环节。应严把采收关。

(1)采收应选择在晴朗天气,露水蒸发后进行,阴雨、大雾及雨后不宜采收。

(2)采摘、装箱、搬运要小心操作,工作人员要戴手套,轻拿轻放,严防人为落粒、破粒。

(3)采摘时,一手握剪,一手抓住葡萄穗梗,保留一段穗梗,在贴近母枝处剪下;采后直接剪掉果穗中烂、瘪、脱、绿、干、病的果粒和硬枝,分级后直接放入箱、筐或内衬塑料保鲜袋的箱内,最好不要再倒箱,一般倒1次箱损耗率增加5%以上。

(4)葡萄采收后应及时分级、装箱,运往冷库,做到不在产地过夜,以保持果柄新鲜。

3. 包装

用于鲜食葡萄包装的容器,主要选用无毒、无杂味的板条箱、纸箱、钙塑瓦楞箱和硬质塑料泡沫箱等,板条箱、硬质塑料箱规格为5~10千克,纸箱规格为1~5千克。用于贮藏的容器多为板条箱、塑料箱,塑料泡沫箱保温、减震性能好,即可运输又能贮藏。目前,中国用于冷藏的葡萄通常采用无毒的塑料袋(保鲜袋)+防腐剂的贮藏形式,塑料薄膜主要有聚乙烯和无毒聚氯乙烯两种,厚度一般为0.03~0.05毫米。

装箱时,要求箱内摆码平整,摆紧摆实,以1~2层为宜,箱内上下各铺1层包装纸以便吸潮。销售包装上应标明品种、产地、数量、生产日期、生产单位等内容。

4. 运输及销售

(1)运输。采用冷藏车或冷藏集装箱运输。如条件不具备,也可将葡萄预冷至0℃后,用棉被或聚苯乙烯板保温的普通汽车保温运输或保温集装箱运输,5~7天内能保持葡萄新鲜。运输时应将包装容器装满装实,做到轻装轻卸,防止剧烈摆动造成裂果、落粒。运输中合理使用仲丁胺或二氧化硫速效防腐剂,可降低腐烂率。运输工具应保持清洁、卫生、无污染。

(2)销售。葡萄贮藏时间不宜过长,须留出一定的货架期,开箱后应尽快出售。

二、简易贮藏

1.微型(小型)节能冷库贮藏

微型节能冷库是中国当前一家一户生产条件下的贮藏方式。该库型设计简单,造价较低,可用闲置旧房、旧仓库改造,施工方便。(见图6-9)。

(1)贮前准备。贮藏前对制冷系统进行检查,开机制冷,使库温降至-1℃~0℃或适宜温度时,将果实入库贮藏。

(2)入库及码垛。果品采后应及时入库降温。贮藏包装应保证空气流通,码垛时框与框、框与墙壁、库顶均应留有一定空间,以利通风降温。码垛要稳固、整齐,码垛间隙走向应与库内气流循环方向一致。

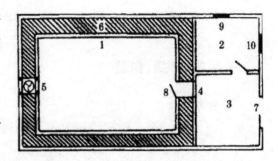

图6-9 微型节能冷库平面图(仿田永)

1.贮藏间;2.机房及制冷设备;3.缓冲间;4.保温门;5.排风道及轴流风机;6.保温层;7.外门;8.防鼠通风门;9.通风窗及通风口;10.机房进风窗

(3)中期管理。在果品贮藏过程中,应保持库温的稳定,贮藏期间库内温度变化幅度不能超过±1℃。入库初期,每天至少2次检测库温与库内相对湿度,以后每天检测1次并做好记录。每个库房至少应选3个测温点,测温仪器每个贮藏季至少校验1次,测温仪器误差不得大于±0.5℃。库内空气最低点不得低于最佳贮藏温度的下限。定期对库内果实外观色泽、果肉颜色、硬度、口感、风味进行测评,发现问题及时处理。

(4)出库。葡萄出库时正值寒冬季节,要注意做好保温。打开包装后,应尽快出售。

2.塑料袋保鲜储藏

将经过预冷处理的葡萄一筐筐码堆成排,筐间留间隙,排间留通风道,然后用塑料大帐封严,进行二氧化硫熏蒸,经2小时后揭帐,并立即将果穗装入1千克装的聚乙烯袋内,扎紧袋口,平放入箱中或堆放在架上。元旦或春节出售,好果率高达95%。也可以将新鲜葡萄放在10℃以下阴凉3~5天,装成5千克一箱,箱内放亚硫酸盐加硅胶拌匀的药包,再把箱子套进塑料袋中,袋口扎紧,然后储入0℃左右地窖内,隔25天换药1次,可使葡萄保鲜3个月。

附天水葡萄周年管理表。表6-6。

表6-6　天水葡萄周年管理表

物候期(时间)	工作内容和要求		
12月至翌年3月上旬	冬季修剪:根据树体生长状况和当年产量,确定修剪强度、单株留枝量,同时剪除衰弱枝、病虫枝。		
	清除果园枯枝、病枝、废弃枝。刮除斑衣蜡蝉卵块,捕杀葡萄双棘长蠹成虫。春分前后间隔7~10天两次喷施印楝素·苦参碱、甲维盐等药剂,防治葡萄双棘长蠹。		
3月底至4月初	对埋土越冬幼树园撤土放苗,对3年生以上根际培土园撤土。撤土工作应在4月5日左右完成。		
	修整畦面,培好畦埂,修好沟渠。		
4月上旬树液流动期	葡萄幼树出土后上架,摆匀绑缚枝蔓。		
	结合灌水,施入尿素等氮肥。易落花落果品种不施。		
4月中旬萌芽期	当芽膨大呈绒球状时,喷施3~5波美度石硫合剂铲除越冬病虫害。		
4月下旬展叶期	土壤干旱时,应灌1次水。灌后中耕,深度在10厘米以内。		
	萌芽长到1厘米左右时进行第一次抹芽。芽长到2~3厘米时进行第二次抹芽。		
5月上旬新梢生长期	新梢长到10~15厘米时。抹除弱枝、徒长枝、过密的发育枝。除易徒长落花品种外,一般留大致接近目标的新梢数。		
5月上中旬新梢快速生长期	按10厘米左右间距绑梢,除整形需要垂直绑缚外,一般枝梢倾斜绑缚。		
	结合绑梢进行定梢。巨峰旺树容易落花,定梢工作可推迟到落花后进行。		
5月中下旬,开花期前后	花前结合灌水施复合肥,灌后及时中耕除草。		
	预防灰霉病等,花前喷施波尔多液或80%代森锰锌可湿性粉剂。		
	喷硼	花前3~5天喷0.2%~0.3%硼砂液,促进受精,提高坐果。	
	结果枝摘心	对易落花落果品种巨峰等,在花前4~5天对结果枝进行摘心;对红地球等果穗紧密品种落花后进行摘心。	
	副梢处理	结果枝上果穗以下副梢从基部除去,果穗以上副梢留1~2片叶摘心,新梢摘心处的1~2个副梢,可留3~4片叶摘心,新梢上保留足够叶面积。	
	疏花序	弱枝上不留花序,一个结果枝留1个花序。	
	掐穗尖	在花前3~5天掐去花序末端1/4~1/5,剪掉歧肩和副穗。	
6月上旬,幼果期	喷药	1.白粉病初发病喷70%福星(氟硅唑)。 2.喷甲氰菊酯防治斑衣蜡蝉等食叶害虫。 3.喷药时加0.2%~0.3%钙等中微量元素肥料。	
	追肥灌水	落花后幼果迅速生长期结合灌水土施复合肥,灌后中耕除草,深度5厘米左右。	
	摘心	此时新梢和副梢旺盛生长,对花前摘心保留的副梢应及时摘心,保持架面通风透光。对发育枝留12~15片叶摘心,下部副梢从基部除去,顶端1个副梢留2片叶反复摘心。	

续表6-6

物候期(时间)		工作内容和要求
6月下旬,幼果膨大期	灌水	土壤干燥时,及时灌水,灌后及时中耕除草。
	喷药	1.喷苯醚甲环唑、嘧霉胺、丁子香酚、甲氰菊酯预防灰霉病、霜霉病、斑衣蜡蝉等。 2.喷0.1%硫酸铜、27%高脂膜乳剂预防日灼病。 3.喷戊唑醇预防白粉病。
	套袋	药液干后,立即套袋。
	销毁废弃枝	6月底前通过焚烧、深埋、加工等手段彻底销毁废弃枝,防治葡萄双棘长蠹幼虫。
7月上中旬,果实硬核期	灌水	天旱时灌水,保持土壤湿润,并及时中耕除草。
	喷药	1.喷喹啉铜、硫酸铜钙、克菌丹等保护剂预防病害。 2.喷0.1%硫酸铜、27%高脂膜乳剂预防日灼病。 3.霜霉病发病初期喷瑞毒霉、丁子香酚2次,间隔7天。然后再改喷保护剂。 4.在喷药时可加0.2%~0.3%的中微量元素肥料。
7月中下旬,果实二次膨大期		对发育枝、预备枝、副梢、所留萌蘖枝均进行摘心,促进新梢成熟和充实。
		同7月上中旬,喷施保护剂或防治霜霉病治疗性药剂。结合喷药加中微量元素与肥料,提高果实品质和促进新梢成熟。
		追施磷钾肥及高钾、中微量元素水溶肥。
8月上中旬,果实着色期		雨季及时排水。
		喷喹啉铜、硫酸铜钙等保护剂,在白腐病、褐斑病等初发期喷福美双、苯醚甲环唑2~3次治疗,间隔7天。采收前10天停止用药。
8月下旬至9月上旬,成熟期		果实含糖量达16度、阳光玫瑰18度以上时即可采收上市。
9月中下旬,采后管理期		距离植株50厘米以上开沟施入基肥,以有机肥为主,配施过磷酸钙、硫酸钾及硫酸亚铁,施入少量氮肥。
		喷波尔多液(1:1:200),保护叶片,防治霜霉病、褐斑病。
11月中旬,休眠期		灌足封冻水,防止冬季冻害和干旱。
		需埋土越冬幼树冬剪后,将枝蔓从架上取下,顺势顺行放倒。
		当气温降到-3℃时进行埋土。3年生以上果园根际培土,培土高度30厘米以上,宽度50厘米。

第七篇

梨高质高效栽培技术

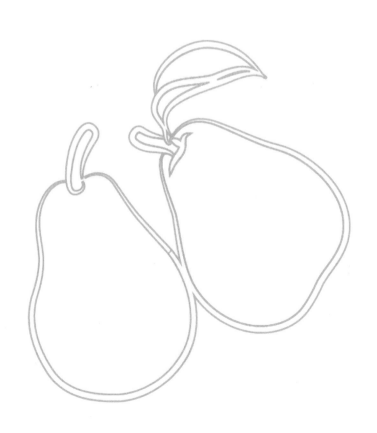

第一章 品种选择

梨是多年生作物,一次栽植,多年结果,如果栽植的品种品质不佳、产量不高、不符合市场需求,或不适应当地气候土壤条件等,则会造成多年的损失。所以栽植梨树,必须选择优良品种,才能获得最大的收益。适宜天水发展的梨优良品种包括天水地方梨品种和引进新优品种。

一、天水地方梨优良品种

(一)冬八盘梨

成年树树势中庸,树冠自然圆头形,树姿半开张;主干树皮灰褐色,纵裂;多年生枝较粗糙,灰褐色;新梢节间长3.2~3.5厘米,黄棕色,较光滑,密被茸毛,皮孔中大,多长圆形、少圆形;花芽和叶芽都较大,均呈圆锥形;叶片卵圆形,绿色,长13.5厘米,宽8.6厘米,先端多急尖、个别长尾尖,基部圆形;叶面平展,有蜡质,无茸毛,锯齿较大而锐;叶柄长3.2厘米、较粗;嫩叶红褐色,密被茸毛;花蕾初期乳黄与条红相间,逐渐过渡到乳白色;每花序5~6朵花,花瓣白色,圆形,无序,有重瓣。果实10月中旬成熟,以短果枝结果为主。

果实扁圆形,平均单果重294克,最大361克;果实纵径7.6厘米,横径8.6厘米;果面有棱沟,个别果实近胴部有极少锈;果皮绿黄色,阳面有红晕,皮较厚而韧,较粗糙;果点多而显著,黄灰色,较凸出;果梗长3.31厘米,粗0.37厘米,果梗多直立,部分斜生,梗洼中度深广;萼片多脱落,个别残存,萼洼深广;果心中大,椭圆形,近萼端;果肉白色,质脆微粗,汁液特多,酸甜适口,可溶性固形物含量13.01%,最高14.3%,品质上等。子室倒心脏形,种子多为10粒,黑红色,扁圆形。

该品种耐寒、抗旱性强,较抗病虫。

(二)甘谷黑梨

树势中庸,树姿半开张,树冠圆头形;多年生枝中等光滑,深褐色;一年生枝光滑,且有光泽,棕色,无茸毛,皮孔小,多圆形,少长圆形、中多,节间长3厘米,枝身较平直;叶芽中大,圆锥形;花芽中大,呈长圆锥形;叶片长卵圆形,长8.3厘米,宽4.7厘米,叶尖渐尖,基部宽楔形,叶面略有褶,叶缘锯齿粗,叶柄长2.7厘米;幼叶绿黄色,叶背有茸毛;花蕾白色,每花序有花6~7朵,花瓣白色,圆形,重叠,花冠直径3.6厘米。以短果枝结果为主,结果枝群可持续结果多年,果台小,果实10月中旬成熟,较耐贮藏。

果实扁圆形,纵径3.5厘米,横径4.29厘米,型小,整齐,单果重38克;果皮黄色,阳面具有红晕,果面光洁美观,果皮较厚,韧,果点小,显著,微凸,散生果面,以顶端为多;果梗中粗,长2.2厘米,梗洼浅、中广,部分有皱褶;萼洼浅、中广,萼片宿存,半开张,基部不分开;果肉水白色微黄,质细密,汁液较多,味稍酸;果心大,中位;冬季零下低温自然冷冻后,果面颜色变黑,食用时放在凉水中解冻,果肉变软、化汁吸食,风味佳。种子较大,圆形,深褐色。

抗旱、耐寒,抗病虫,适应性广,耐瘠薄能力强。宜天水高海拔区域栽植。

二、引进新优品种

(一)雪青

雪青梨系浙江大学园艺系用"雪花"和"新世纪"杂交育成的新品种。

雪青梨树姿半开张。多年生枝灰褐色,一年生枝黄褐色,平均长54.5厘米,粗0.63厘米,节间平均长4.7厘米。叶芽尖锥形,花芽圆锥形。叶浓绿平展,阔卵圆形,长12.68厘米,宽7.98厘米,叶柄长4.38厘米,叶缘粗锐锯齿、具刺芒,叶基圆形,叶尖渐尖。嫩叶微红,有白色茸毛。花蕾乳黄微带红色,花瓣白色,椭圆形,邻接,每花序8~9朵花,花冠直径4.2~4.6厘米。树势中庸偏强,萌芽率78.5%,成枝力39.7%。以中短果枝结果为主,果台连续结果性好,有腋花芽结果的特点,早果性强,易成花。幼树定植后第3年可结果,高接树次年结果株率达100%。果实8月中下旬成熟。10月底落叶。果实发育期120天左右,营养生长期208天左右。

果实圆形,大,平均单果重318.5克,最大560克,纵径8.03厘米,横径9.10厘米。果皮黄绿色,中厚,光滑,富蜡质光泽,果面光洁,无果锈,果点中小而稀,不明显。果梗长3.5厘米,粗0.31厘米,梗洼中等深广。萼片脱落,萼洼中等深、中等广。果肉白色,细嫩而脆,石细胞含量极少,无渣,汁多,味甜、微香。果心小,阔心形,近萼端。果实成熟时硬度(去皮)10.9千克/厘米^2,可溶性固形物含量12.6%,品质上等。5心室,子室椭圆形,种子9~10粒,乳黄色。

该品种适宜川地、浅山区有机质含量高的壤土栽植。对黑星病、轮纹病,梨木虱等危害轻。

(二)黄冠梨

河北省农林科学院石家庄果树研究所用雪花梨×新世纪为亲本杂交育成。

黄冠梨树姿较直立,枝干浅灰色,一年生枝黄褐色,新梢平均长68.4厘米,粗0.72厘米,节间平均长4.86厘米。皮孔长圆形,较稀。叶长卵圆形,大而平展,叶片长15.17厘米,宽8.39厘米,叶柄平均长3.4厘米,叶缘粗锐锯齿、具齿芒,叶基宽楔形,叶尖长尾状渐尖。嫩叶暗红色。花蕾白色,花瓣白色,卵圆形,无序,每花序7~8朵花,花朵冠径3.1~3.8厘米。树势中庸偏强,萌芽率56.7%,成枝力27.1%。以短果枝结果为主,腋花芽也具有很强的结果能力,长、中、短果枝及腋花芽的比例为:13.5∶16.2∶39.2∶31.1。果台连续结果性好,早果性强,易成花。高接树次年结果株率达100%。果实8月下旬成熟。10月下旬落叶。果实发育期124天左右,营养生长期212天左右。

果实长圆形,个大,平均单果重268.7克,最大418克,纵径8.7厘米,横径8.82厘米,整齐度高。果皮绿黄色,中厚,光滑,富蜡质,果面无果锈,果点中大,明显而密。果梗长3.9厘米,粗0.35厘米,梗洼中等深广。萼片脱落,萼洼中等深、中等广。果肉乳白色,肉质酥脆,石细胞含量极少,汁液特多,酸甜可口,微具香味。果心小,近圆形,中位。果实成熟时硬度(去皮)7.2千克/厘米²,可溶性固形物含量12.3%,品质上等。5心室,子室椭圆形,种子10粒,黑褐色。

该品种适应性强,川、山地均能正常生长结果,适宜天水及周边地区发展。生产中在加强肥水管理的同时,应加强对梨木虱的防治。

(三)玉露香

山西省农科院果树研究所以库尔勒香梨为母本、雪花梨为父本育成的梨新品种。

幼树生长势强,结果后树势转中庸。萌芽率高,成枝力中等,嫁接苗一般3~4年结果,高接树2~3年结果,易成花,坐果率高,丰产、稳产。9月上旬果实成熟。果实发育天数136天,营养生长天数212天。

果实近圆形,平均单果重266.8克,最大440克,纵径9.17厘米,横径9.12厘米。果面较光滑,具蜡质。阳面着红晕或暗红色纵向条纹,采收时果皮黄绿色,贮后呈黄色,色泽更鲜艳。果皮薄,果心小,可食率高。果肉乳白色,酥脆,汁液特多,石细胞极少,味酸甜有微香,口感极佳,果实成熟时硬度(去皮)6.38千克/厘米²,可溶性固形物含量12.55%,品质上等。种子10粒,黑红色。

树体适应性强,对土壤要求不严,抗腐烂病能力强于酥梨、鸭梨,抗褐斑病能力与酥梨相同,生产中要加强梨木虱、黄粉虫、食心虫等的防治。

(四)红巴梨

巴梨的红色芽变。

树势较强,树姿直立,萌芽率高,成枝力强。一年生枝和嫩叶为红色(巴梨一年生枝为黄色,嫩叶为绿色),叶长卵圆形。栽后3年开始结果,4年即形成一定产量。以短果枝结果为主,部分中长枝有腋花芽和顶花芽,果台枝抽生能力强,能连续结果。花序坐果率较高(1.6个),自花结实能力弱,采前落果轻,丰产稳产。

果实8月下旬至9月上旬成熟,约比巴梨晚10天左右,粗颈葫芦形,果个略大于巴梨,平均单果重225克,大者312克。果梗长,梗洼浅,萼片残存,果面蜡质多,果点小而稀疏。幼果时果面紫红色,成熟后果实阳面为鲜红色,外观极美。果肉白色,经后熟果肉变软,易溶于口,细腻多汁,石细胞极少,果心小,味甜芳香,品质极上,可溶性固形物含量13.8%。常温下可贮藏10~15天,在1℃~3℃条件下能贮至翌年3月。

红巴梨适应性和抗逆性较强,但园址应避开风口和低洼地。栽植时可采用2米×(4~5)米的株行距,纺锤形整形。

第二章　苗木繁育

一、砧木苗的培育

(一)苗圃地的选择

选择远离污染源,地势平坦,背风向阳,日照良好,土质疏松,肥力较高,地下水位较低,有利于灌溉的壤土或沙壤土。苗圃地必须合理的轮作倒茬。

(二)苗圃地的整理

秋季结合深翻每亩施优质农家肥2500~5000千克、复合肥40~50千克。播种前整平做畦,畦的大小因地制宜,要便于苗木管理。

(三)砧木的选择

砧木首选适应当地条件、根系发达、抗性强且与品种嫁接亲和性好的杜梨,其次可选择木梨。

(四)砧木种子的处理

1.采收与贮藏

杜梨或木梨果实充分成熟后采收,选果型端正的果实堆放,厚度30厘米,温度30℃以下,让堆放的果实腐烂变软,然后揉碎果肉取出种子,用清水洗净,放在室内或阴凉处晾干。经过去秕、杂、劣,选出饱满的种子。然后把种子放在0℃~8℃、空气相对湿度50%~80%、通风良好的条件下贮藏。

2.层积处理

砧木种子具有自然休眠的特性,在低温、通气和湿润的条件下,经过一段时间的贮藏,即可解除休眠。层积处理是打破砧木种子休眠比较好的方法。层积处理用到的基质是河沙,所以也叫沙藏法。

(1)层积方法。把贮藏的种子用30℃的温水浸泡24小时或用凉水浸种2~3天,每日换水并搅拌1~2次,待全部种子都充分吸水后,捞出备用。同时把细沙用清水冲洗干净,沥去多余的水分,使细沙含水量达到50%~60%,即手握成团、一触即散的程度。然后把种子与细沙按1:(5~6)的体积比混合均匀,盛在干净的木箱或编织袋等容易渗水的容器中,选择地势较高、土壤较干燥、地下水位低、背风的地方挖坑,把木箱或编织袋埋入坑中,使上口距地面20~25厘米,再用沙土将坑填满并高出地面,防止雨水或雪水流入坑中引起种子腐烂。

(2)层积管理。一般在播种前层积35~45天即可。层积期间,要经常进行检查,看是否有雪水渗入,是否有鼠害发生。10天左右上下搅拌一次种子,防止霉变,并使发芽整齐。搅拌时要注意温湿度,使温度保持在2℃~7℃。

(五)播种

1.播种时间

冬季比较湿润,鸟害、鼠害比较轻的地区种子不经过层积处理,秋季直接播种,否则提倡层积种子春季播种。

2.播种方法

播种时采用40厘米、20厘米的宽窄行在畦中开沟,沟深2~3厘米,然后将种子点播或条播在沟内,合沟耙平。春季播种前于土壤解冻后对苗圃地进行一次充分灌水。

(六)播后管理

出苗期间,要注意保持土壤湿润,有利于种子萌芽出土。干旱时应细雾喷灌,干旱地区也可以播种后畦面覆草、覆盖树叶等,幼苗出土时,先揭去一半覆盖物,出苗50%时,揭去全部覆盖物。幼苗长到4~5片真叶时进行间苗或移栽补缺,幼苗株距7~10厘米。苗高30厘米以上时摘心,并结合浇水亩施尿素7~10千克。同时注意苗木病虫害的防治。

二、接穗的采集和贮藏

选择进入结果期且品种纯正、树势健壮、无枝干病虫害的母株,剪取树冠外围生长充实、芽子饱满的一年生枝做接穗。接穗采集后50枝或100枝扎成一捆,挂牌做好品种标记。外地采集接穗,不仅要标记好品种,而且要搞好包装,用湿锯末填充空隙,外包一层湿报纸,再用塑料包装,运回后立即打开包装。接穗贮藏应放在冷凉的山洞、深井或冷库内,并埋湿沙,湿沙以手握成团、一触即散为宜。夏季芽接的接穗要带叶柄,尽量随采随用。

三、嫁接

春季多采用改良切接的方法,夏秋季采用"T"字形芽接法。

(一)改良切接法

改良切接法是在普通切接法的基础上经过技术改进而成的一种嫁接方法。由于采用单芽嫁接,较普通切接法提高了接穗利用率,其嫁接成活率达90%以上。嫁接过程必须做到"快、平、准、紧"(即嫁接过程要快,接穗削面和砧木切口要平,形成层要对准,捆绑时要绑紧),其操作要点:①削接穗。剪取长3~5厘米、带1个充实饱满芽的枝段,芽距枝段顶端0.5~1.0厘米,在其下端与芽同侧呈45°角斜削一短削面,再在芽背下方带木质削一平长削面,深度为穗粗的1/4~1/3,其上端下刀处与芽基平。②开砧。距地面15~20厘米处剪砧,选砧木平滑一侧稍带木质向下直切2~3厘米(注意保留切开的部分),切口宽度和深度与接穗长削面相适应。③接合。将接穗长削面向里插入砧木切口,使砧穗形成层对齐。稍用力将接穗向下挤压,使其结合紧密,然后将砧木切开的部分拢起包于接穗上。④捆绑。用嫁接膜将接口连同砧木的剪截面自下而上全部包严缠紧,露出芽尖,再向上包严接穗顶端剪口后,拉下来绑缚固定嫁接膜。

(二)"T"字形芽接法

夏秋季节新梢生长旺盛,形成层细胞活跃,接穗皮层容易剥离。嫁接时,首先从接穗上削取带叶柄的芽片,就是在接穗上选取饱满芽,用芽接刀在选好的接穗芽上方0.5厘米处横切一刀,深达木质部,然后在芽的下方1.5厘米左右处倾斜向上推刀,削入木质部一定深度,长度达到或超过横切刀口,用手捏住芽片,轻轻一掰取下盾形带叶柄芽片。然后,在砧木地上15厘米处比较光滑的部位(最好是春季迎风面方向)切一"T"字形刀口,切透表皮达木质部但不伤木质部,横切口宽与芽片上部相同,竖切口与芽片的长度相等。然后用芽接刀柄把切口挑开,将带叶柄芽片由上而下轻轻嵌入,芽片上方与"T"字形横切口对齐,用挑开的砧木表皮将芽片包住。最后用塑料条从下至上绑缚好嫁接部位。绑缚时露出接芽和叶柄。

四、嫁接苗的管理

(一)检查成活与补接

春季进行的嫁接,约1月愈合。嫁接后半个月,接穗或者接芽保持新鲜状态或萌发生长,说明已经成活,否则说明没有接活,应及时在原接口以下进行补接。夏季嫁接后7~10天愈合,此时,接芽保持新鲜状态或芽片上的叶柄用手一触即落,说明已嫁接成活,相反则未接活,需进行补接。

(二)剪砧与解绑

夏季芽接苗第二年春季发芽前进行剪砧。对快速繁殖的矮化中间砧苗木,为缩短育苗年限,促使接芽早萌发、早生长,嫁接后应立即剪砧。

剪砧时应在嫁接口上部0.5~1厘米处,一次性剪除砧干,剪口要在接芽背面略向下倾斜,但不要低于接芽顶部,而且剪口要平滑,防止劈裂。春季干旱、风大的地区,为了避免一次剪砧后出现向下干枯的现象,影响接芽生长,可以进行两次剪砧。第一次剪砧时可留一短桩,当新梢长出10余片叶子时,再紧贴接芽剪除短桩。

剪砧的同时,用刀片竖着割开嫁接膜。

(三)除萌

春季改良切接或夏季"T"字形芽接春季剪砧后,由于地上部较小,地下根系相对强大,砧木部分瘪芽、隐芽容易萌发,消耗植株养分,影响接芽或接穗生长。因此,必须及时除萌。除萌时,如果萌芽幼嫩可直接用手抹除,萌蘖稍长时宜用刀在萌蘖基部稍带皮削去,防止在原处再萌芽。如果接穗长出两个小枝条,则应选留一直立健壮的枝条,而将其余的剪去。

(四)其他管理

出圃前,为了促使苗木充实,从8月至9月上旬,用0.3%磷酸二氢钾溶液,进行叶面喷肥,共喷2~3次。春、夏两季遇有干旱时,应及时灌溉。秋季应控水。苗圃地应及时进行中耕锄草,并注意做好苗木的病虫害防治工作。

五、起苗、包扎和假植

梨苗多在秋季新梢停止生长、顶芽形成、叶片脱落后开始起苗。起苗时应按照不同品种,分批起苗,并做好标记,防止苗木混杂。苗木出圃时应严格按照苗木质量标准进行分级。

分级后的苗木,按照每捆50株或100株进行包扎,挂上标签,注明品种、数量和等级,经检疫合格后即可外运。长距离运输的苗木,要采取保湿措施,以防苗木在运输中失水。如果短期内不外运、不栽植时,可以临时假植。假植地点选择地势平坦、背风、不易积水的地块,挖宽、深各0.5米的沟,沟长依地块和苗木数量而定。假植时,苗木向南倾斜放入,根部填入细土,尽量使根土接触,然后埋土至苗木根茎以上30厘米处,踏实,苗木随用随取。如果要越冬,则在土壤封冻以前埋土至定干高度以上。

第三章 栽树建园

一、园地选择与规划

(一)园地选择

选择土层深厚、土壤通透性好、有机质含量高、有灌水条件、交通便利、远离污染源、生态条件良好、相对集中连片的适宜区建园。

山地选择土层50厘米以上,坡度15°以下,坡向尽量选择南、西、东,北坡(阴坡)条件稍差。另外坡面应完整连片。

(二)规划设计

园址选定后,如果建几十亩的小园,只要现场实地规划就可以建园。如果百亩以上集中连片建园,应实地勘查、测量,做出平面图(平地)或地形图(山地),图、地配合做出规划设计。

规划设计主要包括小区划分、道路安排、灌排系统设置、园内建筑物、果园围栏等。

1.小区划分

小园没有小区划分问题。大园面积大,为便于作业管理,把全园分成大区和若干个小区,同一小区内气候、土壤、光照条件基本一致。山地小区面积一般设置为20~50亩,小区形状长方形最好,长边与等高线走向、行向相平行,有利于水土保持、机械作业和土、肥、水管理。平地以方便作业为目的,划分成50~100亩的小区即可。

2.道路安排

梨园道路规划设计应根据实际情况安排。面积较小的梨园,只设环园和园内作业道。大梨园建园时就要把主路、支路、作业道规划留出。主路设置要求位置适中,一般设置在大区区界,贯穿全园,路宽方便大车运输,与园外公路相通;支路是小区的分界线,与主路垂直相通,一般宽4米;作业道设置为园内作业机械能方便操作即可。山坡地因形设路,盘旋缓上,降比为3%~5%,使路面内斜2°~3°,路面里侧设排水沟。

3.灌排系统设置

灌排系统是防止梨园旱涝灾害和正常管理的保证措施。

(1)灌水系统。因灌溉方法而设置。目前,果园的灌水方法主要有地面灌溉和滴灌等。

地面灌溉:

包括干渠、支渠和园内灌水沟三级。干渠将水引至果园中,贯穿全园;支渠将水从干渠引到作业区;灌水沟则将支渠的水引至果树行间,直接灌溉树盘。各级灌溉渠道的规划布置,应考虑果园的地形条件和水源的布置等情况,并注意与道路和排水系统相结合。各级灌水渠道相互垂直,尽量缩短渠道的长度,减少水的渗漏和蒸发损失。干渠应尽可能布置在果园的最高地带,以便控制最大的自流灌溉面积。在缓坡地可布置在坡面上方,平坦地宜布置在主路的一侧。支渠多分布在栽培小区的道路一侧。

滴灌:

通过干管、支管和毛管上的滴头,送到植物根部进行局部灌溉的一种灌溉系统。滴灌系统布设要合理,尽量使整个系统长度最短,控制面积最大,投资最低。滴灌系统分固定式和移动式两种,固定式干、支、毛管全部固定;移动式干、支管固定,毛管可以移动。滴头及管道布设,滴头流量一般控制在2~5升/时,滴头间距0.5~1.0米。平坦地,干、支、毛三级管相互垂直。山区丘陵地,干管与等高线平行布置,毛管与支管垂直。

(2)排水系统。由小区内的集水沟、小区间的排水支沟和大区间的排水干沟组成。集水沟的作用是将小区内的积水排放到排水支沟中去。排水支沟的作用是承接排水沟排放的水,再将其排入到排水干沟中去。排水干沟的任务是汇集排水支沟排放的水,并通过干沟排放到果园以外的河流或沟渠中。

山地或丘陵地的果园排水系统,主要包括梯田内侧的竹节沟,栽植小区之间的排水沟,及拦截山洪的环山沟、蓄水池、水塘或水库等。环山沟是修筑在梯田上方,沿等高线开挖的环山截流沟。

4.果园建筑物

果园建筑物包括办公室、工具室、包装场、配药室、果品储藏库及休息室等,应设在交通方便的地方,最好在作业区的中间,靠近干路及支路处。山区果园遵循物资运输由上而下的原则,所以配药场应设在较高的位置,而包装场、果品储藏库等均应设在较低的位置。

5.果园围栏

围栏设置目前有三种可选,即绿篱围栏、水泥桩铁丝围栏和铁丝网围栏,三种围栏各有利弊,可根据实际选择使用。花椒等绿篱长成后高而密实,防护效果很好,但是和边沿果树争水肥,遮光照,遏制了果园边缘效应。水泥铁丝围栏成本低、原料简易,但铁丝易被毁坏剪割。铁丝网围栏的防护效果最好,但成本相对较高。

(三)品种选择与授粉树配置

根据当地的气候、土壤条件、地理位置以及市场需求等,确定1~2个主栽品种。在有多个品种适栽的情况下,挑选销路好、效益高的品种为主栽品种。主栽品种在全园的占比为80%。其余20%配置适宜的授粉品种。为避免全园一个授粉品种因天灾或小年时花粉不足,可配二个授粉品种。一个主栽品种配一个授粉品种,采用4:1的成行配置,一个主栽品种两个授粉品种采取1:4:1的成行配置。如果确定了两个均表现好的主栽品种,且满足互相授粉的条件,则采取2:2的等量成行栽植。密植园也可以采取中心式配置。山地梨园可采取等高行列式配置。

(四)栽植密度、栽植方式和行向

1.栽植密度

根据当地的小环境条件、土壤肥力、砧木和品种特性、砧/穗组合的生长势、所选树形、控制树冠的技术水平、果园综合管理水平和机械化程度的高低等确定栽植密度。乔砧栽培株行距3米×(4~5)米,每亩45~56株,半矮化栽培株行距(2.0~2.5)米×(3.5~4.0)米,每亩67~95株。

2.栽植方式

栽植方式应适合当地的立地条件和管理方式(机械管理、人工管理等),本着充分利用土地和光能的原则确定。推荐平地采用长方形栽植(行距大于株距,通风透光好,便于行间作业和机械化管理);山地梯田和缓坡地采用等高式栽植(每行树沿等高线走向,行距随坡度增大而缩小)。

3.行向

平地长方形栽植的果园,采用南北行向,光照好、均匀,光能利用率高,尤其在密植条件下;山地或坡地行向沿等高线设置。

二、苗木选择及处理

选根系完整(主根长度≥25.0厘米,最少有5条以上粗度≥0.4厘米的侧根),嫁接口高于地面15~20厘米,并且愈合良好,苗高1.2米以上,基径粗1.2厘米以上,芽体饱满的壮苗。外地购苗,一定要经过植物检疫。远程苗木运输,根系要蘸泥浆并套塑料袋保湿。

三、栽植

(一)栽植时间

冬季气候寒冷、干旱、风大的地区宜采用春栽,冬季较温暖、湿润的地区适宜秋栽。

(二)栽植方法

栽植前按照规划设计的株、行距挖1米见方的大坑,表土与心土分开堆放。每坑底施入20厘米厚的作物秸秆,优质农家肥25千克、三元复合肥0.5千克与一半表土混合后填入下层,然后将剩余的表土填入上层,回填土略高于地面3~5厘米,有条件时灌水一次,有利于埋入的有机物分解和坑内土壤沉实。定植时严防过深,埋土至根颈处即可,踏实。栽后用挖出的心土在树苗周围做直径1米的树盘,及时灌足定植水,待水渗完后整修树盘,覆盖地膜。

(三)栽后管理

(1)定干:栽后按整形要求立即定干,并及时涂蜡保护剪口。定干高度一般为80~100厘米(采用纺锤形整枝的树干宜高些,干旱山地定干宜低些),同时要求剪口下(整形带内)的芽要饱满。定干后在发芽前对剪口下第三至第五芽,在芽上方0.5厘米处刻伤,促发长枝。

(2)补栽:发芽后全园检查,对死苗缺株,在阴雨天用带土的方法移栽补齐,充分灌水以利成活。

（3）除萌蘗：苗木成活发芽后，及时抹除苗木上距离地面40~50厘米以内的萌芽，其余保留，有利于幼树快速生长和树冠扩大。

（4）树盘管理与间作：栽植当年，应做出直径为2米的树盘，行间间作物应在树盘以外，间作作物应以豆类等低秆作物为主。

（5）追肥与除草：6月上中旬，追施一次速效性氮肥，一般每株追施尿素或磷酸二铵100克。叶面喷肥前期喷施0.3%尿素溶液，后期（9月份）喷施0.3%~0.5%磷酸二氢钾溶液。追肥后如果没雨应及时浇水。树盘未覆膜时浇水或雨后应及时树盘人工松土、清除杂草，保持树盘土松草净。

（6）病虫害防治：易发生金龟子的年份或地块，苗木发芽后要严防其啃食嫩芽。生长期要注意及时防治梨锈病、天幕毛虫、舟形毛虫、梨茎蜂、蚜虫、梨木虱等病虫害。

（7）防寒：综合运用生长期促控措施和休眠期树体保护措施，确保幼树安全越冬。幼树生长期本着"前促后控"的原则，在7月份以前灌水2~3次，7月下旬后要控制灌水，秋季雨水过多时部分果园要注意排水。加强病虫害防治，确保叶片完好。土壤封冻前灌一次水，提高土壤湿度。特殊年份冻害严重的新建梨园，可采取枝干涂白、埋土防寒。

第四章　土、肥、水管理

土壤是果树赖以生存的基础,不仅固定树体,而且为果树生长供应和协调养分、水分、空气、热量和化学性质。梨树只有在良好的土、肥、水管理的情况下,根系从土壤中吸收养分和水分,才能满足树体正常生长和开花结果,为实现早果、优质、丰产、稳产、高效益打下基础。所以,合理的土肥水管理是实现优质丰产的基本栽培条件。

一、土壤管理

1.深翻熟化改良土壤

深翻可以改良土壤理化性状,熟化土壤,使土壤疏松多孔,提高土壤通气、保肥和保水性,促进土壤微生物活性,加速有机肥的分解,改善根系生长和吸收环境,利于根系伸展,扩大根系吸收面积,促进地上部分生长,提高产量和品质。

(1)深翻时期:秋季结合秋施基肥进行。此时地上部分生长较慢或基本停止,养分开始回流和积累,又值根系再次生长高峰,根系伤口易愈合,易发新根。深翻结合灌水,使土粒与根系迅速密接,利于根系生长。

(2)深翻深度:深度一般在60厘米左右。深翻深度还应考虑土壤结构,如土层浅、土壤紧密,深翻可适当深些;土层深厚、砂质土壤,深度可适当浅些。

(3)深翻方式:

①扩穴深翻。幼树定植几年后,每年或隔年向外深翻扩大栽植穴,直到全园株行间全部翻遍为止。

②隔行深翻。即每年只深翻树带一侧,次年深翻另一侧,逐年轮换进行,每次只伤一侧根系,对果树影响较小。这种深翻便于机械作业。

③对边深翻。自定植穴边缘起,逐年以相对两面轮流向外扩展深翻,直至全园翻完。

在土壤墒情不好的干旱地区,深翻一定要结合灌水,防止旱、冻、吊根现象发生。深翻时尽量少伤、断根,特别是1厘米以上的较粗大的根,不可断根过多,对断根宜剪平断口。回填时表土应填在根系分布层。

2.中耕保墒

针对清耕梨园对土壤进行的精耕细作。在梨园内,除梨树外不种植其他作物,人工或机械清除地表杂草,耕翻5~10厘米深,保持土地表面的疏松。

早春土表解冻后浅中耕一次,可保墒提高地温,促进根系吸收利用;生长季降雨或灌溉后及时进行中耕;秋季可进行较深中耕。

3.覆盖

覆盖包括覆草、覆膜、覆盖园艺地布以及覆砂等,一般覆砂很少使用。

(1)覆草。一年四季均可进行,以秋季草源丰富、秋施基肥后覆草最佳。在覆草前要用杀虫剂、杀菌剂喷洒地面和覆盖物。覆草材料一般用小麦、玉米秸秆、落叶及杂草等,覆草厚度一般15~20厘米。秸秆长时应铡短,利于覆盖和腐烂。

覆草注意事项:①覆草后压少量土,以防风吹;②注意防范火灾;③每年加盖草补充覆草厚度,连续覆草3~4年后浅翻一次,深度在15~20厘米,将地表已腐烂的杂草翻入表土,然后可清耕1~2年后继续覆草;④密切注意病虫害发生情况,及时防治。

(2)覆膜。梨园多采用行内覆膜。选择厚度0.008~0.012毫米,质地均匀,膜面光滑,弹性好,耐老化的黑色地膜(黑膜效果好于透明膜),宽度应是最大枝展的70%~80%。

冬季比较暖和,冻土层浅的梨园可在秋施基肥后立即进行,至土壤结冻前结束。冬季比较寒冷,冻土层较深的梨园,应在疏果、套袋后立即进行。

覆膜前应平整土地,没有大的土块,然后按所选膜的宽度(行内垄宽的一半)起垄,垄高10厘米,用铁锨细碎土块、平整垄面、拍实土壤后覆膜。覆膜时要求把地膜拉紧、拉直、无皱纹,紧贴垄面,垄中央两侧地膜边缘以衔接为度,用细土压实,垄两侧地膜边缘埋入垄沟土壤约5厘米,垄沟部位为果树根群集中区。

(3)覆盖园艺地布。覆盖园艺地布后其保墒效果与覆膜相当。另外,其本身坚固的结构,覆盖一次可以多年使用,能有效地抑制杂草的生长。

天水秋季降雨较多,可以在雨后覆盖。目前应用的园艺地布宽幅基本上为1米,长度根据实际情况裁剪,其覆盖方法与覆膜基本相同,垄中间地布衔接处用订书钉钉在一块。

4.生草

生草分人工种草和自然生草。

(1)人工种草。人工种草推荐春季种箭舌豌豆,秋季种冬油菜。人工生草出苗后应及时清除杂草,干旱时及时灌水补墒。

春季一般在3月中下旬至4月下旬,气温稳定在15℃以上,在雨后或灌溉后趁墒播种。待箭舌豌豆花期可直接翻压在梨树行间,也可刈割后覆盖树盘或堆沤后做基肥。

秋季梨园行间种植冬油菜,次年油菜花期刈割后覆盖树盘或堆沤后做基肥。

(2)自然生草。根据梨园内自然长出的各种杂草,把低秆、浅根性草保留,拔除深根、攀缘性等杂草而形成的草坪。这是一种省时、省力的生草法。

5. 梨园间作

幼龄梨园行间空地较多,可以合理间作其他作物,充分利用土地和光照,增加早期经济效益。较为适宜的间作作物有豆类、薯类、瓜菜、中药材等低秆作物。必须杜绝间作高秆作物。间作时,梨树行内必须留出清耕带,其宽度第一年为1米,第二、第三年为1.5~2米,随着树冠扩大到行间1.5米左右时应停止间作。间作作物要合理灌溉、施肥和轮作倒茬,避免与梨树争肥争水。间作作物收获后,秸秆可作为覆盖物使用,梨园深翻时埋入土中。

二、科学施肥

以有机肥为主,化肥为辅。实行氮、磷、钾肥配合施用或配方施肥。所施用的肥料不应对果园环境和果实品质产生不良影响。

(一)基肥

基肥是果树常年最基本的肥料源泉,秋季果实采收后施入,主要施用有机质肥料,以农家肥为主,混加适量的生物菌肥、磷肥和少量氮素化肥。

1. 施肥时间

9月下旬至10月下旬。秋天迎着雨季施入基肥,利于有机肥分解利用,此期与秋根生长高峰相一致,使伤根早愈合,并发生大量吸收根,这些新生吸收根,增强了树体对肥水的吸收,促进了秋叶的光合作用,提高了树体营养贮藏水平,从而提高了花芽质量和枝芽充实度,增强了树体耐寒力。另外,秋天生的根比来春新生的根活动早,吸肥早,对春季枝叶生长及开花、展叶、坐果都十分有利。

2. 施肥量

幼树期株施优质农家肥25~50千克,盛果期树按每生产1千克果施1.5~2.0千克优质农家肥安排。加入氮肥全年施用量的40%,磷肥全年施用量的80%,钾肥全年施用量的10%。

3. 施肥方法

基肥施用方法主要有环状沟施、条状沟施等。一般沟深40厘米左右、宽40厘米,把基肥和熟土拌匀施入,再覆土踏实并略高出地面。

(二)追肥

追肥,是在基肥基础上进行的分期供肥措施,是为了满足树体各器官生长高峰期,对肥料的迫切需要和对肥料种类的偏求。所以,追肥要根据梨树生长规律和需肥特点,用根施(根际追肥)和叶喷(根外追肥)的方法及时补充树体所需要的速效肥料。

1. 根际追肥

可采用腐殖酸包裹尿素、增效尿素、腐殖酸型过磷酸钙、缓释磷酸二铵、腐殖酸涂层长效肥(18-8-4)、腐殖酸长效缓释复混肥(15-20-5)、生态有机肥、腐殖酸含促生菌生物复混肥(20-0-10)等肥料。

（1）萌芽前肥。萌芽前10天左右，吸收根开始活动。此期正处于氮素临界期，所以，此期追肥以氮为主，分配量要适当大些（全年氮肥施用量的30%），并及时灌水。

（2）落花后肥。新梢由旺盛生长转慢至停长，花芽做分化前的营养准备，也是新、旧营养交接的转换期。如果供肥不足，会引起生理落果，不利于花芽分化。此期以三要素或多元素复合肥为好（氮肥全年施用量的20%、磷肥全年施用量的10%、钾肥全年施用量的50%）。

（3）果实膨大肥。果实生长进入高峰，是决定果个大小的关键时期。也是枝叶丰满，全年光合功能最高峰期。此时追肥对促进果实膨大，提高果实品质至关重要。尤其对结果多的大年树，效果更明显，否则造成大小年恶性循环。此期追肥应以钾肥为主（钾肥全年施用量的40%），配合磷肥（全年施用量的10%）和氮肥（全年施用量的10%）。

根际追肥要按树冠覆盖面大小，多开沟、穴，沟深15厘米左右，不可过于集中。尤其在干旱、缺少灌溉条件的梨园，肥料过于集中会引起肥害烧根。有滴灌设备的，随水灌施最好。山坡地、沙土梨园，要少量多次，忌一次多量。

2.根外追肥

根外追肥又叫叶面喷肥。即把化肥配成要求浓度，用喷雾器械喷到叶、枝、果等梨树地上部器官，通过气孔和皮层，直接吸收利用。

叶面喷肥浓度一般为：尿素0.3%~0.5%，从春到秋都可喷用；磷酸二氢钾0.3%~0.5%，生理落果后至采收后喷，一年2~3次；硼酸0.3%~0.4%，缺硼梨园，萌芽前喷1%，盛花期喷0.1%~0.3%，提高坐果率；硼砂0.25%~0.5%，盛花期和落花后20天各喷一次，可防止因缺硼引起的果实凸凹不平，果肉变褐。硫酸锌0.5%，5~6月间喷，防止缺锌引起的小叶病。硫酸亚铁0.3%~0.5%，初发现黄叶时喷，防止缺铁症。

也可根据梨树生育情况，酌情选用含腐殖酸水溶肥、含氨基酸水溶肥、含海藻酸水溶肥、氨基酸螯合微量元素水溶肥、大量元素水溶肥、活力钙叶面肥、活力硼叶面肥、活力钾叶面肥等。

叶面喷肥，着重喷叶背面，宜在无风晴天早、晚喷，防止中午高温引起药害。

（三）平衡配方施肥

测量土壤养分含量和叶片营养元素含量，了解土壤供肥性能，根据梨树需肥规律和特点，与标准值进行对比，在施用有机肥的基础上，提出大量元素、中量元素和微量元素的适宜用量和比例，配成复混肥直接应用于梨树（根际施入或根外施入）的施肥技术。梨树配方平衡施肥是提高梨果实品质和产量的重要措施，有利于平衡营养、提高肥效、按需供肥、减少浪费。对实行施肥定性、定量化和促进集约化、规范化栽培，及时矫正缺素症具有重要意义。

三、水分调控

水是梨各组织细胞的主要组成成分，是梨树正常生长发育的最基本条件之一。水对维持梨树正常的生长、发育、开花、结果和提高果实品质具有重要意义和不可替代作用。适宜的土壤水分，能确保梨树各种生理生化活动的正常进行,使树体生长健壮、丰产、质优;土壤水分过多或不足,梨树正常的各种生理生化活动就会受阻,甚至无法正常生长发育,直至死亡。

(一)合理灌水

研究结果表明:梨树的需水量是苹果的3~5倍。因此,欲实现梨树丰产优质,就必须满足梨树对水分的要求。

1.梨树的需水量

梨树每生产1克干物质,需消耗300~500克水。以亩产2000千克梨的梨园为例,梨果含水量为90%时,其果实干物质为200千克,枝、叶、根的干物质约为果实的3倍,其干物质应为600千克;那么该梨园的需水量为240~400吨/亩。

若按每亩400吨为生产用水的参数,则与年降600毫米的水量相当。在深耕、施有机肥、覆草、覆膜等改良土壤结构、增加腐殖质、地温相对稳定时降水量等于或大于600毫米可较大程度缓解梨树的需水问题,但这并不能说明年降水量等于600毫米的地区就不需要灌溉,因为天水市年降水量分布不均匀,呈现"春旱、夏燥、秋涝、冬干"的现象,7~9月份雨量过多,但地面蒸发、径流等水分损失严重,故仍需进行灌排调节。

2.灌水时期

根据梨树的需水规律,结合各物候期生长发育特点,以及气候条件,天水市梨树的主要灌水时期有:

(1)花前水。由于春季干旱多风,花前及时灌水。此次灌水时间在3月下旬左右。

(2)花后水。此期梨树的生理功能旺盛,新梢生长和幼果发育同时进行,对水分和养分的供求状况敏感。此次灌水时间应在4月下旬或5月上中旬。

(3)果实膨大水。6~7月份是果实迅速膨大时期,也是梨树需水量最大的时期。因此,要特别重视此期的灌水工作。

(4)采后补水。为了弥补由于大量结果对树体所造成的营养饥饿状态,急需补充足够的水分和养分,以促使叶片功能迅速恢复,增加营养积累。并结合秋施基肥,灌足水分,有利于肥料的转化和根系的吸收。此期灌水时间多在9月下旬或10月上旬,如果雨水充足则不灌水。

(5)越冬封冻水。冬季由于雨雪较少,不利于梨树越冬。灌越冬封冻水,不仅可以提高土壤的温湿度,增强树体的越冬能力,而且可促进来年梨树的生长发育。

3.灌水方法

目前,天水市多采用开沟引水行内通灌或树盘灌水的方式。在条件允许的地方,采用滴灌或微喷设备,既效果好,又节约用水和劳力。灌水方法根据当地条件确定。

(二)重视保水

天水市水资源十分贫乏,大部分梨园是在干旱和半干旱地区栽培,做好旱地梨园保水工作十分重要。具体措施如下:

（1）建贮水窖：在天水市，雨水大多集中在7~9月份，这时可将多余的水贮存起来。修筑蓄水窖时，应选在梨园附近，地势低易积水的地方，大小根据降水量和梨园面积而定，窖底和四壁要保持不渗水。干旱时可用窖水浇灌。

（2）改良土壤：深翻土壤，多施有机肥，可以改良土壤结构，提高土壤的贮水能力。

（3）合理耕作：清耕梨园，适时中耕松土，以减少土壤水分蒸发。

（4）覆盖保水：采用作物秸秆、地膜、园艺地布和绿肥等，进行地面覆盖，不仅可减少土壤水分蒸发，而且还有提高土壤肥力、降低地温变化幅度和减少杂草生长的作用。

（5）穴贮肥水：把玉米秆或麦秸用铡刀铡成长35厘米左右的段节，然后用草绳捆成直径30厘米的草把，将草把放在沼液或5%~10%的尿液或水中浸泡2小时；一般在早春结合追肥，在树冠投影边缘吸收根集中分布区挖直径和高度比草把稍大的圆柱形坑（穴）均匀分布4~5个，把处理好的草把立于坑（穴）中间，周围施入掺有复合肥的熟土，随填随踏实，草把顶部覆土1~2厘米，呈锅底状，覆盖地膜，地膜四边压实，中间开一小孔，可承接雨水。小孔平时要用瓦片盖严，下雨时揭开。

（6）施用保水剂：秋季雨水较多时直接施用，保水剂充分吸收多余的自然降水并贮存。如果春季施用，可将保水剂用水充分泡胀或干施后浇一次透水。一般大树株施200~250克，小树株施50~100克。施用方法采用放射状沟施、半环状或条状沟施入树冠投影边缘果树根系比较集中的区域，深度20~25厘米。

（三）及时排水

梨树虽耐涝，但长期淹水会造成土壤缺氧并产生有毒物质，容易发生烂根、早落叶，严重时枝条枯死。因此，梨园也应设置完善的排水系统，尤其在低洼处建的梨园。

排水系统要根据气候条件、梨园的立地条件等设置。对于降水量多、地下水位高的地区，梨园内设浅排水沟外，还应设深排水沟，排除地下水。低洼地应修筑台田，将种植带筑高。山地梨园应在园外高处挖拦洪沟，防止洪水进入梨园。

第五章　整形修剪

　　整形修剪是梨树生产管理中的重要技术措施。合理的树形和正确的修剪技术,可以培养牢固、合理的树体骨架,充分利用空间、土地和光能,利于通风透光、调节梨园温湿度,调节生长和结果的平衡,恶化病虫生长环境,可使树体具有较大的负载能力,实现早果、丰产、稳产、优质的栽培目的,最终实现梨园效益的最大化。

一、常用树形及整形技术

天水市梨树常用的树形有小冠疏层形、单层高位开心形和纺锤形。

(一)小冠疏层形

　　该树形是梨树生产中常用的树形之一,多用于中度密植园。一般株距3~3.5米,行距4~4.5米,每亩栽植56~42株。

1. 树体结构

　　树高3米左右,干高60厘米,冠幅为3.0~3.5米,树冠呈半圆形。第一层主枝3个,层内距30厘米。第二层主枝2个,层内距20厘米。第三层主枝一个。第一层与第二层主枝间距80厘米左右,第二层与第三层主枝间距60厘米左右。 主枝上不配备侧枝,直接着生大、中、小型结果枝组(图7-1)。

2. 整形技术

　　梨树定植后,在高度80~90厘米饱满芽处定干。定植后2年内,在基部三个方向选出三个主枝,主枝间水平夹角以120°为最佳。其后在中央干上距第三主枝80厘米左右处,选出方位适当的第四、第五主枝。距第五主枝60厘米处,选留第六主枝,其位置最好在北部,以免影响下部光照。主枝配齐后,要及时落头开心。定植后的前几年,根据树冠生长情况,对中央干和主枝延长枝进行短截或长放。各主枝要及时采用撑、拉等方法开张角度,基角为大于等于50°,腰角为70°左右。

　　小冠疏层形主枝上一般不配侧枝,直接着生各类结

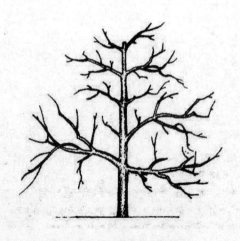

图7-1　小冠疏层形树体结构

果枝组,因此应特别注意对大型结果枝组的培养。在第一层主枝上距中央干50厘米处,选一背斜枝做大型枝组,距第一个大枝组50厘米的另一侧,选第二个大枝组。第二层主枝上可选一个大枝组,第三层无大枝组。大枝组多用连截法培养。主枝上其他枝培养成中小枝组。幼树期尽量不用背上直立枝培养枝组。

(二)单高位开心形

该树形适合乔砧密植梨园,具有成形快、结果早的特点。一般株距2~3米,行距4~5米,亩栽45~67株。

1.树体结构

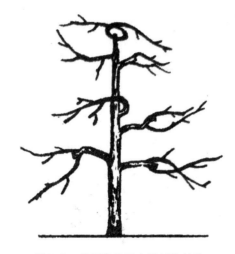

树高3米,干高70厘米,中心干高1.6~1.8米,树冠厚度3米左右。在中心干上均匀插空排布伸向四周的枝组基轴和长放枝组,枝组基轴长约30厘米,每个基轴上分生两个长放枝组,全树共着生10~12个长放枝组,最上部两个枝组反弓弯拉呈90°角,并垂直伸向行间。下部枝组及基轴与中心干夹角以70°为宜。全树枝组共一层,在距地面1.6~1.8米处高位开心,称单层高位开心形(图7-2)。

2.整形技术

图7-2　单层高位开心形树体结构

定干高度100厘米左右,剪口下第一芽方向全行要一致。萌芽后,抹除主干40厘米以下的萌芽。生长期对新梢开张角度,对于顶端的竞争枝进行反弓弯曲,或用竞争枝代替原头,将原头反弓拉倒,培养成长放枝组。第一年冬剪时,对中心干延长枝留40厘米、4~6个饱满芽短截;对于其余一年生枝条,选位置、长势较好的枝条,留30厘米长短截,剪口下留2个侧生饱满芽,对弯倒的枝条进行缓放。第二年,萌芽前对中心干剪口下第三、第四芽进行目伤;5月份,对弯倒枝的基部环割,促其尽早形成花芽;6月下旬进行开角,并疏除过密枝、无空间的竞争枝,对顶端的竞争枝仍用第一年的方法进行处理,冬剪时,仍对中心干延长枝留4~6个饱满芽短截,对中心干上长势较好的1年生枝条,留30厘米长短截,剪口下留两个侧生饱满芽,并对第一年选留枝组基轴所发出的枝条缓放不剪。第三年仍按第二年的方法继续培养,对顶端的两个枝条反弓平拉向行间;通过拉、缚、扭等方法调整全树的枝角,及时疏除内膛过密无用枝。

(三)纺锤形

该树形适于密植梨园。一般行距3.5~4米,株距2~2.5米,每亩栽植67~95株。

1.树体结构

树高不超过3米,干高60厘米左右。在中央干上着生10~15个小主枝,间隔20厘米左右,互相插空错落着生,从主干往上螺旋式排列,均匀伸向四周,同侧两个小主枝间距不小于50厘米。小

主枝与主干的夹角为70°~80°,在小枝组上直接着生小
结果枝组。小主枝的粗度小于着生部位主干的1/2,结
果枝组的粗度不超过小主枝粗度的1/2(图7-3)。

2.整形技术

定干高度80厘米左右,中心干直立生长。第一年,
在中心干60厘米以上选2~4个方位较好、长度在100厘
米左右的新梢,新梢停止生长时进行拉枝,一般拉成水
平状态,将其培养成小主枝。冬剪时,中心干延长枝剪
留50~60厘米。第二年以后仍然按第一年的方法继续
培养小主枝,将小主枝上离树干20厘米以内的直立枝
疏除。对其他的枝条,根据培养枝组的要求,通过扭梢

图7-3　纺锤形树体结构

等方法使其变向,无用枝疏除。冬剪时,中心干延长枝剪留长度要比第一年小,一般为40~50厘
米。经过4~5年,该树形基本成形,中心干的延长枝不再短截。当小主枝选够时,落头开心。为保
持2.5~3米的高度,每年可以用弱枝换头,维持良好的树势,并注意更新复壮。

二、修剪时期、方法和作用

梨树的修剪时期,分为休眠期修剪和生长期修剪。

(一)休眠期修剪的主要方法和运用

休眠期修剪,也叫冬季修剪,是指梨树落叶后到第二年春季萌芽前的修剪。主要用于树形培
养、扩大树冠、培养结果枝和辅养枝改造等。休眠期修剪方法主要有短截、回缩、疏剪和缓放等。

1.短截

也叫短剪,是将一年生枝剪去一部分、保留一部分的修剪方法。根据对枝条短截程度的不同,
可分为轻短截、中短截、重短截和极重短截,其作用各不相同。

(1)轻短截。剪去一年生枝全长的1/5~1/4,一般第二年即可形成花芽,第三年即可结果。

(2)中短截。剪去一年生枝全长的1/3~1/2,剪口芽一般为饱满芽,可提高萌芽率和成枝力,利
于幼树扩冠。中短截常用于骨干枝的延长头培养和大型枝组的培养。

(3)重短截。剪去一年生枝全长的2/3~3/4,可发1~2个旺枝和中短枝,能减弱树势。重截用于
培养结果枝组和缩短枝轴。

(4)极重短截。在一年生枝基部,留1~3个瘪芽短剪,因而也叫三芽剪。极重短截后发出新枝
较弱。极重截用于以大换小、以强换弱和培养紧凑小枝组。

短截剪口芽所留位置不同,发出新梢的方向也不同。剪口留外芽发出的新梢有利于开张该枝
的角度;剪口留背上芽发出的新梢可抬高角度,有利于恢复生长势,用于老树更新和衰弱枝组的复
壮;留侧芽则可以改变枝条的水平方向。

2.疏剪

把枝条从基部全部剪除的修剪方法,也称疏枝、疏间。疏剪的作用在于解决冠内枝条的密挤、重叠、交叉、并生等,同时对干枯枝、病虫枝、没有利用价值多余的主枝、背上直立枝、细弱枝、下垂枝、萌蘖枝、徒长枝、丛生枝、逆生枝和竞争枝等用疏剪方法疏除。疏剪可改善树冠内的通风透光条件,减少养分的消耗,恢复树势和保持良好的树形。疏剪对树体生长有减缓和削弱作用,剪口越大作用越明显。

3.回缩

对多年生枝短剪叫回缩,又叫缩剪。对结果枝组下垂过长、单轴枝组延长过长、结果枝组体积过大、开张骨干枝角度、并生密挤枝和交叉枝的调整等,都用回缩的方法解决。缩剪去掉枝量大,腾出空间多,能改善冠内光照,同时刺激较重,有恢复枝组生长势、更新复壮的作用。回缩主要用于控制树冠和辅养枝、骨干枝或老树更新复壮以及改善树体的通风透光等。

4.缓放

也叫长放、甩放,即对一年生枝不剪,任其自然延伸生长。缓放对枝条不进行刺激,减缓了枝条的顶端优势,从而可提高树体的萌芽率,增加中短枝数量,而且很容易形成短枝花芽。缓放在幼树和初结果树上应用较多。

(二)生长季修剪的方法和运用

生长季修剪,也叫夏季修剪。是指春季萌芽后到秋季落叶前这段时期所进行的修剪。生长季视枝、叶、果实的生长情况,及时调整和解决树体出现的各种矛盾,保证生长结果的正常进行。生长季修剪动用剪子较少,主要修剪措施为目伤、抹芽、摘心、拿枝、开角与环割等,各修剪方法的作用如下:

1.目伤

是指在芽、枝的上方或下方0.5厘米处,用刀横切皮层,切口深达木质部。目伤在萌芽前进行,对缺枝部位的芽上目伤,暂时阻止了水分和养分的运输,使之集中到伤口下的芽上,可促进该芽萌发新枝。相反,为了抑制某芽的生长可采用下目伤。

2.抹芽

春季萌芽时把剪锯口、弯枝弓背处,拉平枝背上不要枝处的萌芽,及早抹除。抹芽主要目的在于节约养分,改善光照,提高留用枝的质量。

3.摘心

生长期用手或剪刀将新梢最先端的幼嫩部分除去称为摘心。摘心可控制枝条生长势,促进新梢萌发二次枝,增加枝条密度,促进花芽形成。摘心的时间以新梢长达到25厘米时为宜。

(1)促进新梢侧芽的发育。新梢长至20~25厘米时,进行第一次摘心。摘心后发出副梢,当副梢长10厘米时,再进行第二次摘心。

(2)促进结果枝组的形成。一年生枝开春萌发多个新梢,往往上部形成强枝,下部形成弱枝。

当上部强枝长至20~25厘米时进行摘心,抑制强枝的生长,使下部弱枝得到充足的养分,有利于形成结果枝组,而且这些结果枝组靠近主枝。

(3)调节主枝的生长。幼树整形过程中,当强旺主枝到了一定长度后即进行摘心,能促进其他较弱主枝的生长,从而使各主枝间发育平衡。另外,对细长的主枝摘心后,可使其充实饱满。

(4)促进果实的膨大。新梢摘心后,使更多的养分集中在果实上,促进果实发育。

4.拿枝

又叫捋枝。6月下旬,新梢木质化时,用手握住枝条,从基部开始弯折,细听有细小断裂声而不折断,然后隔5厘米弯折一下,直到枝顶,枝条即可弯成水平状或下垂状。拿枝可以改变枝条的姿势,缓和枝梢的生长势,促进花芽的形成。

5.开角和变向

梨树枝条冬季较硬,不易开角和变向,生长季(天水市在6月下旬)枝条变软时,可通过拉枝、撑枝、坠枝和别枝等方法,使枝条改变方向和开张角度。

(1)拉枝。为了开张骨干枝角度,用绳的一端绑上20~30厘米长的木柱埋入地下(俗称埋地锚),将另一端拴在骨干枝的适当部位,可将骨干枝拉开一定的角度。

(2)撑枝。新栽幼树枝条极易直立并抱团生长,对需要开张基角的枝条长到30厘米以上时,可用牙签在枝条基部将其撑开。

(3)别枝。为了利用背上直立旺枝,可将枝条卡别在其他枝条上,使其改变方向。或用8号铅丝弯成"W"形,别在新梢基部。

(4)坠枝。用编织袋等装上适当重量的土,或利用砖块、石头等挂在一年生枝条上,将枝条拉平。

三、结果枝组的培养与配置

结果枝组又称枝组,是指着生在骨干枝上具有两个以上分枝的多年生枝,是树体结果的基本单位。结果枝组的培养、配置和维持是成龄树修剪的主要内容。

(一)结果枝组的培养

指将原来单一的叶芽枝条,经逐年培养,使其成为具有多个分枝的结果枝组。

(1)先放后缩法(放缩法):多用于中枝,少用于长枝。第一年先缓放不修剪,第二年根据长势回缩到有分枝处,或第三年结果后回缩到有分枝处。

(2)先放后截法(放截法):主要用于中枝。第一年先缓放不修剪,第二年对延长枝进行轻短截或中短截。

(3)先截后缩法(截缩法):用于长枝和中枝。第一年根据枝条生长势强弱和位置,进行不同程度的短截。第二年去强留弱,回缩到有分枝处。

(4)先截后放法(截放法):多用于中枝。第一年短截。如果生长反应不强,第二年缓放。

（5）连放法：第一年和第二年都不修剪，缓放，使其分生中短枝。多用于生长弱的中短枝。

（6）连截法：用于长枝或中枝培养大型结果枝组。第一年短截。第二年根据要求不同，选用不同强弱的枝作为延伸枝，并加以短截，连续延伸。

（7）夏季培养法：将梨树上不易成花，又有保留空间的直立枝、旺枝或方位不当的枝，通过夏季的拉、撑、别、坠等方法，改变方向，使其平生或斜生，1~2年后就可培养成不同类型的结果枝组。还可以通过一次或多次夏季摘心，培养中小型结果枝组。

（二）结果枝组的合理配置

结果枝组合理配置的原则为：多而不挤，疏密适度，上下左右，枝枝见光。

1.结果枝组的留量

因品种、株行距、树形、树势以及树龄的不同，结果枝组的留量存在较大的差异。通常在一个骨干枝上每米配有10个左右各类枝组。

2.结果枝组的分布

树冠下部多而大，上部少而小；树冠内部多，树冠外部少；主枝前部少而小，中后部多而大；背上多而小，背下少而大，两侧大而多。角度开张、层间大者可多而大；反之则少而小。

3.结果枝组的配置

分布在树体各部位的结果枝组，应是大、中、小枝组，直立、侧生、下垂枝组和长、短枝合理搭配。以中结果枝组为主，大结果枝组占空间，小结果枝组补空隙。呈现出枝多不乱、错落有致、枝枝见光。

四、不同树龄的修剪

（一）幼树及初结果期树的修剪

此期主要是根据树形要求，采取以整形为主，轻修剪、多留枝的修剪方法，使之快速生长，迅速扩冠，及早成形，提早结果。一般需要3~4年。因梨树生长受环境条件和其他因素影响，往往不能发出理想的枝条，所以此期切记"强做树形"。

修剪的重点是选好骨干枝、短截延长头、促发长势、增加全树枝叶量、开张骨干枝角度、控制中央领导干过强过快生长、培养树形和稳定的结果枝组、通过轻剪长放或拉枝等方法，促进早成花结果。

（二）盛果期的修剪

梨树进入盛果期，树形、结果枝组基本培养完成，此期的修剪重点主要是调节营养生长和结果之间争夺养分、水分、光照的矛盾。对强旺树采用主干、强枝环割或下目伤、只疏不截多缓放和多留果等方法，对于弱树采用多截少缓放、抬高枝梢角度、回缩弱枝、疏花疏果和少留果等方法维持健壮的树势；通过上摘帽子、侧面开窗、清理层间等，引入上光、侧光与反射光，改善树体内的光照条件；通过留优去劣、去弱留壮、伸伸缩缩、3年更新、5年归位的修剪管理，协调树体生长与结果之间的关系，保持结果枝组年轻化，达到优质、丰产、稳产和延长盛果期年限的目的。

(三)衰老期的修剪

梨树结果50~60年后,就会出现树老势衰,内膛枝组枯死,结果部位外移,产量和品质明显下降,这时,应及时更新复壮。在更新复壮前,必须加强肥水管理,适当控制挂果,留较多的枝叶,增加树体营养积累。复壮后的新发枝,很快就能形成花芽、结果,但应适当控制其结果量,以免影响树势复壮,待复壮较好后,再使之正常挂果。

衰老期梨树更新前,应停止2~3年刮树皮,以免刮掉潜伏芽,影响发新枝。更新时,有可利用的背上直立枝,应尽可能加以利用。对一定数量的下垂多年生枝进行重回缩,回缩到有良好分枝的部位。

五、放任树的修剪

放任梨树是多年未整形修剪,存在着大枝多、密、乱、直立、树高、结果少等问题。对放任树的改造修剪要求"因树修剪、随枝做形",而不强求树形。修剪改造前首先要对全树通盘考虑,选取位置好,枝组多的大枝4~5个作为骨干枝,分做两层或三层,多余的锯除。其次,要开张角度。可采用回缩到背后斜生枝换头、夏剪拉枝、压倒开角的方法;对较粗大的枝,可用枝背"连三锯"强制拉枝开角。第三,是疏枝、回缩。大枝角度拉开后,对有空间的长枝组,适度回缩,无空间者疏除;对徒长枝所形成的"树上树",可环割减弱生长势,再回缩到弱分枝处;超高树要开心落头。第四,培养结果枝组。夏剪利用多种剪法缩放结合、拉枝、环割等,缓和树势和枝势,促花结果。经过2~3年的修剪改造后,放任树达到有合理骨架、枝量适宜、分布均匀且互不影响、树冠大小合适、通风透光良好、结果枝组摆布合理、结果正常且有利于提高果实品质的改造目的。

第六章　花果管理

梨园通过科学的土肥水管理、合理的整形修剪、有效的病虫控制,解决了长树、结果、花芽形成三者之间对营养元素竞争的矛盾,有利于花芽的生理分化、形态分化和性细胞形成的顺利进行,促进了梨树的花芽形成。但是开花不一定结果,结果不一定都是商品果,梨树的大小年、"满树花半树果"、"满树果无好果"等现象,多是与花果管理不当有关。花果管理包括辅助授粉、花期防霜冻、疏花疏果和果实套袋等技术措施。

一、辅助授粉

梨树的绝大多数品种自花不实,有些品种没有花粉,如黄金梨等。如果授粉树配置不当,或花期遭遇低温、霜冻、阴雨、大风等,传粉昆虫活动少,均会导致授粉不良,坐果率低,从而造成大幅度减产。通过人工辅助授粉,不仅可以有效地提高坐果率,达到丰产稳产,而且能使幼果生长快,果个大而整齐,果形端正。辅助授粉包括人工授粉和花期放蜂两种方法。

(一)人工授粉

1.花粉采集

选择适宜的授粉品种,也可应用多个品种的混合花粉。开花前1~2天至初花期,从健壮树上分次将已经充分膨大至气球期的花蕾和初开的花朵摘下后带回室内,摘去花瓣,拔下花药,筛去花丝或者两手各持一花,将两花互相摩擦,使花药脱落于纸上。注意不要将花药碰破,否则花药不能散粉。把花药摊放在纸上,越薄越好,放在20℃~25℃、空气相对湿度为50%~70%且通风的室内阴干散粉,或送到干燥室进行干燥散粉。花粉干燥后,装入广口瓶内,放在低温、干燥和黑暗的地方暂时存放,温度控制在2℃~8℃。

为了节省花粉,在花粉内可加入1~4倍,除去杂质的滑石粉过3~4次细筛或淀粉作填充剂,使其充分混合。

2.授粉时期

在梨初花期和盛花期初期(开花25%),选晴天进行,效果以开花当天或次日最好。面积大时争取在3~4天内完成授粉工作。花期如遇连续阴雨,应在雨停数小时的间歇点授,且增加花朵授粉数量。

3.人工点授

可选用毛笔、鸡毛和纸棒等工具,其中纸棒最为经济和简便。纸棒的制作:先将报纸裁成15~20厘米宽的纸条,再将纸条卷成铅笔粗细,越紧越好,然后,将其一端削尖,并磨出细毛即可。点授时用纸棒的尖端蘸取少量花粉,在花的柱头上轻轻一点即可,每一次蘸取的花粉可点授花朵5~7个。

花多的树隔15~20厘米点授一个花序,每花序点授1~2朵边花即可;花量少的树,每个花序可点授2~3朵边花;树冠内膛的花多授。

4.机械喷粉

为了提高授粉效率,可采用机械喷粉。其方法是:在花粉中加入50倍的填充剂(滑石粉等),在盛花期,利用喷粉机进行喷授,要求快速均匀,最好在4小时内喷完。也可将花粉配置成花粉液,用超低容量喷雾器喷洒花朵,最好在2小时内喷完。粉液的配置方法为:10千克水,500克白糖,30克尿素,10克硼砂,20克花粉和10毫升展着剂。先把糖溶解在水中,搅拌均匀,同时加尿素,配成糖尿液,然后加入干花粉调匀。喷前加入硼砂和展着剂,使花粉在溶液中分布均匀,迅速搅拌后立即喷洒。一般每株盛花期的梨树用花粉液0.2~0.4千克。

(二)花期放蜂

授粉树配置比较合理且传粉昆虫少的梨园或设施栽培的梨园,花期释放壁蜂或蜜蜂,可显著提高坐果率。其方法是:在梨树开花前2~3天,将蜜蜂引入梨园内,让蜜蜂熟悉梨园,待梨花开放时,蜜蜂通过采蜜便完成了传粉。利用蜜蜂传粉时,按照每亩200~260头蜜蜂放蜂箱。应注意蜜蜂活动的范围为40~80米,可依据此设置投放蜂箱点。

也可以使用野生蜂(凹唇壁蜂、紫壁蜂)和引进的角额壁蜂授粉,效果比蜜蜂还好。凹唇壁蜂和角额壁蜂需要用泥筑巢,所以梨园附近要有水,或人为在距巢箱约1米远处挖一深宽40厘米的坑,底上铺塑料膜,在坑一边放上黏土,3~4天加水一次。紫壁蜂适于干旱山区。利用上述三种壁蜂授粉,均需要在田间人工设巢。一般每亩梨园放一个巢箱(箱内有长16~18毫米巢管300管,投放成蜂70~100头),箱底距地面40~50厘米。巢箱宜放在行间,巢前开阔,箱口应朝东南。箱下的支棍,应涂上废机油,以防止蚂蚁、蜘蛛等入巢侵害。

二、花期防霜冻

梨树开花早,花期霜冻造成损失很大,甚至绝收,所以根据天气预报,做好霜冻预防工作。可采用以下措施:

1.开花前灌水

能降低地温,推迟花期,减轻或避免霜冻为害。

2.树干涂白

开花前将树干涂白,可使树体温度上升缓慢,延迟开花期2~3天,避免或减轻霜冻为害。

3.熏烟防霜冻

熏烟能减少土壤热量的辐射蒸发,同时烟粒可吸附潮气,使水气凝成液体而放出热量,提高气温(防霜烟雾剂常用配方:硝酸铵20%~30%、锯末50%~60%、废柴油10%、细煤粉10%,均越细越好,装入铁筒内,用时点燃,2~2.5千克/亩,放在风头)。

4.生火加温、熏烟配合防霜机防霜

三、疏花疏果

疏花疏果是在花芽修剪的基础上,对花量多的树人为地去掉过多的花或果实,使树体保持合理负载量、降低果与花芽分化、果与树体生长以及果与果之间养分竞争矛盾的一种栽培技术。

(一)合理负载量的确定

合理负载量的确定,通常有叶果比、枝果比、干截面积以及间距法等,生产上广泛采用间距法。间距法就是根据果型的大小使果实之间间隔一定的距离的方法。该法简单易行,容易掌握,效果明显。一般大果型品种的果间距为25~30厘米,中果型品种的果间距为20~25厘米,小果型品种的果间距为15~20厘米。每个花序仅留单果,疏除多余的花序和花、果。

(二)疏花

花期常有晚霜、阴雨、低温和大风的地区,易造成授粉不良,不宜使用疏花技术。

(1)疏花时期:在花前复剪的基础上,在花蕾分离期至落花前进行人工疏花,越早越好。

(2)疏花方法:当花蕾分离时,按留果标准,间隔一定距离留一个花序,每花序留发育良好的边花两朵,将其余过密的花序疏除,保留果台。疏花时,用手轻轻掰掉花蕾,不要将果台芽一同掰掉。疏花顺序应先上后下、先内后外,先疏去衰弱、病虫危害以及坐果部位不合理的花序。本着弱枝少留、壮枝多留的原则,使花序均匀分布于全树。

(三)疏果

(1)疏果时期:当幼果能够分出大小、歪正与优劣时,即可进行疏果。疏果越早,效果越好。

(2)疏果方法:根据留果量的多少,将病虫果、畸形果、小果和圆形果疏除,每果台留一果,将大果、长形果和端正果留下。疏果时,用疏果剪或剪刀在果柄处将果实剪掉,勿碰预留果。

在保证合理负载量的基础上,应遵循壮枝多留,弱枝少留;临时枝多留,永久枝少留;直立枝多留,下垂枝少留的原则。

四、果实套袋

梨果实套袋,可有效改善果实外观品质和果肉质地,减少了果实的病虫危害,降低了果实中农药的残留,延长了果实的贮藏期,提高了果实的商品性,从而增加了梨园的经济效益。

(一)果袋的选择

一般情况下,褐皮品种(如圆黄梨等)宜选用内黑外灰黄的果袋;绿皮品种(如中梨1号、西子绿等),选用内黑外灰黄的果袋;生产绿色或淡绿色的产品,宜选用内外浅黄色或外黄内白的专用果袋。

(二)套袋时期

套袋一般在疏果后半个月内完成,越早越好。对易发生果锈的品种,在落花后半月内及时完成套袋。套袋时间以上午8~12时,下午3~5时为宜。在晨露未干、傍晚返潮和中午高温、阳光最强及雨雾天不宜套袋。

(三)套袋前的管理

套袋前,应仔细喷一次低毒、低残留、效果好的杀虫剂和杀菌剂,重点喷果面,药干后即行套袋。如果喷药10天内,套袋工作仍未完成,就要对未套袋的树再补喷一次农药。

(四)套袋方法

套袋顺序应按照树上、内膛、树下与树冠外的顺序进行套袋。每果台留一果,每果套一个袋。套袋前3~5天,为了使纸袋柔韧便于使用,将整捆果袋用单层报纸包住,放于潮湿处,或于袋口喷水少许,使之返潮。套袋时,用手撑开袋子,使之膨胀,托起袋底,使两底角的通气和放水口张开。手握袋口下2~3厘米处,套上果实后,从中间向两侧依次折叠袋口,然后将捆扎丝反转90°,沿袋口旋转1周(成V形),扎紧袋口(以虫、水进不了袋为宜,不宜太紧),使袋口缠绕在果柄中间。

套袋后捆扎位置宜在袋口下方2.5厘米处,果实在袋内悬空。套袋时切忌将叶片等杂物套入袋内。

(五)套袋的配套技术

(1)注意控制树冠,减少枝叶量,以改善树冠内的光照和通风透光条件。

(2)果实套袋后提高了优质果比例,所以适当减少留果数量,以减少果实袋的遮阴。

(3)套袋梨果的含糖量一般会略有降低,为了提高果实品质,在果实膨大期,增施磷、钾肥,叶面喷施磷酸二氢钾,能有效地提高果实含糖量,充实新梢,利于花芽形成。

(4)套袋后,应以防治危害叶片和枝干的病虫为主。在果实生长后期(果实将贴近纸袋时),应注意防治茶翅蝽。喷药时,应控制药量,防止药液沿果柄流入袋内,产生果实药害。

(六)适时除袋

着色品种于采前30天左右除袋,以保证果实着色。其余品种可在采前15~20天除袋;也可不除袋,套袋比同品种不套袋果推迟约一周采收。

第七章　病虫害防治

贯彻"预防为主,综合防治"的植保方针,根据病虫害发生规律和经济阈值,合理运用农业防治、生物防治、物理机械防治和化学防治措施,达到安全、经济、有效的防治目的。化学防治中推荐使用的药剂严格按照说明使用(表7-2)。

一、主要病害及防治措施

(一)梨黑星病

梨黑星病又称疮痂病、雾病。为害梨树芽、叶片、叶柄、新梢、花序、果实、果柄等部位。

1.症状

叶片发病初期,在叶背主脉两侧和支脉之间产生圆形、椭圆形或不规则形状淡黄色小斑点,界限不明显,逐渐扩大后在病斑叶背面生出黑色霉状物,严重时许多病斑融合,使叶背布满黑色霉层,造成落叶。叶柄受害时,叶柄上出现黑色、椭圆形凹陷病斑并产生霉层,易造成早期落叶。梨芽被害,鳞片茸毛较多,鳞片松散,翌年春季病芽长出的新梢,基部出现淡黄色不规则形病斑,不久表面布满黑色霉层,称之为雾梢或雾芽梢。生长期新梢受害,多在徒长枝或秋梢幼嫩组织上形成病斑,病斑椭圆形或近圆形,淡黄色,微隆起,表面有黑色霉层,以后病部凹陷、龟裂,成疮痂状。果实受害处出现淡黄色圆形小病斑,逐渐扩大到5~10毫米,表面密生黑色霉层。随着果实长大,病斑逐渐凹陷、木栓化、龟裂。

2.防治措施

(1)果实采收后清扫落叶,结合冬季修剪,剪除病梢,集中烧毁或深埋,减少病菌越冬基数。

(2)病芽梢初现期,及时、彻底剪除病芽梢,可有效控制病菌扩大蔓延,减少再侵染。

(3)生长季喷药防治,选用的药剂有多抗霉素、中生菌素、戊唑醇、氟硅唑、苯醚甲环唑、腈菌唑等。

(二)梨轮纹病

梨轮纹病又名粗皮病、瘤皮病。主要为害枝干树皮和果实,叶片很少受害。

1.症状

枝干树皮发病多以皮孔为中心,产生褐色病斑,略凸起,逐渐扩大为暗褐色,病斑近圆形至长椭圆形,直径3~30毫米,后期病斑周缘开裂。第二年病瘤周围一圈树皮变为暗褐色,浅层坏死,并逐渐下陷,常2~3个病斑连成一片,成不规则形病斑,病斑上产生黑色小凸起(病菌的分生孢子器)。病斑周围健树皮形成愈伤周皮,病健交界处隆起,出现裂缝,有些病斑被翘起、剥离。果实多在近成熟期发病,染病后以皮孔为中心,初期发生水浸状褐色近圆形斑点,逐渐扩大并有同心轮纹,病斑不凹陷,呈软腐状。后期病部产生小黑点(病菌的分生孢子器)。病果很快腐烂,流出茶色汁液,发出酸臭气味,但仍保持果形不变,失水干缩后变成僵果。

2.防治措施

(1)刮病皮消除菌源。春季芽萌发前刮除病皮,而后涂抹5波美度石硫合剂等。

(2)合理施肥,增施磷、钾肥,增强树势,提高树体抗病力。

(3)喷药保护果实。5~8月,隔10~15天喷药一次。药剂有:中生菌素、多菌灵、氟硅唑、甲基硫菌灵、喹林铜、1:2:240倍波尔多液等。

(三)梨腐烂病

梨树腐烂病又名臭皮病。为害主干、主枝和侧枝的树皮,部分品种的结果枝组发病也较重。

1.症状

症状有溃疡型和枝枯型两种。

溃疡型:发病初期,病部树皮呈红褐色,水渍状,稍隆起,多成椭圆形或不规整形,用力按压有松软感,稍下陷,并有褐色汁液流出,有酒糟气味。用刀削掉病皮表层,可见病皮组织呈黄褐色至红褐色,湿润,松软,糟烂。发病1个月左右,病部表面开始密生颗粒状小黑点(分生孢子器),较小、较稀疏。雨后或空气潮湿时,从中涌出淡黄色孢子角。生长季节病部扩展一些时间后,周围逐渐长出愈伤组织,病皮失水,干缩下陷,色泽变暗,成黑褐色,病健交界处产生裂缝。

枝枯型:衰弱树或小枝上发病,无明显水渍状,病部边缘不明显,迅速蔓延,很快将枝条树皮烂一圈,造成上部枝条死亡。病皮表面密生黑色小点,天气潮湿时,从中涌出淡黄色分生孢子角。

2.防治措施

(1)加强栽培管理,科学施肥,增施有机肥,合理灌溉,合理修剪,适量留果,增强树势,提高树体抗病能力。

(2)树干涂白防止日烧或冻伤,减少该病发生。

(3)剪除病枯枝,集中烧毁。

(4)及时刮除病疤,经常检查,发现病疤及时刮除,刮后涂药保护。所用药剂有喹啉铜、辛菌胺、噻霉酮、丙环唑、氟硅唑、戊唑醇等。涂刷浓度以叶面喷施药液10倍的浓度为宜。

(5)春季发芽前全树喷布菌毒清水剂100倍液或农抗120水剂100倍液。

(四)梨黑斑病

主要为害果实、叶片和新梢。

1.症状

幼嫩的叶片最早发病,开始发病时为针头大、黑色斑点,后扩大为圆形或不规则形,中心灰白色,边缘黑褐色,有时微现轮纹;叶片上病斑多时,往往相互融合成不规则形的大病斑,叶片畸形,引起早期落叶。潮湿时病斑遍生黑霉(即病菌的分生孢子梗及分生孢子)。果实受害初期产生黑色小斑点,后扩大成近圆形或椭圆形,病斑略凹陷,表面遍生黑霉,果实长大后,果面发生龟裂,裂隙可达果心,在裂缝内也会产生很多黑霉,病果往往早落。新梢病斑早期黑色、椭圆形,稍凹陷,后扩大为长椭圆形,凹陷更明显,淡褐色。

2.防治措施

(1)秋冬季清园工作,清除落叶、落果,剪除带病枝梢,集中烧毁,减少菌源。

(2)加强栽培管理。增施有机肥,磷、钾肥,增强树势,提高抗病力。合理整枝,使树冠通风透光,减少病害发生。

(3)梨树发芽前喷一次5波美度石硫合剂,压低越冬菌源。生长季在花前、花后各喷一次杀菌剂,以后隔15天施一次药,连续喷5~6次。选用药剂有:多抗霉素、异菌脲、代森锰锌、1:2:240倍波尔多液等。

(五)梨褐斑病

又称斑枯病、白星病。仅为害叶片。

1.症状

发病初期叶面产生圆形或近圆形褐色病斑,边缘清晰,后期斑点中部呈灰白色,病斑上密生黑色小点,凸起,周缘褐色,造成大量落叶。

2.防治措施

(1)秋后清除落叶,集中烧毁或深埋,减少越冬菌源。

(2)加强栽培管理,增施有机肥,磷、钾肥,增强树势,提高抗病力。合理整形修剪,使树冠通风透光,减少发病。

(3)雨后注意排水,降低果园湿度。雨季到来前喷井冈霉素、甲基硫菌灵、多菌灵或波尔多液1:2:200倍液等。

(六)梨锈病

梨锈病又称赤星病,土名"红隆""羊胡子"等。为害叶片、幼果和新梢。梨锈病除危害梨树外,还能危害木瓜、榅桲、山楂、棠梨和贴梗海棠等,但不侵害苹果,苹果锈病由另一种锈菌引起。这两种锈病除不能交互侵染外,病害症状、侵染循环和防治方法基本相同。其转主寄主为桧柏,在桧柏上长冬孢子角,干缩时呈褐色舌状,吸水膨大时为半透明的胶质物。

此病春季多雨、温暖易流行,春季干旱则发病轻。

1.症状

受害初期叶正面发生数目不等、橙黄色有光泽的小斑点,后逐渐扩大为4~10毫米以上近圆形病斑,边缘淡黄色,中心橙黄色,最外层有一圈黄绿色的晕,叶正面病斑凹陷,病部增厚,背面稍鼓起,后期病斑正面密生黄色颗粒状小点(即病菌的性孢子器),溢出淡黄色黏液,由大量性孢子组成,最后变成黑色。病斑背面隆起,其上长出黄褐色似毛的管状物(病菌的锈孢子器),成熟后释放出大量锈孢子。叶片上病斑较多时,往往叶片早期脱落。

幼果受害,初期病斑与叶片上的相似。病部稍凹陷,病斑上密生橙黄色后变黑色的小粒点。后期病斑表面产生灰黄色毛状的锈孢子器,病果生长停滞,常畸形早落。

新梢、果梗与叶柄被害时,症状与果实上的大体相同。叶柄、果梗受害引起落叶、落果。新梢被害后病部以上常枯死,并易在刮风时折断。

2.防治措施

(1)清除转主寄主。彻底清除距梨园5000米以内的桧柏树。

(2)梨园附近不能刨除桧柏时应剪除桧柏上的病瘿。早春喷2~3波美度石硫合剂或波尔多液160倍液,也可喷五氯酚钠350倍液。

(3)在发病严重的梨区,花前、花后各喷一次药以进行预防保护,可喷腈菌唑、三唑酮、戊唑醇、氟硅唑、苯醚甲环唑等。

二、主要虫害及防治措施

(一)中国梨木虱

梨木虱的成虫、若虫均可为害,以若虫为害为主。

1.发生与为害

春季成、幼虫多集中于新梢、叶柄为害,夏秋季则多在叶面吸食为害。受害叶片叶脉扭曲,叶面皱缩,产生枯斑,并逐渐变黑,提早脱落。若虫多在隐蔽处,可分泌大量黏液,虫体可浸泡在其分泌的黏液内为害,常使叶片粘在一起或粘在果实上,诱发煤污病,污染叶和果面,受污染的叶面和果面呈黑色,果实发育不良,被害枝条生长停顿、不充实,易受冻害。成虫越冬型为深褐色,夏型为绿色至黄绿色,初孵若虫有两个红色眼点,体扁椭圆形,淡黄色。3龄以后体扁圆形,绿褐色,翅芽长圆形。

2.防治措施

(1)早春刮树皮,清扫园内残枝、落叶和杂草,消灭越冬成虫。

(2)保护和利用天敌。在天敌发生盛期尽量避免使用广谱性杀虫剂,使寄生蜂、瓢虫、草蛉及捕食螨等发挥最大的控制作用。

(3)在越冬成虫出蛰盛期至产卵前喷甲氨基阿维菌素苯甲酸盐、高效氯氰菊酯等,可大量杀死出蛰成虫。

(4)在落花后第一代幼虫集中期喷除虫菊素、印楝素、高效氯氰菊酯或甲氨基阿维菌素苯甲酸盐。

(二)梨小食心虫

又名梨小果蛀蛾,简称梨小,是梨树的主要害虫,为害梨、苹果、桃、杏等多种果树。

1.发生与为害

梨小为害嫩梢及果台,被害梢萎蔫、枯死并折断,外留有虫粪。被害梨果的梗洼、萼洼,果与果、果与叶相贴处有小蛀入孔,微凹陷。幼虫在果内蛀食,多有虫粪自虫孔排出,常使周围腐烂变褐,呈黑膏药状。果内虫道直向果心,果肉、种子被害处留有虫粪。幼虫老熟后由果肉脱出,留一较大脱果孔。

梨小幼虫和桃小幼虫区别明显:桃小幼虫为红色或有红色斑,似在表层,而梨小幼虫为粉红色,呈幼虫体透视色。

2.防治措施

(1)建园时,应避免梨、苹果与桃混栽,或近距离种植,减少梨小转移为害。

(2)结合清园刮除树上粗裂翘皮,消灭越冬幼虫。

(3)前期剪除梨小为害的桃、李梢。

(4)用糖醋液(糖5份,醋20份,酒5份,水50份)诱杀成虫。

(5)成虫发生期用梨小性诱剂诱杀成虫,50株树挂一诱捕器,7月份以前将其挂在桃园,后期挂在梨园。

(6)保护利用天敌,在田间梨小卵发生期,释放松毛虫赤眼蜂,放蜂量为500头/株,隔4~5天放一次,连续放3~4次。

(7)在二、三代成虫羽化盛期和产卵盛期喷药防治,药剂有:印楝素、甲氨基阿维菌素苯甲酸盐、高效氯氰菊酯乳油、灭幼脲等。

(三)梨大食心虫

梨大食心虫又名梨斑冥,俗称"吊死鬼",简称"梨大",为害梨果实、芽和花序。

1.发生与为害

越冬幼虫蛀入芽(主要是花芽)内做茧越冬,蛀入孔在芽基部,虫孔外堆有虫粪,芽干瘪。在春季,越冬幼虫由芽内爬出,再转害附近的花芽,蛀入芽内直达髓部,芽鳞片不脱落,虫孔外有虫粪,被害芽变黑枯死。随后,幼虫蛀害花丛、叶丛,致使花丛、叶丛凋萎干枯。幼果期蛀果为害,蛀入孔较大,蛀孔外堆虫粪,果渐变黑色、干缩,果梗基部由虫丝缀连而不易脱落,故称"吊死鬼"。

2.防治措施

(1)结合梨树修剪,剪除虫芽,或早春摘除被害芽,花期摘除被蛀害花序,5~7月,摘除树上虫果,集中销毁。

(2)越冬幼虫出蛰害芽期、幼虫转芽期、成虫发生期喷药防治。可喷杀虫剂:印楝素、甲氨基阿维菌素苯甲酸盐、甲氰菊酯、高效氯氰菊酯等。

(3)转果期及第一代幼虫为害期采摘虫果,老熟幼虫化蛹期摘虫果集中烧毁或深埋。

(4)保护利用天敌,将虫果集中到养虫的纱笼内,待寄生蜂、寄生蝇等天敌出现放回梨园后,再把虫果销毁。

(四)梨二叉蚜

梨二叉蚜也称梨卷叶蚜、梨芽,主要为害梨树,夏季以狗尾草和茅草等做第二寄主。

1.发生与为害

在中国梨产区发生普遍,以成虫、幼虫群居于梨芽、叶、嫩梢及茎上吸食汁液,受害叶片向正面纵向卷曲呈筒状,出现枯斑,渐皱缩变脆、干枯脱落。梨二叉蚜为害的叶片,蚜虫分泌物布满叶面,粘手并有泌露反光。虫体为绿色,前翅中脉分二叉,故叫二叉蚜。

2.防治措施

(1)早期发生量不大时,人工摘除被害卷叶。

(2)开花前,越冬卵大部分孵化而又未造成卷叶时喷药防治,可选药剂有:吡虫啉、抗蚜威、螺虫乙酯、啶虫脒等。在卷叶前防治,全年用药一次即可控制为害。

(3)卷叶发生初期,及时摘除卷叶集中销毁。同时清除梨园和周围的狗尾草。

(4)保护利用天敌。蚜虫天敌种类很多,主要有瓢虫、食蚜蝇、蚜茧蜂、草蛉等,当虫口密度很低时,不需要喷药,应注意天敌的保护利用。

(五)梨黄粉蚜

梨黄粉蚜又名黄粉虫,专门为害梨属植物。

1.发生与为害

主要为害梨果实、枝干和果台枝等,叶很少受害。成虫、若虫多群集在梨果实的萼洼、梗洼等处刺吸果汁液,并大量繁殖逐渐蔓延至整个果面。成虫、卵常堆集一处,似黄色粉末,故而叫"黄粉虫"。梨果受害处产生黄斑并稍下陷,黄斑周缘产生褐色晕圈,最后变为黑褐色,严重时病斑龟裂;潮湿时虫果易腐烂。

2.防治措施

(1)冬、春季刮粗翘皮消灭越冬卵,也可于梨树萌动前,喷机油乳剂杀灭越冬卵。

(2)转果为害期喷药防治,药剂有:除虫菊素、印楝素、甲氨基阿维菌素苯甲酸盐、吡虫啉、啶虫脒、抗蚜威、螺虫乙酯等。

(3)套袋栽培要使用防虫药袋,并于套袋前喷一次杀蚜剂。

(六)梨圆蚧

梨圆蚧又叫梨枝圆盾蚧,寄主多达150种以上,可为害果树的任何部位,以枝干受害最重。

1.发生与为害

枝干被害后,引起皮层木栓化和输导组织死亡,皮层爆裂,抑制生长,严重时造成落叶、枝梢干枯甚至整株死亡。果实上多集中寄生于萼洼和梗洼处,受害部围绕介壳形成紫红色圆圈,品质变劣,果小,严重时果实青硬、干缩、龟裂。

2.防治措施

(1)梨花芽萌动期喷5波美度石硫合剂,或99%机油乳剂100倍液等杀死越冬若虫。

(2)在越冬代、第一代雌成虫产仔期及1龄若虫扩散期喷药防治,可喷螺虫乙酯、吡虫啉、啶虫脒、噻嗪酮等。

(七)金缘吉丁虫

又名金绿吉丁、褐绿吉丁、梨吉丁虫等,在北方产区均有发生,在某些果区为害较重。

1.发生与为害

以幼虫在枝干皮层纵横串食,破坏输导组织,被害组织颜色变深,被害处外观变黑。剥开树皮可见皮层和木质间蛀成扁圆形虫道,蛀食的隧道内充满褐色虫粪和木屑,破坏输导组织,造成树势衰弱,后期常成纵裂伤痕,严重时出现死枝或死树。成虫羽化时树干或大枝上出现扁圆形羽化孔。

2.防治措施

(1)及时清除死枝、死树,消灭虫源。冬季刮除树皮,消灭越冬幼虫。

(2)成虫发生期,利用其假死性,敲树振落,捕捉杀死成虫。

(3)成虫羽化出洞前用药剂封闭树干,用"透翠"套装喷洒主干和树皮。成虫发生期喷甲氨基阿维菌素苯甲酸盐、高效氯氰菊酯等药防治。

(八)梨星毛虫

又称梨叶斑蛾,俗名裹叶虫、饺子虫等,为害梨、苹果、桃等多种果树,各梨产区均有分布。

1.发生与为害

越冬幼虫蛀食花芽、花蕾和嫩叶。花芽被蛀食,被蛀的花芽表面溢出黄白色黏液,渐渐芽变黑枯死。花序伸出时,幼虫又转害花蕾,在花蕾内蛀食,使花蕾枯死。展叶期幼虫吐丝将叶片纵卷成饺子状,幼虫居内为害,啃食叶肉,残留叶脉呈网状。

2.防治措施

(1)刮树皮消灭越冬幼虫,发生轻的可摘除虫叶。

(2)花芽膨大期越冬幼虫大量出蛰时,是树上防治的最佳时期。可选用药剂:苦参碱、藜芦碱、甲氨基阿维菌素苯甲酸盐、高效氯氰菊酯等。开花前连喷两次,一般可控制为害。

(九)山楂叶螨

又叫山楂红蜘蛛,在中国各梨产区均有发生,主要寄主有苹果、梨、桃、李、杏、山楂等多种果树。

1.发生与为害

常群集叶背拉丝结网,于网下取食叶片汁液,叶片受害后叶面出现许多细小失绿斑点,严重时叶片变红褐色,叶片变硬变脆,引起早期落叶。

2.防治措施

(1)刮除粗裂翘皮、树皮,消灭越冬成螨。

(2)保护利用天敌。天敌对害螨的控制作用非常明显,在药剂防治时,要尽量选择对天敌无杀伤作用或杀伤力较小的选择性杀螨剂,以发挥天敌的自然控制作用。

(3)抓越冬成螨出蛰盛期和第一代卵孵化盛期喷药防治,7月份以前防治指标掌握在叶均3~4头,7月份以后叶均5~6头,可选用药剂有:苦参碱、藜芦碱、四螨嗪、螺螨酯、虫螨腈、唑螨酯、噻螨酮等。

(十)茶翅蝽

茶翅蝽又名椿象,俗称"臭板虫",中国主要梨区均有发生,近年为害日趋严重。

1.发生与为害

以成虫、若虫为害叶片、嫩梢和果实。叶和梢被害后表现不突出,果实被害后果肉木栓化、石细胞增多、变硬变苦,造成果面凸凹不平,严重时变成疙瘩梨和畸形果。

2.防治措施

(1)人工捕杀越冬场所成虫,剪除田间卵块和幼龄若虫。

(2)实行套袋栽培,自幼果期即开始套袋,防止椿象等为害。

(3)若虫发生期喷药防治,药剂有高效氯氰菊酯、螺虫乙酯、甲氨基阿维菌素苯甲酸盐。

(十一)梨茎蜂

梨茎蜂俗称折梢虫、切芽虫,是为害梨新梢的重要害虫。

1.发生与为害

在新梢长6~7厘米时,成虫产卵时用锯状产卵器将嫩梢从4~5片叶处锯伤,并将伤口下3~4片叶切去(仅留叶柄),被害新梢萎蔫下垂,不久干枯脱落。幼虫即在断梢上从上向下蛀食为害。

2.防治措施

(1)冬剪时剪除被害枝集中销毁。生长季及时剪除被害枯萎嫩梢。

(2)成虫发生期喷药防治,药剂有高效氯氰菊酯、甲氰菊酯。

(十二)梨实蜂

梨实蜂又称梨实叶蜂、梨食锯蜂,俗称"白钻虫""花钻子",是梨树的重要害虫之一。

1.发生与为害

以幼虫为害梨果。成虫产卵于花萼组织内,被害花萼上稍鼓起一小黑点,似苍蝇粪便。卵孵化后幼虫在原处为害,出现较大的近圆形斑。以后幼虫蛀入果心为害,虫果上有一大虫孔,被害幼果干枯、变黑脱落。脱落之前幼虫又转害其他幼果。

2.防治措施

(1)成虫发生期利用其假死性,早晚振落成虫,集中捕杀。成虫产卵期和幼虫为害初期及时摘除虫花虫果,消灭其中虫卵和幼虫。

(2)虫口密度较大的梨园,成虫出土前实施地面药剂防治,杀死出土成虫。梨花开放前10~15天,除草和松土,然后地面喷施48%毒死蜱乳油300倍液。

（3）梨开花前，成虫大量转移到梨上为害时，及时喷药防治，药剂有高效氯氰菊酯、甲氨基阿维菌素苯甲酸盐等。

附梨园周年管理表和农药配比速查表。（表7-1，表7-2）

表7-1　梨园周年管理表

时期	管理重点	技术措施
落叶至萌芽前（3月前）	1.冬季修剪 2.刮治腐烂病、干腐病疤及粗老翘皮等 3.清园	根据树形的需要进行休眠期修剪，剪除过密枝、竞争枝，回缩下垂枝、细长衰弱枝，剪锯口涂抹保护剂。 刮治腐烂病、干腐病疤及粗老翘皮，对病疤刮除干净后选用辛菌胺、喹啉铜等涂抹。 把修剪下来的大小枝条捡干净运出梨园。对病虫枝、枯死枝、僵果等集中烧毁或深埋。 萌芽前喷5波美度石硫合剂。
萌芽至开花（3~4月）	1.灌水 2.追肥 3.防治病虫害 4.防霜 5.疏花	芽萌动时灌一次透水。 追花前肥，以氮肥为主 芽露白期喷吡虫啉（或甲氨基阿维菌素苯甲酸盐）+腈菌唑（或氟硅唑、三唑酮等）。继续刮治腐烂病。 根据历年霜冻经验，采用树干涂白、霜前灌水、熏烟防霜以及喷施防霜药剂等措施防止晚霜冻害的发生。 花前疏花蕾，花期疏花。
落花至幼果期（4~5月）	1.定果套袋 2.灌水 3.防治黑星病、梨木虱、蚜虫、害螨类、梨茎蜂等	坐果后及时定果，对易生果锈的品种喷一次杀虫杀菌剂后即行套袋。 新梢旺长，需水较多，宜灌大水。 花后喷戊唑醇（或氟硅唑等）+螺虫乙酯（或噻嗪酮+四螨嗪）。 剪除黑星病、梨茎蜂、梨木虱等病虫梢，烧毁或深埋。
果实膨大期（6~7月）	1.夏季修剪 2.追肥、灌水 3.防治黑星病、锈病、黑斑病、褐斑病、食心虫类等	夏季修剪包括摘心、拉枝开角等措施。 追施果实膨大肥，氮磷钾配合施用，同时注意灌水松土。 交替使用苯醚甲环唑、波尔多液（1:2:240）、氟硅唑等，防治果实和叶片病害。 挂置糖醋液或性诱剂诱杀梨小食心虫。
果实采收前后（8~10月）	1.适时采收 2.秋施基肥 3.防治黑星病、轮纹病、黄粉蚜、梨木虱、蝽象等	1.根据不同品种的成熟期，要适时采收。晚熟品种要防止采前落果。 2.9月下旬开始施基肥，施肥量约2500千克/亩，幼年树适当少施，盛果期树多施。 3.8月中旬在主、侧枝上绑草把诱杀梨小等害虫。 4.喷施松酯酸铜+印楝素（或苦参碱）。
落叶后（11月中旬后）	1.灌水 2.防治越冬态病虫	1.土壤封冻前及时灌水，要求灌足、灌饱。 2.全园喷喹啉铜+甲氨基阿维菌素苯甲酸盐一次。

注：同一种化学农药一年使用一次，采前30天禁用化学农药。

表7-2 农药配比速查表

用药量 (毫升或克)	兑水量(升)						
	10	15	30	40	45	50	500
100	100.0	150.0	300.0	400.0	450.0	500.0	5000.0
200	50.0	75.0	150.0	200.0	225.0	250.0	2500.0
300	33.3	50.0	100.0	133.3	150.0	166.7	1666.7
400	25.0	37.5	75.0	100.0	112.5	125.0	1250.0
500	20.0	30.0	60.0	80.0	90.0	100.0	1000.0
600	16.7	25.0	50.0	66.7	75.0	83.3	833.3
700	14.3	21.4	42.9	57.1	64.3	71.4	714.3
800	12.5	18.8	37.5	50.0	56.3	62.5	625.0
900	11.1	16.7	33.3	44.4	50.0	55.6	555.6
1000	10.0	15.0	30.0	40.0	45.0	50.0	500.0
1500	6.7	10.0	20.0	26.7	30.0	33.3	333.3
2000	5.0	7.5	15.0	20.0	22.5	25.0	250.0
2500	4.0	6.0	12.0	16.0	18.0	20.0	200.0
3000	3.3	5.0	10.0	13.3	15.0	16.7	166.7
3500	2.9	4.3	8.6	11.4	12.9	14.3	142.9
4000	2.5	3.8	7.5	10.0	11.3	12.5	125.0
4500	2.2	3.3	6.7	8.9	10.0	11.1	111.1
5000	2.0	3.0	6.0	8.0	9.0	10.0	100.0

(左侧纵列标题：稀释倍数)

注:水剂"毫升",粉剂"克"。

附录：

【石硫合剂配制方法】

石硫合剂是一种常用清园药剂，因其毒性低、效果好，兼有杀螨、杀虫、杀菌作用的强碱性无机农药而被广泛应用。

一、原料

石灰：应选择白色、质轻、无杂质、含钙高的优质石灰，生石灰质量的好坏对熬制的硫黄水质量至关重要。（如果石灰质量较差，可适当提高30%~50%的石灰用量）。硫黄粉：色黄质细的优质硫黄，最好达到400目以上。水：清洁的河水、井水等。

二、配比及熬制方法

①推荐配比：生石灰：硫黄：水=1：2：10。②先将规定用水量在生铁锅中烧热至烫手（水温40℃~50℃），立即把生石灰投入热水锅内，石灰遇水后消解放热成石灰浆。③烧开后把事先用少量温水（水从锅里取）调成糊糊状的硫黄粉慢慢倒入石灰浆锅中，边倒边搅，边煮边搅，记下水位线。④用强火煮沸40~60分钟。待药液熬成红棕色，渣滓呈黄绿色时，停火即成。用热水补足蒸发所散失的水分。冷却后滤除残渣，就得到枣红色的透明石硫合剂原液。在熬制过程中，如果火力过大，虽经搅拌，锅内仍翻出泡沫时，可加入少许食盐。如果原料质优，熬煮的火候适宜，原液可达28波美度以上。⑤颜色变化观察。石硫合剂熬制过程中药液颜色变化：黄色—黄褐色—红褐色—深红棕色（酱油色）。如果渣子呈墨绿色，则说明火候已过，有效成分开始分解；若渣子呈黄绿色，说明火候不到。

三、加水（稀释）倍数计算

①加水（稀释）倍数计算公式：加水量（斤）=原液浓度÷稀释液浓度−1。比如：使用25波美度的石硫合剂原液配制5.0波美度石硫合剂溶液，需要的加水量为：25÷5−1=4（斤），也就是1斤原液兑4斤水。②也可以通过石硫合剂重量倍数稀释表进行查找。比重计直接测量。（1斤=500克）

四、使用的时期、浓度与方法

石硫合剂的使用浓度根据植物的种类、病虫害对象、气候条件、使用时期等不同而定。休眠期

(早春或冬季)喷施浓度高,生长季浓度低。发芽前通常用5~8波美度液,对于介壳虫严重的可使用12度左右的浓度。生长期施用一般不能超过0.5波美度。

五、用药方法

①喷施细致、全面、均匀,树体和地面都要喷到。②尽量选择无风好天,有风时可相对打两遍。③早春气温变化快,宁早勿晚,早了浓度可高点,晚了浓度要低点。

六、注意事项

(1)熬制时,要用生铁锅,使用铜锅或铝锅会影响药效。

(2)配药及施药时应穿戴保护性衣服,药液溅到皮肤上,可用大量清水冲洗,以防皮肤灼伤。施用石硫合剂后的喷雾器,必须充分洗涤,以免腐蚀损坏。

(3)石硫合剂不能与酸性、碱性农药混用,但可与五氯酚钠混用。

(4)与波尔多液前后间隔使用时,必须有充足的间隔期。先喷石硫合剂的,间隔10~15天后才能喷波尔多液。先喷波尔多液,则要间隔20天后才可喷用石硫合剂。

(5)贮存:不能用铜、铝容器,可用铁质、陶瓷、塑料容器。

【波尔多液配制方法】

波尔多液是由硫酸铜、生石灰和水配制成的天蓝色胶状悬浊液,属保护性杀菌剂。根据树种或品种对硫酸铜和石灰的敏感程度以及防治对象、用药季节和气温的不同,波尔多液的配制比例不同,生产上常用的有:石灰等量式(硫酸铜:生石灰=1:1)、倍量式(硫酸铜:生石灰=1:2)、半量式(硫酸铜:生石灰=1:0.5)和多量式(硫酸铜:生石灰=1:3~5)。水一般为200倍。施用0.5%浓度的半量式波尔多液配制方法如下:

一、配制比例

硫酸铜1千克,生石灰0.5千克,水200千克。

二、配制方法

(1)按配制比例准备好材料。生石灰要求成块、洁白、质好、杂质少。

(2)将水平均分为2份。1份用于溶解硫酸铜,可先用少量热水将硫酸铜完全溶解后再加入剩余水中制成硫酸铜水溶液;另1份用于溶解生石灰。可先用少量热水浸泡生石灰让其吸水、充分反应,形成石灰泥,然后再将石灰泥用细箩过滤并加入到剩余的水中,制成石灰乳。两种药液制成后不必立即配制,可在容器内暂时封存,待喷药时现配现用。配药时把两种等量药液同时徐徐倒入喷雾器内或另一容器内,边倒药液边搅拌,搅匀后随即使用。也可用10%~20%的水溶化生石灰,80%~90%的水溶化硫酸铜,待其充分溶化后,将硫酸铜溶液缓慢倒入石灰乳中,边倒边搅拌使两液混合均匀即可,此法配成的波尔多液质量好,胶体性能强,不易沉淀。要注意切不可将石灰乳倒入硫酸铜溶液中,否则已发生沉淀,影响药效。

三、注意事项

①波尔多液需随配随用,放置24小时后不宜使用。②不能用金属容器盛放波尔多液,喷雾器用后,要及时清洗,以免腐蚀而损坏。③波尔多液是一种以预防保护为主的杀菌剂,喷药必须均匀细致。④阴天、有露水时喷药易产生药害,不宜喷药。⑤波尔多液配成后,可将磨光的刀口放在药液里浸泡1~2分钟后取出,如刀口上有暗褐色铜离子,则需在药液中再加一些石灰水,否则易发生药害。⑥喷施过石硫合剂、石油乳剂或松脂合剂的果树,需隔20天到1个月以后,才能使用波尔多液,否则会发生药害。⑦易发生药害的果树在施用时要慎重。

【禁限用农药名录】

《农药管理条例》规定,农药生产应取得农药登记证和生产许可证,农药经营应取得经营许可证,农药使用应按照标签规定的使用范围、安全间隔期用药,不得超范围用药。剧毒、高毒农药不得用于防治卫生害虫,不得用于蔬菜、瓜果、茶叶、菌类、中草药材的生产,不得用于水生植物的病虫害防治。

一、禁止(停止)使用的农药(47种)

六六六、滴滴涕、毒杀芬、二溴氯丙烷、杀虫脒、二溴乙烷、除草醚、艾氏剂、狄氏剂、汞制剂、砷类、铅类、敌枯双、氟乙酰胺、甘氟、毒鼠强、氟乙酸钠、毒鼠硅、甲胺磷、对硫磷、甲基对硫磷、久效磷、磷胺、苯线磷、地虫硫磷、甲基硫环磷、磷化钙、磷化镁、磷化锌、硫线磷、蝇毒磷、乐果、治螟磷、特丁硫磷、氯磺隆、胺苯磺隆、甲磺隆、福美胂、福美甲胂、三氯杀螨醇、林丹、硫丹、溴甲烷、氟虫胺、杀扑磷、百草枯、2,4-D丁酯 。

注:氟虫胺自2020年1月1日起禁止使用。百草枯可溶胶剂自2020年9月26日起禁止使用。2,4-D丁酯自2023年1月29日起禁止使用。溴甲烷可用于"检疫熏蒸处理"。杀扑磷已无制剂登记。

二、在部分范围禁止使用的农药(20种)

(1)通用名:甲拌磷、甲基异柳磷、克百威、水胺硫磷、氧乐果、灭多威、涕灭威、灭线磷。禁止使用范围:禁止在蔬菜、瓜果、茶叶、菌类、中草药材上使用,禁止用于防治卫生害虫,禁止用于水生植物的病虫害防治。

(2)通用名:甲拌磷、甲基异柳磷、克百威。禁止使用范围:禁止在甘蔗作物上使用。

(3)通用名:内吸磷、硫环磷、氯唑磷。禁止使用范围:禁止在蔬菜、瓜果、茶叶、中草药材上使用。

(4)通用名:乙酰甲胺磷、丁硫克百威、乐果。禁止使用范围:禁止在蔬菜、瓜果、茶叶、菌类和中草药材上使用。

(5)通用名:毒死蜱、三唑磷。禁止使用范围:禁止在蔬菜上使用。

(6)通用名:丁酰肼(比久)。禁止使用范围:禁止在花生上使用。

(7)通用名:氰戊菊酯。禁止使用范围:禁止在茶叶上使用。

(8)通用名:氟虫腈。禁止使用范围:禁止在所有农作物上使用(玉米等部分旱田种子包衣除外)。

(9)通用名:氟苯虫酰胺。禁止使用范围:禁止在水稻上使用。